Edgar Wawra, Helmut Dolznig, Ernst Müllner

Chemie verstehen

Allgemeine Chemie für Mediziner und Naturwissenschafter

5., aktualisierte Auflage

facultas.wuv

Univ.-Prof. Mag. Dr. Edgar Wawra, Univ.-Prof. Mag. Dr. Ernst Müllner,
Max F. Perutz Laboratories, Department für Medizinische Biochemie an der
Medizinischen Universität Wien.
Priv.-Doz. Mag. Dr. Helmut Dolznig,
Department für Medizinische Genetik an der Medizinischen Universität Wien.

Bibliografische Information der Deutschen Nationalbibliothek

Die Deutsche Nationalbibliothek verzeichnet diese Publikation in der Deutschen Nationalbibliografie;
detaillierte bibliografische Daten sind im Internet über http://dnb.d-nb.de abrufbar.

5. Auflage 2009
Druck: Facultas Verlags- und Buchhandels AG
Einbandgestaltung: Atelier Reichert, Stuttgart
Printed in Austria

UTB-Bestellnummer: ISBN 978-3-8252-8205-9

Für Professor Erhard Wintersberger,
der bis heute nicht aufgehört hat,
uns viele Dinge zu lehren.

UND

Für unsere Familien,
die uns noch immer ertragen.

INHALT

Eigentlich sollte jetzt hier stehen, wie wichtig die Chemie gerade für IHR Studium ist und wie sehr man sich darauf konzentrieren soll usw. Da Sie dieses Buch bereits besitzen, ist das unnötig – Sie haben es ja schon gekauft und wollen es wahrscheinlich auch lesen. Ob das deswegen ist, weil Sie sich für Chemie brennend interessieren, oder deshalb, weil Sie ein möglichst einfaches (und kurzes) Lehrbuch suchten, das Sie durch den gehassten Stoff führt, ohne dass Sie sich allzu sehr anstrengen müssen, ist in diesem Zusammenhang egal.

Einen Freund von mir, amerikanischer Physiker, hat man gefragt, warum er Physik studiert hat. Er hat gesagt: "Weil da brauch' ich nix lernen, ich muss die Sachen nur verstehen."

Anton Zeillinger
(*1945)

Daher – an Stelle einer Einleitung – Tipps zur Verwendung dieses Buches

Dieses Buch behandelt die Grundbegriffe der Chemie, welche ein Student* am Beginn eines naturwissenschaftlichen Studiums benötigt. Es ist ein unnötiges Buch, denn nahezu alles, was hier steht, ist sowieso Teil des Lehrplanes höherer Schulen. Jeder von Ihnen, der es bis zur Hochschule geschafft hat, müsste das meiste davon eigentlich schon wissen.

* Wir ersuchen die Leserinnen um Verständnis, dass ausschließlich aus Gründen der besseren Lesbarkeit durchgängig die maskuline grammatikalische Form verwendet wird.

Wenn Sie sich also in Chemie einigermaßen sattelfest fühlen, so wird Sie der folgende Text langweilen. Sie werden erstaunt sein, dass man simple Begriffe so weitschweifig erklären kann. In diesem Fall tut es uns leid, dass Sie verleitet worden sind, sich dieses Buch anzuschaffen. *Verkaufen Sie es rasch einem Kollegen weiter, damit Sie keinen finanziellen Verlust haben!*

Viele von Ihnen haben aber am Anfang des Studiums Probleme mit Chemie – **besonders** am Anfang! Dafür gibt es eine Reihe von Gründen: Ihre chemischen Kenntnisse aus der Schulzeit sind lückenhaft oder bestehen nahezu ausschließlich aus Lücken. Oft sind auch die Vortragenden nicht bereit, Ihnen alles vom Anfang an nochmals zu erklären, sondern sie bauen statt dessen auf Ihrem vermeintlichen Vorwissen auf oder geben bestenfalls eine kurze Zusammenfassung der Grundlagen. Zusätzlich haben Sie vielleicht Probleme, sich an den Stil des Vortrags zu gewöhnen oder auch damit, eine einigermaßen übersichtliche Mitschrift anzufertigen. Und ehe Sie sich angepasst haben, ist bereits die erste Prüfung da! Viele Ihrer Kollegen verfallen daher auf den Ausweg, zusammenhanglos eine Sammlung von Weisheiten auswendig zu lernen und hoffen, diese bei der Prüfung an den Mann oder an die Frau zu bringen.

Das geht aber häufig schief und widerspricht auch dem Sinn eines Studiums! Sie wollen dabei ja etwas lernen und nicht nur Prüfungen abhaken. Deshalb werden Prüfungsfragen meist so gestellt, dass man erkennt, ob der Kandidat den Stoff auch verstanden hat. Unreflektierte Wiedergabe von Information wird ohnehin von jedem Videorecorder oder Computer besser bewältigt.

Der vorliegende Text soll das, was Sie bis jetzt an Chemie noch nicht verstanden haben (und sei es deshalb, weil Sie damals gerade geistig oder körperlich abwesend waren), **in voller Ausführlichkeit** erklären. Er entspricht also etwa dem Tonbandprotokoll einer Vorlesung – und ist deshalb auch relativ lang, obwohl nur die wichtigsten Grundlagen behandelt werden. *Allerdings sind es gerade diese Grundlagen, die dem Anfänger zum Verständnis chemischer Vorgänge so oft fehlen. Feinheiten kann man – so man sie einmal brauchen sollte – später erlernen, oder man sieht einfach in einem Buch nach!*

> **Besonders wichtige Fakten sind mit einem Rahmen versehen und fett gedruckt.**

Es gibt in den folgenden Seiten nur ganz wenige Merksätze und Formeln, die Sie wirklich regelrecht auswendig lernen und wissen sollten; diese sind entsprechend als Kasten hervorgehoben, wie nebenstehend zu sehen.

Eine zweite Art von Hervorhebung, hauptsächlich von Begriffs-Definitionen und für Berechnungen, ist ähnlich gestaltet, aber etwas weniger stark „betont".

Definitionen und Berechnungen:

Erläuterungen chemischer Begriffe und Rechenbeispiele erscheinen meistens in dieser Form

Alles andere sollen Sie so weit wie möglich **verstehen – nicht lernen**. Der gesamte Stoff ist auf jene Grundlagen reduziert, die Sie sehr bald unbedingt brauchen werden, und dabei so weit es geht vereinfacht. Diese Vereinfachungen sollen einerseits bewirken, dass Sie sich chemische Grundgesetze möglichst gut vorstellen können, andererseits gehen wir dabei manchmal schon an die Grenze des Erlaubten. Später werden Sie vielleicht so manches genauer wissen wollen *(müssen)*, dazu haben Sie dann aber länger Zeit. Das hier ist ein Schnellsiedekurs, und dafür müssen einige Marscherleichterungen gestattet sein.

*Es kommen im Text allerdings doch öfter Randbemerkungen, Hinweise auf größere Zusammenhänge und ähnliches vor, die über den unbedingt notwendigen Stoff hinausgehen. Solche Stellen sind **kursiv** gesetzt. Freuen Sie sich also an dem, was sie so geschrieben finden, wichtiger Lernstoff ist es nicht.*

Einschübe

Manchmal finden Sie auch – wenn es sich um längere Einschübe handelt – Text, der in dieser Form hervorgehoben ist. Auch für diese Teile gilt im Wesentlichen dasselbe wie für kursiv geschriebenen Text: hoffentlich interessante Erweiterung, aber eher als Ergänzung zu betrachten.

Nach jedem Kapitel finden Sie **Übungsfragen. Beschäftigen Sie sich damit**! Es ist einfach so, dass man durch aktive Beschäftigung mit einem Problem ein wesentlich besseres Verständnis erhält, als durch passives Berieseltwerden mit Information. Und es ist wesentlich weniger langweilig, den Stoff anhand von Beispielen aufzuarbeiten, als stundenlang in den Text zu starren. Einige Probleme sind deutlich schwieriger als alles, was sie je für eine Prüfung brauchen (mit * markiert). Versuchen Sie sich trotzdem daran. Es ist nicht so wichtig, dass Sie tatsächlich die richtige Lösung finden, aber sie sollten sich damit beschäftigt haben. Dabei lernt man nämlich am meisten – vor allem „chemisch denken". Wenn Sie trotz aller Bemühungen ein falsches (oder gar kein) Ergebnis erhalten haben, ist das nicht weiter schlimm. Die Lösungen sind im Anhang angegeben, die bloße Kenntnis der richtigen Antwort nützt aber nichts: bemühen Sie sich, angesichts der Lösung dahinter zu kommen, was Sie falsch gemacht oder übersehen haben. **Sie lernen am meisten aus Ihren eigenen Fehlern!**

Man kann Chemie nicht an einem Wochenende lernen. Fangen sie also **zeitgerecht** vor einer Prüfung zu lernen an. Sie sollten pro Tag höchstens ein Kapitel durcharbeiten, gönnen Sie sich eine längere Pause, wiederholen Sie alles nochmals und versuchen Sie dann, die zu diesem Kapitel gehörenden Übungsfragen zu lösen. Diskutieren Sie den Stoff mit Kollegen, sie werden dabei merken, dass Sie manches eigentlich nur halb verstanden haben und wie leicht sich in solchen Gesprächen Verständnislücken schließen lassen.

Am Ende bleibt uns nur noch, Ihnen für Ihr Studium viel Freude und Durchhaltevermögen zu wünschen.

Edgar Wawra   Max F. Perutz Laboratorien
Helmut Dolznig   Department für medizinische Biochemie
Ernst W. Müllner   Medizinische Universität Wien   Wien, April 2009

1   AUFBAU DER MATERIE

Die Eigenschaften aller Stoffe lassen sich auf die Struktur und die Eigenschaften der Teilchen zurückführen, aus denen diese Stoffe bestehen. Die kleinsten Teilchen, die chemisch zugänglich sind, sind die **Atome**. Mit physikalischen Methoden kann man Atome noch weiter zerlegen, und zwar in Protonen, Neutronen und Elektronen. Vor allem die Elektronen sind für chemische Reaktionen bedeutsam, ihre Zahl und Anordnung im Atom prägen das chemische Verhalten dieses Atoms.

Atome haben die Tendenz, sich mit anderen Atomen zu verbinden. Gebilde, die aus mehreren Atomen aufgebaut sind, heißen **Moleküle**. Es sind dies die kleinsten Teilchen, die alle chemischen Eigenschaften eines Stoffes aufweisen. *Nur in Ausnahmefällen, wie z.B. bei Edelgasen, bleiben Atome unabhängig voneinander und bilden dann „einatomige Moleküle".*

Wenn die Moleküle eines Stoffes aus lauter gleichen Atomen aufgebaut sind, wenn dieser Stoff also nur eine einzige Atomart enthält, spricht man von einem **Element**. *Es ist leicht einzusehen, dass es genau so viele Elemente geben muss, wie es Arten von Atomen gibt.* Beispiele dafür sind Sauerstoff (O_2), Stickstoff (N_2), Eisen (Fe) usw.

Verbinden sich Atome unterschiedlicher Art zu bestimmten Molekülen, so entsteht eine **Verbindung**, z.B. Wasser (H_2O), Schwefelsäure (H_2SO_4), oder Kalk ($CaCO_3$).

Enthält ein Stoff lauter gleiche Moleküle, spricht man von einem **Reinstoff**. Ein Reinstoff kann entweder ein Element oder eine Verbindung sein. Beispiele dafür wären Wasser, Zucker, Kochsalz, Eisen. So ein Reinstoff hat unter gleichen äußeren Bedingungen genau definierte Eigenschaften wie Dichte, Schmelzpunkt, Siedepunkt, Leitfähigkeit, oder Härte.

Sind in einem Stoff verschiedene Moleküle vorhanden, so spricht man von einem **Gemisch** (oder von **Mischung, Lösung, Gemenge**). Da die Zusammensetzung aus den einzelnen Komponenten oft weitgehend variiert werden kann, sind auch die äußeren Eigenschaften je nach Mischungsverhältnis verschieden. *Es gibt allerdings auch Gemische mit sehr genau definierter Zusammensetzung und konstanten Eigenschaften, z.B. manche Legierungen von Metallen.*

Der Anfang ist die Hälfte des Ganzen.

Aristoteles (384-322 v.Chr.)

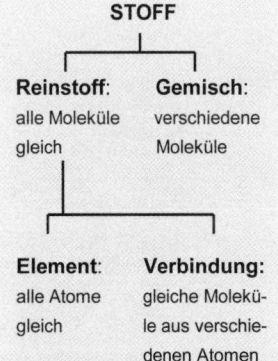

Ganz streng genommen bedeutet „Element" eigentlich nur die Gesamtheit einer bestimmten Art von Atomen. Molekularer Sauerstoff (O_2) und Ozon (O_3) wären danach Erscheinungsformen (oder Verbindungen) des Elementes Sauerstoff, Diamant und Graphit wären Erscheinungsformen des Elementes Kohlenstoff.

1.1 Atome

Atome bestehen aus einem **Kern** und der **Atomhülle**. Im Kern befinden sich **Neutronen** und **Protonen** – diese Elementarteilchen werden daher auch als **Nukleonen** bezeichnet, in der Hülle sind nur **Elektronen**. Elektronen sind negativ geladen, Protonen sind positiv geladen, Neutronen haben keine Ladung. Daher sind also alle positiven Ladungen im Kern, alle negativen Ladungen in der Elektronenhülle. Weiters haben Neutronen und Protonen ungefähr die gleiche Masse, Elektronen sind jedoch sehr viel leichter *(die Masse eines Elektrons ist nur etwa 1/1800 der Masse eines Protons)*, also ist praktisch die gesamte Masse des Atoms im Kern konzentriert. So ein Atomkern ist aber im Vergleich zur Elektronenhülle winzig, der Durchmesser der Elektronenhülle ist etwa 100 000 mal so groß wie der Durchmesser des Kerns.

TEILCHEN	MASSE	LADUNG	EIGENSCHAFTEN
Proton	1	+	im Kern: alle + Ladungen, fast die gesamte Masse
Neutron	1	0	
Elektron	> 0	–	Hülle: alle – Ladungen, praktisch keine Masse

Wenn Sie sich so ein Atom riesig vergrößert vorstellen, sagen wir so groß wie ein Fußballstadion, dann würden überall auf den Sitzplätzen und dem Spielfeld Elektronen herumschwirren. Den Atomkern würden wir dann in der Nähe der Mittelauflage finden, er wäre aber nur so groß wie ein Stecknadelkopf.

Da der Kern so klein und unscheinbar ist, wird er von den Elektronen auch nur wegen seiner Ladung wahrgenommen. Die negativ geladenen Elektronen in der Hülle und der positiv geladene Kern ziehen einander natürlich an, die Elektronen bewegen sich also im Kraftfeld des Kernes. Die Masse des Kernes spielt dabei kaum eine Rolle. Wie bereits erwähnt, ist für die chemischen Eigenschaften eines Atoms das Verhalten seiner Elektronen maßgebend. Die Elektronen sind die „sichtbare" Außenseite des Atoms, und alle Wechselwirkungen zwischen Atomen gehen auf Wechselwirkungen der Elektronenhülle zurück. Das Benehmen der Elektronen wird aber vor allem dadurch bestimmt, wie viele Ladungen der Kern besitzt, zu dem sie gehören. Ein Kern muss mindestens eine positive Ladung (= ein Proton) besitzen, die größten bekannten Kerne haben mehr als 100 Protonen (= mehr als 100 positive Ladungen), und alle ganzen Zahlen dazwischen sind auch möglich. Vom Standpunkt eines Elektrons gibt es also 100 verschiedene Arten von Kernen, diese haben 1 – 100 Protonen (die Neutronen sind für ein Elektron uninteressant). Die Elektronenhülle zu jeder dieser Kernarten zeigt ein bestimmtes chemisches Verhalten, so kommt es zu den etwa 100 **chemischen Elementen**.

Die Anzahl von 100 Elementen darf man nicht zu genau nehmen. Man kann nämlich künstlich neue Elemente herstellen, allerdings immer nur wenige Atome davon, und die zerfallen auch sofort wieder. Wenn also, während Sie diese Zeilen lesen, gerade das Element mit – sagen wir – 118 Protonen hergestellt wird, lassen Sie sich davon nicht beeindrucken. Das existierte gerade nur so lange, um es nachweisen zu können, und Sekundenbruchteile später war es bereits wieder zerfallen. In Wirklichkeit gibt es auf der Welt weniger als 100 Elemente, die ständig vorhanden sind, die übrigen wurden für kurze Zeit hergestellt und sind bald wieder verschwunden.

1.2 Massenzahl, Ordnungszahl, Isotope

Ein Element besteht aus lauter Atomen der gleichen Art, die also alle eine ganz bestimmte Anzahl von Protonen aufweisen. Natürlich war es naheliegend, die Elemente nach der Anzahl der in ihren Kernen vorkommenden Protonen zu ordnen. Deshalb wird die Anzahl der Protonen (= Ladungen) in einem Kern als **Kernladungszahl** oder noch häufiger als **Ordnungszahl** bezeichnet. Im Atomkern befinden sich auch noch Neutronen, welche zusammen mit den Protonen die Masse des Kernes ausmachen. Die Anzahl aller Nukleonen (= Protonen + Neutronen) wird daher **Massenzahl** genannt. Durch Ordnungszahl und Massenzahl ist ein Kern eindeutig definiert. Will man wissen, wie viele Neutronen der Kern enthält, muss man die Differenz zwischen Massenzahl und Ordnungszahl berechnen.

Wenn also die „Art" eines Atoms durch die Kernladungszahl = Ordnungszahl definiert ist, so kann man eine gegebene Anzahl

Ordnungszahl:

gibt an, wie viele Protonen ein Kern hat, also zu welchem Element er gehört.

Massenzahl:

gibt die Anzahl der Protonen und Neutronen an.

von Protonen mit einer verschiedenen Menge von Neutronen kombinieren. Man kann also eine bestimmte Atomart noch in mehrere „Rassen" unterteilen. Kohlenstoff hat z.B. die Ordnungszahl 6, die meisten Kohlenstoffatome haben neben den 6 Protonen auch noch 6 Neutronen; solche Atome kann man wie folgt bezeichnen:

$$_6^{12}C$$

Man schreibt das Elementsymbol und dazu die Ordnungszahl (tiefergestellt) und die Massenzahl (hochgestellt). Da die Ordnungszahl aber ja schon durch das Elementsymbol C eindeutig bestimmt ist *(alle Atome mit der Ordnungszahl 6 sind Kohlenstoff und jedes Kohlenstoffatom hat Ordnungszahl 6)* spart man sich die Angabe der Ordnungszahl und kürzt meistens wie folgt ab:

$$^{12}C$$

Vereinzelt kommen in der Natur aber auch Kohlenstoffatome mit 7 oder 8 Neutronen vor, diese haben daher Massenzahl 13 oder 14, das wäre dann:

$$^{13}C \qquad und \qquad ^{14}C$$

Wasserstoff (Kernladungszahl 1) kann 0, 1 oder 2 Neutronen besitzen, also ^1H, ^2H oder ^3H.

Da solche Atom-„Rassen" zum gleichen Element gehören und im Periodensystem an der gleichen Stelle stehen, nennt man sie **Isotope**. ^1H, ^2H, ^3H sind also Isotope des Wasserstoffs, ^{16}O, ^{17}O, ^{18}O sind dann Isotope des Sauerstoffs (Ordnungszahl 8).

Achtung: Isotope gehören immer zu ein und demselben Element. ^{14}C und ^{16}O kann man nicht als Isotope bezeichnen, da sie ja zu verschiedenen Elementen gehören und im Periodensystem an verschiedenen Stellen stehen. *Laien verwenden den Begriff Isotop oft in diesem Zusammenhang, das ist aber falsch! Isotope sind etwas Ähnliches wie Geschwister. Man kann auch nicht mehrere Kinder aus verschiedenen Familien als Geschwister bezeichnen.* Der richtige Name für Kerne wie ^3H, ^{14}C oder ^{16}O wäre **Nuklide**. Ein Nuklid ist einfach eine

bestimmte Sorte Kern, der durch Ordnungszahl und Massenzahl eindeutig definiert ist.

1.3 Radioaktivität

Die Protonen und Neutronen im Atomkern werden von starken
Kräften, den sogenannten Kernkräften, zusammengehalten. Es
kann aber sein, dass die Anordnung und das Verhältnis von
Protonen und Neutronen im Kern ungünstig ist, so dass der
Kern das Bestreben hat, diese Anordnung zu ändern und in eine
energetisch günstigere (stabilere) Form überzugehen. Dabei
wird meist Energie frei, die den Kern verlässt und als **radioaktive Strahlung** nachweisbar ist. Die weitaus meisten Nuklide,
die wir kennen, sind auf diese Weise instabil. Fast alle haben
sich jedoch in den vergangenen Milliarden von Jahren in stabile
Kerne umgewandelt, so dass wir in der Natur vorwiegend stabile Nuklide finden.

*Man kann aber instabile Nuklide künstlich herstellen. Am ein-
fachsten macht man das, indem man stabile Nuklide mit Neutronen „beschießt". Dann dringt das Neutron in den Kern, der
hat dann ein Neutron mehr und infolgedessen oft die Tendenz
sich umzulagern, er ist dann instabil (und daher radioaktiv).*

Man hat die Strahlung, die von instabilen Nukliden ausgeht,
sehr frühzeitig in drei Gruppen eingeteilt, die man (nach dem
griechischen Alphabet) Alpha-, Beta- und Gamma-Strahlen
nannte. **Alpha-Strahlen** bestehen aus Helium-Kernen (2 Protonen und 2 Neutronen). Nach einem Alpha-Zerfall hat daher
der neu entstandene Kern um je zwei Neutronen und Protonen
weniger, daher eine Ordnungszahl, die um 2 geringer ist und
eine Massenzahl die um 4 geringer ist als das ursprüngliche
Nuklid.

*Der neu entstandene Kern steht im Periodensystem (siehe Ab-
schnitt 1.6) um zwei Positionen weiter links. Diese Art von
Strahlung findet man auch bei den natürlich vorkommenden
Uran- und Radium-Isotopen, die zum Teil mehrere Alpha-Teilchen hintereinander aussenden können. Dabei entstehen die
sogenannten Zerfallsreihen. Im Fall des Radiums sieht ein
Ausschnitt aus dieser Reihe z.B. folgendermaßen aus (das Blei
am Ende ist auch noch radioaktiv und zerfällt weiter, allerdings auf andere Art):*

Radioaktivität:
die Eigenschaft von
Atomen, spontan Strahlung
auszusenden.

Alpha-Strahlen:
bestehen aus 2 Neutronen
und 2 Protonen, der
zurückbleibende Kern
enthält entsprechend
weniger Teilchen.

Nuklid	^{223}Ra $\longrightarrow$	^{219}Rn $\longrightarrow$	^{215}Po $\longrightarrow$	^{211}Pb
Ordnungszahl	88	86	84	82

α-Zerfall
im Periodensystem

					In	Sn	Sb	Te	J	Xe
Os	Ba	Nebengruppen, 6. Periode			Tl	**Pb**	Bi	**Po**	At	**Rn**
Fr	**Ra**									

Beta-Strahlen:

bestehen aus Elektronen
(manchmal auch
Positronen), im
zurückbleibenden Kern
ändert sich die Ladung.

Beta-Strahlen bestehen aus Elektronen. Im Kern zerfällt ein Neutron in ein Proton und ein Elektron, welches aus dem Kern ausgestoßen wird. Der neue Kern hat daher ein Neutron weniger und ein Proton mehr, daher die gleiche Massezahl (die Masse des ausgesandten Elektrons ist zu klein, um eine Rolle zu spielen), aber um eine positive Ladung mehr als vorher. *Es gibt auch Beta$^+$-Strahlung, die besteht aus Positronen. Das sind „Elektronen" mit positiver Ladung, also gewissermaßen verkehrte Elektronen.*

ß-Zerfall im
Periodensystem

	H								He
2. Periode	Li	Be		B	**C**	**N**	O	F	Ne
3. Periode	Na	Mg		Al	Si	P	S	Cl	Ar

Der Kern rückt im Periodensystem um eine Stelle nach rechts. Auch für die Erzeugung dieser Art der Strahlung braucht man nicht unbedingt einen Atomreaktor, sie kommt sehr häufig in den natürlichen Radioisotopen vor. Sie haben bestimmt schon von der sogenannten Radio-Carbon-Methode gehört, mit der man das Alter archäologischer Funde bestimme ⁀ ⁀ abei kommt es zur Reaktion:

$$^{14}C \longrightarrow {}^{14}N + e^-$$

Gamma-Strahlen:

bestehen aus
elektromagnetischer
Energie (Photonen).

Gamma-Strahlen sind sehr kurzwellige elektromagnetische Strahlen. Sie entstehen oft als Nebenprodukt eines Alpha- oder Beta-Zerfalles. Es gibt aber auch sogenannte reine Gamma-

Strahler: dann lagert sich ein Kern energetisch nur um und gibt überschüssige Energie als Gamma-Quant (= Photon) ab. Die Neutronen- und Protonenzahl bleibt dabei unverändert.

Alpha-Teilchen sind sehr schwer, sie haben viel Energie, geben diese aber schnell ab und bleiben sofort stecken, wenn sie auf Materie treffen. Man kann sie leicht aufhalten, ein Blatt Papier genügt. Gefährlich ist diese Strahlung nur für die Oberfläche der Haut oder wenn man strahlendes Material in den Körper bekommt (also einatmet, verschluckt usw.). Beta-Teilchen haben oft weniger Energie. Sie sind imstande, viele Schichten von Atomen zu durchdringen, geben aber ihre Energie doch relativ bald ab. Eine Glasplatte reicht meist zur Abschirmung. Diese Strahlung ist auch für tiefere Hautschichten und vor allem für die Augen gefährlich (und natürlich ebenfalls bei Inkorporation). Gamma-Quanten geben die Energie nur sehr zögernd ab. Man braucht zentimeterdicke Schichten von Blei oder anderem schweren Material, um sie abzuschwächen.

> Alpha-, Beta- und Gamma-Strahlen haben beim Durchtritt durch Materie verschiedene Reichweiten.

Man kann diese Unterschiede mit einem Wald vergleichen, in den ein Flugzeug (α) hineinfliegt und in den ein Fußball (β) und eine Gewehrkugel (γ) hineingeschossen werden. Das Flugzeug bleibt sicher beim ersten oder zweiten Baum stecken und gibt seine gesamte Bewegungsenergie sofort ab. Der Fußball wird ein Stück eindringen, an einen Baum abprallen, auf einen anderen Baum auftreffen usw. Er gibt seine Energie portionsweise und langsamer ab. Am weitesten wird wahrscheinlich die Gewehrkugel kommen, möglicherweise geht sie sogar durch und kommt auf der anderen Seite wieder heraus.

Die Unterschiede in der Reichweite der Strahlungsarten macht man sich natürlich auch bei Anwendungen der Radioaktivität zunutze. Man kann eine Kapsel mit Beta-Strahlern in den Körper bringen, um einen Tumor lokal zu bekämpfen oder eine Schilddrüsen-Szintigraphie mit einem Gamma-Strahler durchführen, bei der die Strahlung den Körper verlassen muss, um gemessen zu werden.

1.4 Atommasse

Die Kräfte, die den Atomkern zusammenhalten, sind sehr stark. Die Energien, die frei werden, wenn sich im Kern etwas ändert, sind so ungeheuer groß, dass sie nach der Formel:

$$E = m \times c^2$$

auch als Massenunterschied bemerkt werden. Setzt man daher einen Kern aus einzelnen Protonen und Neutronen zusammen, so hat – wegen der auftretenden Energie, die zwischen den Teilchen wirkt, der gebildete Kern weniger Masse, als die Summe aller Massen von Protonen und Neutronen ergeben würde. Diesen Verlust an Masse nennt man den **Massendefekt**.

Allerdings tritt er nicht bei allen Kerngrößen gleich stark auf. Am stabilsten sind Kerne von mittlerer Größe, die haben daher den stärksten Massendefekt. Sehr große Kerne sind instabiler und haben etwas weniger Massendefekt, und besonders kleine Kerne benötigen deutlich weniger Bindungsenergie für ihre wenigen Nukleonen. Trägt man den Massendefekt (oder die Energie der Kernbindung) pro Nukleon als Kurve in einem Diagramm gegen die Massenzahl auf, erhält man die folgende Kurve:

Massendefekt

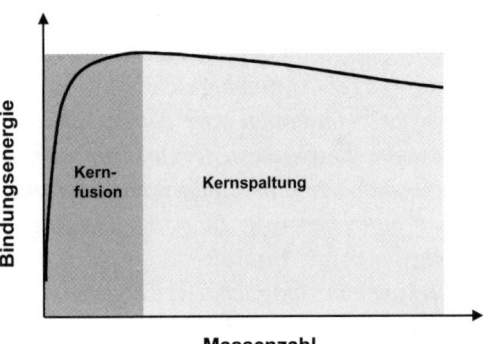

Will man diese riesigen Energien nutzbar machen, kann man also prinzipiell zwei Wege gehen. Man kann sehr große Kerne in zwei mittlere Kerne teilen: das ist die sogenannte **Kernspaltung**, wie sie in einer Atombombe oder in einem Kernreaktor stattfindet. Dort werden aus Uran oder Plutonium mittlere Kerne gemacht. Oder man verschmilzt zwei sehr kleine Kerne (am besten Wasserstoff oder Helium) miteinander zu einem etwas größeren: das wäre eine **Kernfusion**, was in einer Wasserstoffbombe, aber auch in der Sonne passiert. *Die Energie, die jeder Stern – also auch unsere Sonne – abstrahlt, stammt praktisch zur Gänze aus Kernfusionen.*

Man muss zwischen relativer und absoluter Atommasse unterscheiden. Die **absolute Atommasse** ist einfach die Masse des betreffenden Atoms, angegeben in kg oder g. Das ist natürlich ein sehr kleiner und unpraktischer Zahlenwert. In der Chemie kommt es vor allem darauf an, das relative Verhältnis zweier Massen angeben zu können, also z.B. um wievielmal ein Kohlenstoffatom schwerer ist als ein Wasserstoffatom. Es liegt nahe, dafür die bereits erwähnte Massenzahl zu verwenden. Dann wäre also eine bestimmte Anzahl Kohlenstoffatome 12mal schwerer als die gleiche Anzahl Wasserstoffatome *(Kohlenstoff hat 12 Nukleonen, Wasserstoff nur eines)*, und da die Massenzahl immer eine ganze Zahl sein muss (Massenzahl = Anzahl der Nukleonen), würde man sehr einfache Zahlenverhältnisse erhalten.

Absolute Atommasse:

die tatsächliche Masse eines Atoms, z.B. 1.7×10^{-24}g für ein Atom Wasserstoff.

Relative Atommasse:

eine Verhältniszahl (also ohne Einheit), die angibt, wievielmal ein Atom schwerer ist als ein anderes.

Leider funktioniert das nicht richtig, und zwar aus mehreren Gründen:

1. Protonen und Neutronen sind doch nicht ganz genau gleich schwer.

2. Ein Kern mit 20 Nukleonen ist etwas leichter als 20 Kerne mit einem Nukleon – das liegt am Massendefekt.

3. Die meisten Elemente kommen in der Natur in mehreren Isotopen vor. Da man diese chemisch nicht unterscheiden kann, muss man bei der Arbeit mit einem natürlichen Isotopengemisch den Mittelwert der verschiedenen Atommassen verwenden.

Sauerstoff besteht z.B. zu	99.7587 %	aus	^{16}O
	0.0374 %	aus	^{17}O
	0.2039 %	aus	^{18}O
oder Chlor besteht zu	75.529 %	aus	^{35}Cl
	24.471 %	aus	^{37}Cl

Es bleibt also nichts anderes übrig, als die relativen Massenverhältnisse der Elemente untereinander mühsam zu messen. *Das hat man gemacht und es war wirklich mühsam! Nachdem es aber einmal geschehen ist, braucht man heute nur mehr in Tabellen nachzusehen. Wenn man z.B. wissen will, um wie viel schwerer Chlor ist als ein Zwölftel von ^{12}C, findet man dann für Cl den Wert 35.45.* Man könnte trotzdem Wasserstoff als

Bezugspunkt verwenden und bestimmen, wievielfach schwerer die anderen Elemente sind. Aus rein praktischen Gründen hat man aber gefunden, dass es günstiger ist, Kohlenstoff als Basiswert zu verwenden *(das vereinfacht viele Messungen)*, aber nicht den natürlichen Kohlenstoff, sondern das Kohlenstoff-Isotop ^{12}C. Ihm hat man die **relative Atommasse** von genau 12 gegeben. Also:

Relative Atommasse:

gibt an, um wie viel ein Atom schwerer ist als 1/12 des Kohlenstoff-Isotops ^{12}C

H = 1

C = 12

N = 14

O = 16

$$^{12}C \; = \; 12 \quad \text{oder} \quad 1 = \frac{\text{relative Atommasse } ^{12}C}{12}$$

Natürlicher Kohlenstoff ist aber aus ^{12}C, ^{13}C und ^{14}C gemischt. Daher hat natürlicher Kohlenstoff die relative Atommasse 12.01115. Wasserstoff (ein Gemisch von ^{1}H und ^{2}H) hat die relative Atommasse 1.0079.

Sie finden im Anhang eine Liste der chemischen Elemente mit ihren Atommassen. Kommen Sie bitte nicht auf die Idee, solche Zahlen auswendig lernen zu wollen. Wer so etwas braucht, schaut nach! Man sollte sich nur ganz wenige Atommassen in gerundeter Form merken.

1.5   Bohrsches Atommodell

Wir haben schon festgestellt, dass das chemische Verhalten von Atomen von ihrer Elektronenhülle abhängt. Also müssen wir uns mit dem Aufbau dieser Elektronenhülle beschäftigen. Das **Bohrsche Atommodell** *(eigentlich „Bohr-Sommerfeldsches Atommodell")* war die erste Theorie, die den Aufbau der Elektronenhülle und einige damit zusammenhängende Phänomene erklären konnte.

Dieses Atommodell ist falsch, es ist widersprüchlich und lässt viele Fragen unbeantwortet. Heute hat man längst viel bessere Modelle, aber die sind nicht so schön anschaulich. Wir geben uns hier und vorläufig damit zufrieden. Bessere Modelle für die Struktur des Atoms gibt es in weiterführenden Lehrbüchern, aber wirklich perfekt ist keines.

Man kann es auch anders sehen: Ein Modell ist dann richtig, wenn man damit das, was einen gerade interessiert, erklären kann, und es ist falsch, wenn es bei dieser Erklärung zu Widersprüchen kommt. Ändert man die Phänomene, die einen interessieren, so benötigt man dafür dann halt ein anderes Modell. Keines dieser Modelle kann ALLES erklären und daher ist keines dieser Modelle immer und unter allen Umständen richtig. Aber der Glaube, dass es eine absolute und perfekte Wahrheit in der Naturwissenschaft gibt, wurde sowieso innerhalb der letzten hundert Jahre schrittweise aufgegeben.

Bohrsches Atommodell

Bei diesem Modell kreisen die Elektronen um den Kern (so ähnlich wie Planeten, die um eine Sonne kreisen). Die Elektronen dürfen sich aber nur in einigen wenigen Abständen um den Kern bewegen. Man muss sich das so vorstellen, als ob nur einige dünne Schichten (= Schalen) mit Elektronen besetzt sind. Dazwischen ist immer eine breite Zone, die für die Elektronen verboten ist. Man kann sogar feststellen, wie viele Elektronen in jeder dieser Schalen Platz finden. Nummeriert man die Schalen von innen nach außen mit 1, 2, 3 usw. und bezeichnet die Schalennummer mit „n", so gilt für die maximale Zahl der Elektronen „z" in einer Schale:

$$z = 2n^2$$

In der ersten Schale haben also $2 \times 1^2 = 2$ Elektronen Platz, in der zweiten 8 Elektronen (2×2^2), in der dritten 18 (2×3^2), dann 32, 50 usw. Da die innersten Schalen die energetisch günstigsten sind, haben alle Elektronen das Bestreben, in einer Schale mit möglichst niedriger Nummer zu sein. *(Diese Nummer „n" gibt es auch in wesentlich exakteren Beschreibungen des Atombaues. Dort heißt „n" dann Hauptquantenzahl.)*

Die erste Schale kann maximal 2 Elektronen enthalten, die folgenden Schalen können 8, 18, 32, 50 usw. Elektronen aufnehmen.

Die Energie eines Elektrons ist um so niedriger, je weiter innen die Schale ist, in der es sich aufhält.

Ein neutrales Wasserstoffatom, das aus einem Proton und einem Elektron besteht, wird dieses Elektron also in der ersten Schale enthalten. Lithium (mit 3 Elektronen) wird 2 Elektronen in der ersten Schale und ein weiteres in der zweiten Schale haben. Magnesium (12 Elektronen) braucht bereits 3 Schalen, um seine Elektronen unterzubringen (2 in der ersten, 8 in der zweiten und 2 in der dritten Schale).

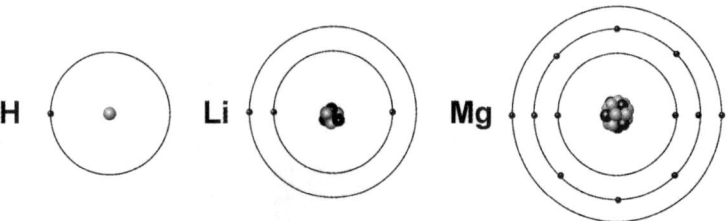

1.6   Periodensystem

Die Elektronenhülle ist für die chemischen Reaktionen eines Atoms verantwortlich. Nun sind aber keineswegs alle Elektronen gleichmäßig daran beteiligt, sondern es sind jeweils die Elektronen in der äußersten besetzten Schale, die dazu neigen, mit ihrer Umgebung Kontakt aufzunehmen. Im Lithium-Atom z.B. sind die beiden inneren Elektronen mit ihrem Los sehr zufrieden und bleiben gerne an ihrem Platz. Dagegen ist das einsame Elektron in der zweiten Schale sehr unternehmungslustig. Dieses Elektron bestimmt die chemischen Eigenschaften des Lithiums.

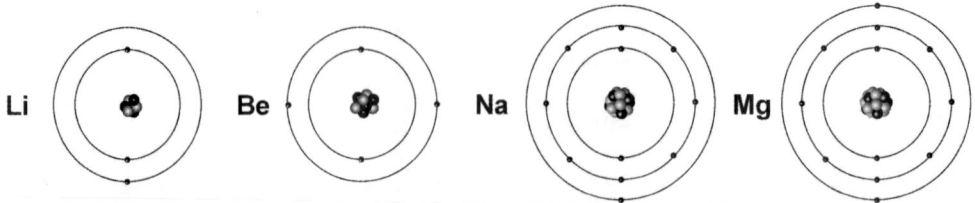

Valenzelektronen:

die Elektronen der äußersten, nur teilweise besetzten Schale.

Im Atom mit der nächsthöheren Ordnungszahl, dem Beryllium, gibt es eben zwei solche reaktionsfähige „**Außenelektronen**" oder auch „**Valenzelektronen**", im Bor gibt es 3 usw. Schließlich ist auch die zweite Schale mit 8 Elektronen voll besetzt und die dritte Schale wird begonnen. Im Natrium (Ordnungszahl 11) haben wir 2 Elektronen in der ersten, 8 in der zweiten und ein Außenelektron (= Valenzelektron) in der dritten Schale. Wieder bestimmt vor allem das eine Außenelektron die chemischen Eigenschaften. Da aber sowohl Lithium als auch Natrium je ein Valenzelektron besitzen, müssen die chemischen Eigenschaften dieser beiden Elemente sehr ähnlich sein – und so ist es auch. Ebenso zeigt Magnesium (Ordnungszahl 12) ein sehr ähnliches chemisches Verhalten wie Beryllium. Man hat diese Regel ausgenützt, um ein System in die Vielfalt der chemischen Elemente zu bringen. So schreibt man in der Art einer Tabelle immer die Elemente, die wegen der gleichen Anzahl von Valenzelektronen verwandte chemische Eigenschaften haben, untereinander. Das dabei erhaltene Schema wird das **Periodensystem der Elemente** oder kurz **Periodensystem** genannt. Für die ersten 18 Elemente sieht es so aus:

> Das Bohr-Sommerfeldsche Atommodell beschreibt stark vereinfacht die Anordnung der Elementarteilchen im Atom. Mit steigender Ordnungszahl kommt es zu einer periodischen Wiederholung der Elektronenkonfiguration in den äußeren Schalen. Daraus kann man das periodische System der Elemente ableiten, welches Voraussagen über das chemische Verhalten der einzelnen Elemente erlaubt.

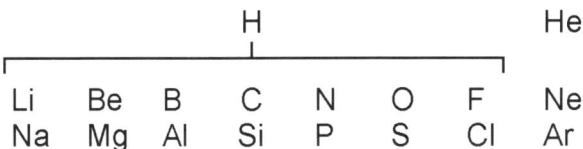

Die waagrechten Reihen werden **Perioden**, die senkrechten Spalten werden **Gruppen** genannt. Wasserstoff wird gerne über die erste Gruppe (also oberhalb von Lithium) geschrieben. In Wirklichkeit kann man ihn aber keiner Gruppe richtig zuordnen und müsste ihn über 7 Gruppen schreiben. Helium mit 2 Elektronen hat dagegen bereits eine voll besetzte Schale (es hat formal nicht 2 sondern 0 Valenzelektronen) und entspricht sehr gut den übrigen Edelgasen wie Neon, Argon usw.

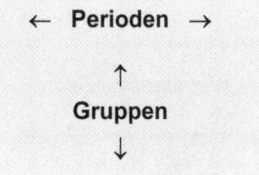

Ab dem Element mit der Ordnungszahl 19 (= Kalium) wird es plötzlich kompliziert. Wir haben gesagt, dass die dritte Schale bis zu 18 Elektronen enthalten kann. Also müssten wir die dritte Periode bis zur Ordnungszahl 28 *(= erste Schale 2, zweite Schale 8, dritte Schale 18 Elektronen)* fortsetzen und dürften erst mit dem Element der Ordnungszahl 29 die nächste Periode beginnen. Tatsächlich haben die Elektronen die schlampige Eigenheit, eine neue Schale bereits zu beginnen, bevor noch die vorhergehende komplett gefüllt ist. *Warum das so ist, wissen die Elektronen selber nicht. Physiker und Chemiker müssen den Grund dafür kennen, sie werden während ihrer*

Ausbildung damit auch lange genug gequält! Wenn die dritte Schale mit 8 Elektronen gefüllt ist, werden die nächsten 2 Elektronen also in die vierte Schale eingelagert, dann wird plötzlich die dritte Schale beendet (mit weiteren 10 Elektronen, gibt in Summe 18) und danach wird erst die vierte Schale fertig gestellt. Das bedeutet aber, dass wir im Periodensystem zwischen dem zweiten und dritten Element der vierten Periode irgendwo noch 10 Elemente dazwischenquetschen müssen.

				H				He
Li	Be	B	C	N	O	F		Ne
Na	Mg	Al	Si	P	S	Cl		Ar
K	Ca	Ga	Ge	As	Se	Br		Kr

Sc, Ti, V, Cr, Mn, Fe, Co, Ni, Cu, Zn

Diese 10 Elemente haben alle bereits 2 Elektronen in der vierten Schale, während sich in der dritten Schale zwischen 9 und 18 Elektronen befinden. Da aber immer vor allem die äußersten Elektronen (also die 2 in der vierten Schale) die chemischen Eigenschaften bestimmen, sind diese Elemente untereinander alle sehr ähnlich, ähnlicher jedenfalls als 2 beliebige Elemente, die in den ersten 3 Perioden nebeneinander stehen. Da diese 10 Elemente formal am Beginn von 10 weiteren Gruppen stehen, hat man sie früher als **Nebengruppenelemente** bezeichnet. Diese Gruppen sind dann eben die Nebengruppen zum Unterschied von den 8 **Hauptgruppen**, die im Periodensystem von Anfang an vorhanden sind. Die modernere und korrektere Bezeichnung für diese Elemente ist der Ausdruck **Übergangselemente**.

Übergangselemente:

besitzen eine unterschiedliche Zahl von e^- in einer inneren Schale und 2 e^- in der äußersten Schale.

Wir können jetzt unsere Schalen weiter und weiter auffüllen. Auch die vierte Schale wird zunächst nur mit 8 Elektronen besetzt, die nächsten 2 kommen in die fünfte Schale. Dann wird die vierte Schale wieder mit weiteren 10 Elektronen gefüllt (das kennen wir schon; diese 10 Elemente sind weitere Übergangselemente und stehen im Periodensystem genau unter den bereits erwähnten) und danach die fünfte Schale fortgesetzt.

Wer bisher genau aufgepasst hat müsste jetzt protestieren! Die vierte Schale kann ja insgesamt 32 Elektronen aufnehmen, bis jetzt haben wir aber erst 18 untergebracht. Tatsächlich werden die restlichen 14 erst sehr viel später aufgefüllt, nämlich dann, wenn bereits die sechste Schale begonnen wurde. Man müsste jetzt also noch weitere 14 „Neben-Nebengruppenelemente" definieren. Man bezeichnet diese Elemente aber einfach als Lanthanoide, weil sie nach dem Element Lanthan kommen. Die analogen 14 Elemente, die eine Periode später aufgefüllt werden, heißen Actinoide (folgen auf das Element Actinium). Lanthaniden bzw. Actiniden sind untereinander chemisch noch sehr viel ähnlicher als die einfachen Übergangselemente. *Es ist eine ziemliche Kunst, sie voneinander zu unterscheiden. Glücklicherweise spielen sie in der Natur keine besonders wichtige Rolle.*

Nachdem wir alle bekannten Elemente im Periodensystem eingetragen haben (vergleichen Sie bitte mit dem Periodensystem im Anhang!) sieht das Ganze stark vereinfacht etwa so aus:

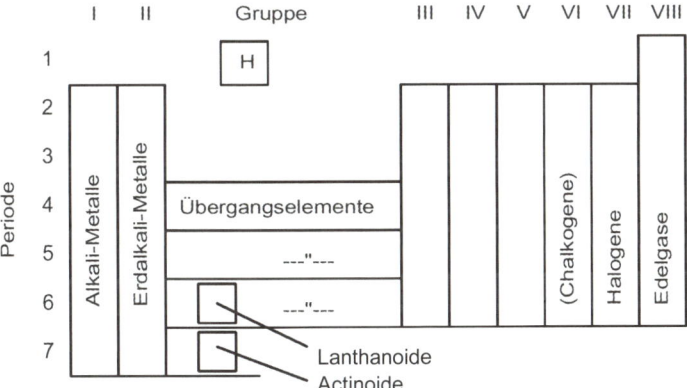

Periodensystem

Merken Sie sich unbedingt die Bezeichnungen für einige der Hauptgruppen: **Alkali-Metalle** (I. Hauptgruppe), **Erdalkali-Metalle** (II. Hauptgruppe), **Halogene** (VII. Hauptgruppe) und **Edelgase** (VIII. Hauptgruppe).

Andere Gruppennamen werden kaum mehr verwendet, es ist heute üblich, Gruppen einfach nach dem ersten Element zu bezeichnen (also Kohlenstoffgruppe, Stickstoffgruppe, Sauerstoffgruppe).

Versuchen Sie, die Eigenschaften der Elemente immer auf Grund des Periodensystems zu verstehen, dann wird die anorganische Chemie logisch und übersichtlich. Nehmen Sie z.B. die Farben von Salzen! Alle Salze, in denen nur Elemente der Hauptgruppen enthalten sind, sind meistens farblos bzw. weiß.

*Nur selten haben sie schwache und stumpfe Farben wie gelb-
lich, bräunlich, schwarz. Anorganische Verbindungen, die in
leuchtenden Farben strahlen, enthalten immer mindestens ein
Übergangselement.*

1.7 Ionisierungsenergie, Elektronenaffinität

Bei allen unseren bisherigen Überlegungen haben wir stillschweigend angenommen, dass gleich viele Elektronen in der
Hülle sind wie Protonen im Kern. Das gilt aber nur für ein un-
geladenes, **neutrales Atom**. Es kommt durchaus vor, dass so
ein neutrales Atom entweder eines oder mehrere seiner Elektronen abgibt (natürlich werden das Valenzelektronen sein),
oder auch, dass es aus seiner Umgebung Elektronen aufnimmt
und in seine Elektronenhülle einbaut. Ein Atom hat dann entweder zu viele oder zu wenige negative Ladungen im Vergleich
zu den positiven Ladungen des Kerns. Atome oder auch Verbindungen von mehreren Atomen, die auf diese Weise nach
außen eine Ladung zeigen, nennt man **Ionen**. Positiv geladene
Atome (die zuwenig Elektronen haben) werden **Kationen**,
negativ geladene Atome (mit einem Elektronenüberschuss)
werden **Anionen** genannt.

Ionen:

Teilchen, die eine
Ladung zeigen.

Kationen sind positiv,
Anionen negativ geladen.

Wir haben bereits erwähnt, dass eine bestimmte Menge an
Energie notwendig ist, um in einem Atom ein Elektron aus
einer inneren in eine äußere Schale zu bringen. Man braucht
natürlich noch mehr Energie, um das Elektron ganz zu entfernen. Schließlich wird ja das Elektron von der Umgebung des
positiv geladenen Kernes weggezerrt.

Die Energie, die man braucht, um aus einem Atom oder Ion das
am wenigsten fest gebundene Elektron zu entfernen, nennt man
Ionisierungsenergie oder **Ionisierungspotenzial**. *Man kann
natürlich dann noch ein weiteres Elektron entfernen und dann
noch ein drittes usw. Man spricht dann von der zweiten, dritten
usw. Ionisierungsenergie. Da die leichtest gebundenen
Elektronen natürlich zuerst entfernt werden, werden die benötigten Energien immer größer. Die zweite Ionisierungsenergie
ist also größer als die erste, die dritte größer als die zweite.
Wenn man nur einfach von der Ionisierungsenergie eines Elementes spricht, meint man immer die erste Ionisierungsenergie
des neutralen Atoms.*

Ionisierungsenergie:

Energie die notwendig ist,
um ein Elektron zu
entfernen.

Die Größe der Ionisierungsenergie ist für jedes Atom ein konstanter Wert und kann gemessen werden. Energien von Atomen oder Elementarteilchen werden üblicherweise in **Elektronenvolt** (abgekürzt **eV**) angegeben. Das ist die Energie, die ein Elektron erhält, wenn es die Spannung von einem Volt durchläuft oder auch die Energie, die man braucht, um ein Elektron gegen die Spannung von einem Volt von plus nach minus zu transportieren. Da die Ionisierungsenergie in das zu ionisierende Atom investiert werden muss, erhält sie ein positives Vorzeichen.

Es kommt immer auf das System an, das untersucht wird. In diesem Fall ist es das Atom. Wenn das Atom Energie bekommt, wenn es also nachher noch mehr Energie enthält, so ist diese Energie positiv zu rechnen. Gibt das Atom Energie ab, so wird diese Energie negativ gewertet, da ja das Atom die Energie verliert. *Das bereitet „Egoisten" immer wieder Schwierigkeiten, weil diese unwillkürlich immer vom eigenen Standpunkt ausgehen. Wenn Sie zum Beispiel aus einer Autobatterie Strom entnehmen, so erhalten Sie zwar Energie, mit der Sie das Auto starten können. Objektiv ist diese Energie aber mit negativem Vorzeichen zu versehen, weil das reagierende System – in diesem Fall die Batterie – die Energie verliert!*

		13.6							24.6
5.4	9.3			8.3	11.3	14.5	13.6	17.4	21.6
5.1	7.6			6.0	8.1	11.0	10.4	13.0	15.8
4.3	6.1	6.6 - 9.4		6.0	8.1	10.0	9.8	11.8	14.0
4.2	5.7	6.6 - 9.0		5.8	7.3	8.6	9.0	10.4	12.1
3.9	5.2	6.9 - 10.4		6.1	7.4	8.0	8.4	---	10.7
---	5.3								

Ionisierungsenergie (in eV)

Aus der Abbildung können Sie die Ionisierungsenergien für die einzelnen Elemente im Periodensystem ablesen. Sie sehen, dass die Energie von links nach rechts stark steigt. Wenn sich Elektronen einsam in der äußersten Schale befinden, sind sie wesentlich leichter zu entfernen als wenn diese Schale weitgehend oder ganz gefüllt ist. Grundsätzlich sind einzelne Elektronen (Valenzelektronen!) schwächer gebunden als Elektronen in gefüllten Schalen.

Im Lithium ist das eine Valenzelektron mit 5.4 eV ziemlich schwach gebunden, für die beiden inneren Elektronen gilt dagegen eine zweite und dritte Ionisierungsenergie von 75.6 eV und 122.4 eV. Im Beryllium mit 2 Valenzelektronen sind die 4 möglichen Ionisierungsenergien 9.3 eV, 18.2 eV, 153.9 eV und 217.7 eV. Also können die ersten beiden Elektronen leicht abgegeben werden, eine weitere Ionisierung aus einer der inneren Schalen ist bei diesen großen Energiemengen aber praktisch ausgeschlossen. Lithium wird daher nur einfach positiv geladene Ionen bilden (Li^+), Beryllium nur zweifach positiv geladene (Be^{++}).

$$Atom \rightleftharpoons Kation^+ + e^-$$

$$Atom + e^- \rightleftharpoons Anion^-$$

Ionen können aber auch entstehen, indem zusätzliche Elektronen von einem Atom aufgenommen werden. Gerade die Atome, die rechts im Periodensystem stehen und wegen der relativ hohen Ionisierungsenergie geringe Neigung zeigen, ein Elektron abzugeben, sind um so begieriger, statt dessen eines aufzunehmen. Dabei wird dem Elektron erlaubt, sich dem positiv geladenen Kern zu nähern. Die dabei frei werdende Energie nennt man **Elektronenaffinität**. Das ist die Energie, die mit der Aufnahme von Elektronen durch ein neutrales Atom verbunden ist. Da diese Energie frei wird, erhält sie negatives Vorzeichen. Das heißt, das Anion enthält weniger Energie als das neutrale Atom und das vereinzelte Elektron vorher insgesamt hatten. Bei der Bildung eines Anions wird also Energie an die Umgebung abgegeben. Vom Standpunkt des Anions hat es daher diese Energie verloren. Natürlich werden genau die Atome, die ungern Elektronen abgeben (= hohe Ionisierungsenergie) besonders gerne Elektronen aufnehmen (= hohe Elektronenaffinität). Sowohl Ionisierungsenergie als auch Elektronenaffinität steigen also dem Zahlenwert nach (bei verschiedenem Vorzeichen!) im Periodensystem von links nach rechts und von unten nach oben an. *Das gleiche gilt auch für die Elektronegativität (siehe Kap. 2.4), die Sie bitte nicht mit der Elektronenaffinität verwechseln dürfen, auch wenn beide Worte so ähnlich aussehen.* Am besten merken Sie sich, dass Fluor, das

Elektronenaffinität:

Energie, die frei wird, wenn ein Elektron aufgenommen wird.

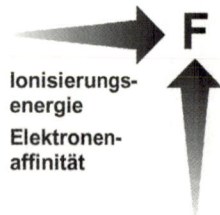

Ionisierungsenergie
Elektronenaffinität

im Periodensystem ganz rechts oben steht, die höchste Ionisierungsenergie und die höchste Elektronenaffinität *(und auch die höchste Elektronegativität)* besitzt. Von allen anderen Stellen im Periodensystem steigen daher diese Werte zum Fluor hin an. *Die Edelgase lassen wir hier jetzt einmal unbeachtet.*

Bei der Umwandlung eines Atoms in ein Ion ändert sich natürlich auch seine Größe. Betrachtet man ein Atom oder Ion vereinfacht als starre Kugel, so hat diese einen bestimmten Radius, den **Atomradius** bzw. **Ionenradius**. Da die Atome natürlich größer sind, wenn mehr Schalen von Elektronen besetzt sind, nehmen die Atomradien im Periodensystem von oben nach unten zu. Nicht ganz so leicht ist einzusehen, dass sie innerhalb einer Periode von links nach rechts abnehmen, obwohl auch hier die Atome schwerer werden. Bedenken Sie aber, dass die äußerste Schale ja dieselbe bleibt, im Kern aber mehr positive Ladungen sind, welche die Elektronen näher an den Kern heranziehen. Und dass die Elektronen stärker gebunden sind, erkennt man ja auch aus den zunehmenden Ionisierungsenergien. Locker gebundene Elektronen (also solche mit niedriger Ionisierungsenergie) haben einen größeren Abstand vom Kern und bewirken daher einen größeren Atomradius. *Auch hier ist Fluor wieder der Extremfall, allerdings umgekehrt: Fluor hat den kleinsten Atomradius, dieser steigt nach unten und links an.*

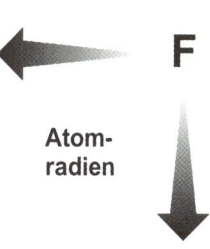

Atom- und Ionenradien in 10^{-10} m

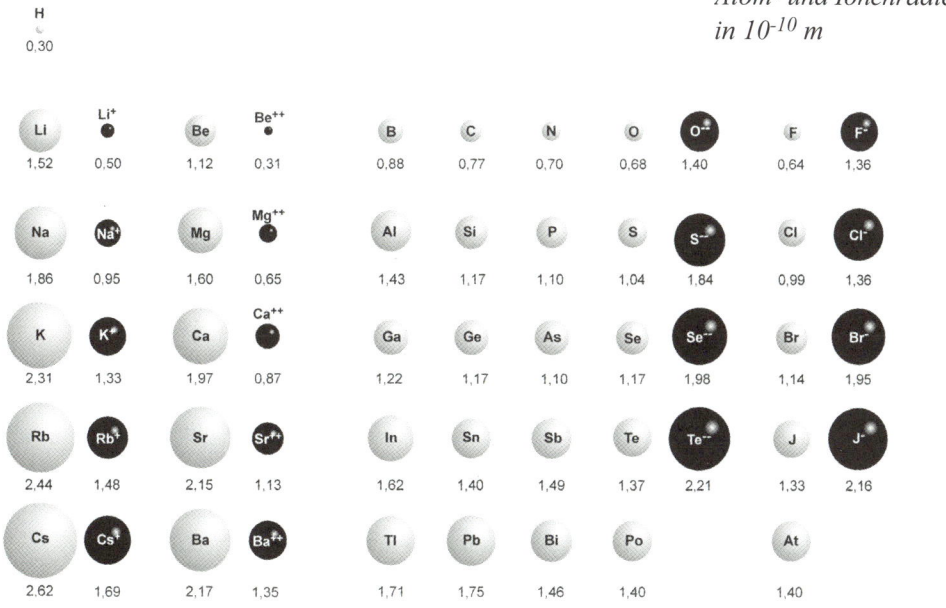

Wird aus einem Atom ein Ion, so ändert sich natürlich damit auch dessen Radius. Der Ionenradius wird vor allem dann sehr viel kleiner sein, wenn alle Elektronen aus der Valenzschale entfernt worden sind, so dass das Ion im Vergleich zum Atom eine ganze Schale weniger hat. *Vergleichen Sie mit der vorigen Abbildung: Sie finden dort eine Aufstellung der wichtigsten Atomradien zusammen mit einigen Ionenradien. Sie werden bemerken, dass Ionen, die negativ geladen sind, die also mehr Elektronen haben als sich Protonen im Kern befinden, logischerweise viel größer sind als das neutrale Atom.*

Über Sinn und Unsinn unserer Vorstellungen von der Welt

Man kann lange und breit darüber philosophieren, inwieweit die Welt, wie wir sie wahrnehmen, einer (der?) tatsächlichen Realität entspricht und wie viel davon einfach eine Projektion unseres Gehirnes ist. Das hat zu endlosen Diskussionen geführt, die sich zwischen theoretischer Physik, Metaphysik und Philosophie bewegen.

Unabhängig davon schleppen wir aber in unserer Vorstellung Konzepte mit, von denen wir mit Sicherheit wissen, dass sie falsch sind. Aber durch Erziehung und Umgangssprache sind wir so geprägt, dass es uns selten auffällt – erst wenn wir plötzlich in gedankliche Schwierigkeiten damit kommen. Man könnte sogar behaupten, dass die meisten Verständnisprobleme, die beim Studium von Naturwissenschaften auftauchen, begründet sind in unserer „unwissenschaftlichen" Vorstellungswelt, in der wir gefangen bleiben, so dass es uns schwer fällt, gewisse Naturgesetze zu akzeptieren. Dabei braucht man gar nicht zu verlangen, dass wir im täglichen Leben die Gesetze der Relativitäts- und Quantentheorie berücksichtigen sollten – das wäre unpraktisch – aber wir sprechen ständig von „vollständigen" Reaktionen (auch Chemiker tun das), von negativer Temperatur, von negativem Druck usw.

Da die Temperatur ein Maß für die Eigenbewegung (und damit die Energie) der Moleküle ist, kann es keine negative Temperatur geben – schließlich können sich ja Moleküle nicht weniger als gar nicht bewegen. Sinnvoll ist also nur, den Zustand der Nicht-Bewegung mit Temperatur Null anzugeben und alle Bewegungszustände als positiven Temperaturwert. So ist es in der Kelvin-Skala festgelegt, aber im täglichen Leben setzt diese sich gegenüber der Celsius-Skala (oder auch der Fahrenheit-Skala in den USA!) nicht durch.

Ähnlich ist es mit dem Druck. Zwar spricht man von Unterdruck, das kann aber nur einen Druck bedeuten, der geringer ist als der atmosphärische Luftdruck von 1 bar. Null ist der Druck im Vakuum, und geringer als im Vakuum kann der Druck nicht sein, also ist ein negativer Druck unmöglich. Daher kann man auch nicht saugen, man kann nur drücken. Wenn Sie Ihren Drink (sagen wir Orangensaft) mittels Strohalm aus der Dose „saugen", dann erzeugen Sie in Ihren Mund einen Druck, welcher geringer ist als jener der Luft rundherum, so dass der Luftdruck den Orangensaft in Ihren Mund presst. Sie „saugen" also nicht, sondern die Atmosphäre drückt. Würden Sie versuchen, Ihren Orangensaft per Strohalm frei im Weltraum zu trinken, hätten Sie keinen Erfolg. Wie heftig Sie auch an dem Halm zuzeln, Ihr Mund bliebe trocken, da der Druck von außen fehlt.

Noch viel schlimmer ist, dass wir in unserer Alltagssprache ständig Begriffe wie Gewicht und Masse durcheinander werfen. Das Gewicht ist die Kraft, mit der eine Masse auf die Unterlage drückt. Die Masse ist eine Zustandsgröße und bleibt konstant, während das Gewicht davon abhängt, ob wir uns auf der Erde, auf dem Mond oder sonst wo im Weltall befinden. Die Einheiten der Masse sind g oder kg, die des Gewichtes Newton oder Kilopond. Wenn wir also in einer Konditorei 100 Gramm Hustenzuckerl verlangen, so fragen wir nach einer Masse, nicht nach einem Gewicht. Wenn wir zu Hause ein Klavier drei Stockwerke hoch in unsere Wohnung transportieren, so stöhnen wir unter dem Gewicht – weil die Masse des Klaviers auf uns drückt. Bei derselben Tätigkeit auf dem Mond würden wir erleichtert feststellen, dass das Gewicht des Klaviers erfreulich gering ist – bei gleich gebliebener Masse.

Versuchen wir daher, unsere Köpfe – und unsere Sprache – von falschen Vorstellungen und Ausdrücken zu reinigen. Das ist schwierig, weil wir mit Gewohntem brechen müssen. Aber genau wie wir unseren Vorfahren vor 150 Jahren dankbar sein sollten, dass sie auf das metrische System umgestellt haben *(stellen Sie sich vor, wir würden alle noch mit Ellen und Klaftern messen)*, und unseren Vor-Vorfahren vor 800 Jahren, dass sie von den römischen Ziffern auf die arabischen wechselten *(multiplizieren Sie einmal MDCCXVI mit CCCLIX)*, genau so würden unsere Nachfahren UNS danken, könnten wir sie mit dem althergebrachtem Schrott in unserer Gedankenwelt verschonen.

Übungen zu Kapitel 1

10. Das Element Uran kommt in der Natur in Form der 3 Isotope ^{234}U, ^{235}U, ^{238}U vor. Wie viele Protonen und Neutronen hat jeder dieser Kerne?

11. Die beiden Nuklide Neptunium ^{239}Np und Plutonium ^{239}Pu haben die gleiche Massenzahl. Solche Nuklide werden „Isobare" genannt (= gleich schwer). Wie viele Protonen bzw. Neutronen hat jeder der beiden Kerne?

12. Nehmen Sie ein Stück Transparentpapier und pausen Sie den Raster (die waagrechten und senkrechten Linien) des Periodensystems aus dem Anhang darauf durch. Zeichnen Sie die chemischen Symbole der folgenden Elemente ein:

In roter Farbe:	die Edelgase:	He, Ne, Ar, Kr, Xe, Rn
	die Halogene:	F, Cl, Br, J, At
	weiters:	H, C, N, O, P, S, Se
In grüner Farbe:	die Halbmetalle:	B, Si, Ge, As, Te

Sie haben nun alle Nichtmetalle rot eingezeichnet, alle Halbmetalle (das sind Elemente, die in ihren Eigenschaften zwischen Metallen und Nichtmetallen stehen) sind grün. Alle übrigen Elemente sind Metalle (daher natürlich auch alle Übergangselemente)! Versuchen Sie, in Ihr Periodensystem eine Trennungslinie zwischen Metallen und Nichtmetallen einzuzeichnen, und merken Sie sich den Verlauf dieser Linie.

13. Tragen Sie Quecksilber (Hg) mit blauer Farbe in Ihr Periodensystem ein. Zeichnen Sie einen Kreis um jedes der nachfolgenden Elemente: H, N, O, F, Cl, He, Ne, Ar, Kr, Xe, Rn. Diese Elemente sind unter normalen Bedingungen Gase.

Nur 2 Elemente sind unter Normalbedingungen Flüssigkeiten, nämlich Br und Hg. Unterstreichen Sie diese beiden.

Alle übrigen Elemente sind fest! Können Sie eine Regel aufstellen, welche Elemente gasförmig bzw. flüssig sind?

14. Schraffieren Sie mit Bleistift leicht die Felder, in denen Elemente stehen, die biologisch (und medizinisch) von besonderer Bedeutung sind. Tragen Sie die entsprechenden Elementarsymbole der Ihnen dabei noch fehlenden Metalle in blauer Schrift ein:

H, O, C, N, Na, K, Ca, P, S, Cl, Mg, Fe, Co, J

Die Positionen dieser Elemente im Periodensystem sollen Sie sich merken.

15. Können Sie mit Hilfe des soeben gezeichneten Periodensystems und der Abbildung eine Regel aufstellen, die angibt, wie groß die Ionisierungsenergie für ein Metall bzw. ein Nichtmetall sein kann?

2   CHEMISCHE BINDUNGEN

Im vorigen Kapitel haben wir erfahren, dass Elektronenschalen, die vollständig gefüllt sind (also 2 Elektronen in der ersten oder 8 Elektronen in der zweiten Schale), einen sehr energiearmen Zustand für diese Elektronen darstellen, daher ist dieser Zustand besonders stabil. In den Edelgasen befinden sich nur solche Elektronenschalen. Alle Elektronen sind dabei mit ihrem Los sehr zufrieden und wollen daran nichts ändern. Deshalb sind Edelgase auch besonders reaktionsträge. Elektronen in anderen Atomen wollen gerne diesen glücklichen Zustand (die sogenannte **Edelgas-Konfiguration**) ebenfalls erreichen. Daher neigen Atome, die nur wenige Valenzelektronen haben, dazu, diese abzugeben und in die nächst niedrigere Edelgas-Konfiguration überzugehen *(daher die niedrige Ionisierungs-energie für Valenzelektronen – es ist leicht, ein Elektron zu entfernen)*. Atome, die dagegen sehr viele Elektronen in der äußersten Schale besitzen, wollen lieber noch die wenigen Elektronen aufnehmen, die ihnen für die nächst höhere Edelgas-Konfiguration fehlen. *Sie haben daher eine hohe Elektronenaffinität – sie sind begierig, ein Elektron einzufangen.*

Es gibt eine Faustregel, die sogenannte **Oktettregel**, die besagt, dass Atome immer einen Zustand erreichen wollen, in dem sie 8 Außenelektronen besitzen. *Die Oktettregel gilt streng nur für die Atome der zweiten Periode. Sie ist aber auch darüber hinaus als Faustregel recht nützlich. Außerdem beschäftigt sich vor allem die organische Chemie vorwiegend mit Verbindungen aus den Elementen der zweiten Periode.* Um die Oktettregel zu erfüllen, schließen sich Atome zu Verbindungen zusammen. In den Verbindungen werden die Elektronen im Molekül so verschoben, dass für möglichst alle Atome die Edelgas-Konfiguration erreicht wird. (Edelgase haben schon als neutrale Atome die Edelgas-Konfiguration. Daher haben sie keine Lust, Verbindungen einzugehen, und finden sich in der Natur immer als einatomige Moleküle.)

Man darf sich die Oktettregel nicht zu dogmatisch vorstellen. *Es gibt genug Fälle, in denen Atome das Oktett nicht erreichen und sich mit einem weniger idealen Zustand begnügen müssen.* Grundsätzlich versuchen aber alle Elektronen einen energetisch tiefen Zustand einzunehmen – nach Maßgabe der Möglichkei-

Wenn es nur eine einzige Wahrheit gäbe, könnte man nicht hundert Bilder über dasselbe Thema malen.

*Pablo Picasso
(1881-1973)*

Vollständig gefüllte Elektronenschalen sind besonders stabil.

Oktettregel:

Die Atome (der zweiten Periode) wollen möglichst 8 Elektronen in der äußersten Schale haben. Dafür sind sie bereit, sich mit anderen Atomen abzustimmen – es kommt zur chemischen Bindung.

ten. Ein Molekül entsteht also dadurch, dass sich zwei oder mehrere Atome einander nähern, bis ihre Elektronen gemeinsam miteinander einen Zustand erreichen, der energieärmer ist als die Summe der Energiezustände für die isolierten Atome. Damit das so bleibt, müssen sie einander nahe bleiben – man nennt das eine **chemische Bindung**.

Es gibt Modelle von Molekülen, bei denen die Atome als Kugeln dargestellt sind, welche durch Stäbchen – chemische Bindungen – verbunden werden. Man darf sich davon aber nicht in falsche Vorstellungen leiten lassen, Bindungen sind keine starren Stäbchen! Man stellt sich eine chemische Bindung besser wie eine Wechselwirkung zwischen zwei frierenden Igeln vor! Nehmen Sie an, irgendwo sitzen zwei Igel und beiden ist kalt. Um sich zu erwärmen, werden diese Igel möglichst nahe zusammenrücken. Wenn sie einander aber zu nahe kommen, stechen sie sich gegenseitig. Daher werden sich die beiden also wieder voneinander entfernen (und zwar rasch!!). Jetzt frieren sie aber wieder! Nach einigem Hin- und Herrücken werden die beiden Igel endlich einen Abstand gefunden haben, bei dem sie sich zwar gut wärmen, einander aber gerade noch nicht stechen. Und diesen Abstand der maximalen Behaglichkeit (das entspricht der minimalen gemeinsamen Energie zweier Atome) werden sie möglichst beibehalten. Genauso machen das auch die Atome in einer chemischen Bindung.

2.1   Ionenbindung, Ionengitter

Wie kommt es nun zu einer Bindung? Im einfachsten Fall haben wir zwei Atome, eines aus der linken Hälfte des Periodensystems, das relativ leicht Elektronen abgibt, das andere aus der rechten Hälfte mit dem Bestreben, Elektronen aufzunehmen. Dann übernimmt eben ein Atom die Elektronen vom anderen und beide werden zu Ionen. So hat Natrium sein einsames Valenzelektron relativ locker gebunden, Chlor dagegen (das bereits 7 Valenzelektronen hat) ist begierig, dieses Elektron aufzunehmen. Also wird dem Natrium sein Valenzelektron entrissen und es wird zum Na^+-Ion (Kation), Chlor nimmt dieses Elektron auf und wird zum Cl^--Ion (Anion), es entsteht Kochsalz. *Die Ionisierungsenergie, die wir aufwenden müssen, um dem Natrium ein Elektron abzunehmen, wird reichlich aufgewogen durch die Elektronenaffinität (ebenfalls Energie) die wir zurückbekommen, wenn das Chlor ein weiteres Elektron erhält.*

Würden wir statt Natrium Magnesium mit Chlor verbinden, so gibt das Magnesium 2 Elektronen ab, benötigt dafür aber 2 Chloratome (da jedes Chloratom nur 1 Elektron will).

> Stoffe mit Ionenbindungen bestehen auch in festem Zustand aus Ionen. Es sind das die Stoffe, die wir als Salze oder als salzartige Verbindungen bezeichnen.

Die entstandenen Ionen können sich aber nicht beliebig voneinander entfernen, da sich ihre Ladungen gegenseitig anziehen. Die Ionen bleiben also beisammen. Im festen Kochsalz stehen immer abwechselnd Kationen (Na^+) und Anionen (Cl^-) nebeneinander, so dass sich die Ladungen gegenseitig ausgleichen. Dabei entsteht eine ganz regelmäßige Struktur, ein Gitter.

Ionengitter

Dieses **Ionengitter** bewirkt, dass Salze wie $NaCl$ als Festkörper in Form von Kristallen vorkommen. (Löst man ein Salz in Wasser, werden die Ionen stärker voneinander getrennt, davon später im Kap. 7.) Diese Art der chemischen Bindung nennt man **Ionenbindung**, seltener sagt man auch Ionenbeziehung oder heteropolare Bindung dazu.

2.2   Kovalente Bindung (Atombindung)

Was tut nun aber ein Chlor-Atom, wenn es kein freundliches Natrium findet, das ihm ein Elektron überlässt? Stellen Sie sich reines Chlor-Gas vor. Darin befindet sich, soweit das Auge reicht, nur Chlor und immer wieder Chlor. Natürlich wird es keinem Chloratom einfallen, ein weiteres Elektron herzugeben, damit der Nachbar die Oktettkonfiguration erreicht. Irgendwie wollen aber die Chloratome es schaffen, sich miteinander zu verbinden und dabei die Edelgas-Konfiguration zu erreichen. Das wird dadurch ermöglicht, dass einfach 2 Chloratome zusammenkommen und je ein Elektron in eine gemeinsame Kasse einzuzahlen. Diese beiden Elektronen werden dann von beiden benützt. Zeichnet man nur die Außenelektronen auf, sieht das etwa so aus:

Atombindung

Nichtmetalle:

haben die Möglichkeit, durch gemeinsame Verwendung von (bindenden) Elektronenpaaren die Edelgas-Konfiguration zu erreichen.

Man schreibt das normalerweise so auf, dass man immer 2 Elektronen als einen Strich notiert, diese 2 Elektronen sind dann ein **Elektronenpaar**. Aus den beiden überzähligen Elektronen wird ein weiteres Elektronenpaar, das von beiden Atomen benutzt wird und diese beiden Atome verbindet. Wir merken uns gleich, dass für Bindungen immer Elektronenpaare notwendig sind. Das bindende Elektronenpaar (die beiden Elektronen der Gemeinschaftskasse) ist quasi der Arm, der die beiden Atome zusammenhält.

Diese Art der Bindung wird **Atombindung** oder auch **kovalente Bindung** genannt. Auch die Ausdrücke Elektronenpaar-Bindung oder homöopolare Bindung werden dafür verwendet.

2.3 Metallische Bindung, Metallgitter

Problematischer wird es, wenn ein Element aus der linken Seite des Periodensystems auf sich allein angewiesen ist. Zwei Natrium-Atome können, selbst wenn jedes sein Valenzelektron in den Talon wirft, bestenfalls auf 2 gemeinsame Elektronen kommen, niemals erreichen sie jedoch ein Oktett. (Die Elektronen der inneren Schalen sind zu fest gebunden und daher tabu!) Natrium – und auch jedes andere Metall – löst das Problem dadurch, dass es einfach alle Valenzelektronen freisetzt. *Die lästigen Valenzelektronen müssen dann eben sehen, wie sie allein fertig werden.* Zurück bleiben nur positiv geladene Kationen (in der nächst niedrigeren Edelgas-Konfiguration) und auch diese bilden wieder ein Gitter, dieses Mal jedoch ein **Metallgitter**. Zwischen den einzelnen Kationen schwirren die verstoßenen Elektronen umher und sorgen dafür, dass das Ganze weiterhin nach außen elektrisch neutral bleibt. Diese Art der Bindung nennt man **Metallbindung**.

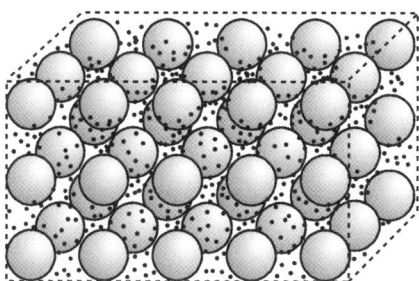

Metalle:

müssen ihre Valenzelektronen abgeben, um die (nächst niedrigere) Edelgas-Konfiguration zu erreichen. Die freigesetzten Elektronen bewegen sich dann frei zwischen den zurückbleibenden Kationen.

Diese Art der Bindung verursacht alle Eigenschaften, die wir als charakteristisch für ein Metall empfinden. Da die Valenzelektronen frei zwischen den Kationen beweglich sind (man hat dafür den anschaulichen Ausdruck **Elektronengas** geprägt), sind Metalle gute Leiter für elektrischen Strom, ebenso für Wärme, und auch der metallische Glanz ist auf die Wechselwirkung dieser Elektronen mit auftreffendem Licht zurückzuführen. Da die Ionen auf den Gitterplätzen alle gleich sind, kann man einzelne Schichten gegeneinander verschieben, was bei einem Ionengitter natürlich unmöglich ist. Deshalb sind Metalle biegsam und lassen sich z.B. durch Hämmern verformen. (*Einen Kochsalz-Kristall werden Sie durch Hämmern bestenfalls zu Pulver zerschlagen.*)

Um das klarzustellen: Natürlich bilden nicht zufällig alle Metalle ein Metallgitter, sondern die Elemente, die ein Metallgitter bilden müssen, sind Metalle. Und Elemente, die die Edelgas-Konfiguration durch kovalente Bindungen erreichen können, sind dann eben Nichtmetalle.

Metalle und Legierungen

Im Unterschied zu einem Salzkristall sind die Atome im Gitter eines reinen Metalles alle gleich. Man kann also eine Schicht gegen die andere verschieben, ohne dass die Struktur gestört wird. Daher sind Metalle (relativ) weich, man kann sie biegen, hämmern und zu Drähten ziehen.

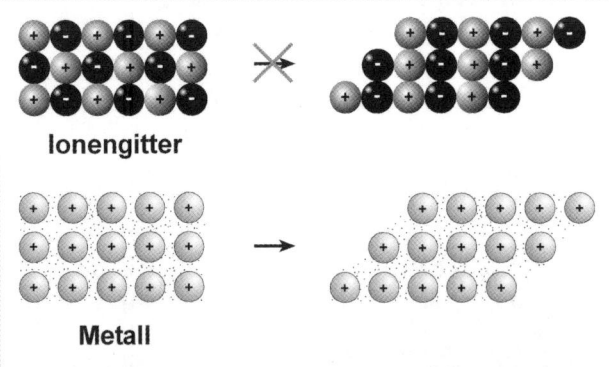

Was wir im täglichen Leben als „hartes Metall" bezeichnen, sind keine reinen Metalle, sondern Legierungen. Eisen ist weich, Stahl ist eine Legierung aus Eisen mit Kohlenstoff. Wenn man Kupfer und Zinn – beides weiche Metalle – miteinander mischt, erhält man die harte Bronze. Oder man legiert Kupfer mit Zink, das gibt Messing. Diese Härte lässt sich einfach dadurch erklären, dass in einer Legierung eben nicht alle Atome gleich sind, so dass eine Verschiebung einzelner Schichten gegeneinander nicht möglich ist. Man erkennt daraus auch, dass man nicht einfach in beliebigen Mengenverhältnissen legieren kann, sondern dass die verschiedenen Metallatome in ganz bestimmten Verhältnissen stehen müssen, damit sie ineinander passen.

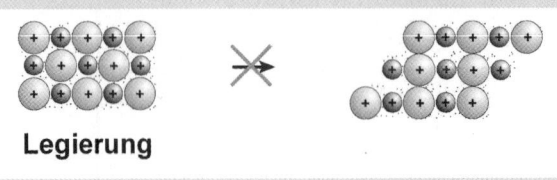

2.4 Polare Bindung

Wir müssen nochmals zur kovalenten Bindung zurückkehren. Ebenso wie sich zwei Chloratome miteinander verbunden haben, können sich auch zwei verschiedene Nichtmetalle in einem Molekül verbinden, z.B. Wasserstoff und Chlor:

$$H \cdot \cdot \overline{\underline{Cl}} | \rightleftharpoons H - \overline{\underline{Cl}} |$$

Das bindende Elektronenpaar wird allerdings hier nicht einträchtig von beiden Atomen in gleichen Ausmaß benutzt. Das Chloratom ist nämlich so gierig auf Elektronen, dass es den Wasserstoff nicht gleichmäßig am bindenden Elektronenpaar beteiligen will. Es zieht die beiden Elektronen so stark an, dass sie viel näher beim Chlor sind als beim Wasserstoff. Durch diese Ladungsverschiebung wird die Bindung asymmetrisch (sie wird **polarisiert**). Das bewirkt, dass das Chlor ein bisschen negativ geladen ist und der Wasserstoff ein bisschen positiv. Solche Teilladungen werden mit dem griechischen Buchstaben Delta (δ) bezeichnet.

In Bindungen zwischen verschiedenen Elementen werden oft die Bindungselektronen von einem Partner stärker angezogen.

$$\overset{\delta^+}{H} - \overset{\delta^-}{\underline{\underline{Cl}}} |$$

Die Ladungen sind in so einem Molekül daher ungleichmäßig verteilt und das Molekül hätte in einem elektrischen Feld das Bestreben, sich in eine bestimmte Richtung zu drehen. Das Molekül ist ein **Dipol**. Bindungen, in denen die Elektronen ungleichmäßig verteilt sind, nennt man **polare Bindungen** (oder polare kovalente Bindungen).

Um festzustellen, ob und in welcher Richtung eine Bindung polarisiert ist, verwendet man die **Elektronegativität**. Das ist die Fähigkeit eines Atoms, in einer kovalenten Bindung die Elektronen an sich zu ziehen. *Achtung! Verwechseln Sie das nicht mit der Elektronenaffinität! Elektronenaffinität gilt für Atome, während man die Elektronegativität immer nur für zwei verschiedene Atome im Molekülverband festlegen kann. Außerdem ist die Elektronenaffinität eine Energie, die Elektronegativität eine Art Verhältniszahl.* Man kann die Elektronegativität nicht exakt messen, außerdem ist sie für ein bestimmtes Atom je nach der Art der umgebenden anderen Atome im Molekülverband verschieden. Trotzdem hat man für die Elemente eine Elektronegativitäts-Skala aufgestellt, die für qualitative Betrachtungen recht praktisch ist. *Die Werte für Elektronegativität*

Um Voraussagen treffen zu können, welcher Partner die Elektronen stärker an sich zieht, hat man die Elektronegativitäts-Skala aufgestellt.

sind tatsächlich nur Schätzwerte – wundern Sie sich daher nicht, wenn Sie in verschiedenen Lehrbüchern geringfügig abweichende Werte finden.

Elektronegativität

			2.1					---
1.0	1.5			2.0	2.5	3.0	3.5	4.0	---
0.9	1.2			1.5	1.8	2.1	2.5	3.0	---
0.8	1.0	1.3 - 1.6	1.6	1.8	2.0	2.4	2.8	---
0.8	1.0	1.2 - 1.7	1.7	1.8	1.9	2.1	2.5	---
0.7	0.9	1.2 - 1.9	1.8	1.8	1.9	2.0	2.2	---
0.7	0.9							

In einer Bindung sind die Elektronen immer näher bei dem Atom, das die höhere Elektronegativität aufweist (also beim Chlor in HCl). Verbinden sich Atome mit gleicher Elektronegativität, so ist die Ladungsverteilung in der Bindung symmetrisch. Um so größer die Differenz der beiden Elektronegativitäten ist, um so polarer ist die Bindung. Ist die Differenz sehr groß, gibt es überhaupt keine kovalente Bindung mehr. Beide Bindungselektronen gehen auf den elektronegativeren Partner über, und wir erhalten die bereits beschriebene Ionenbindung. Die polare Bindung ist also die Übergangsform zwischen kovalenter Bindung und Ionenbindung.

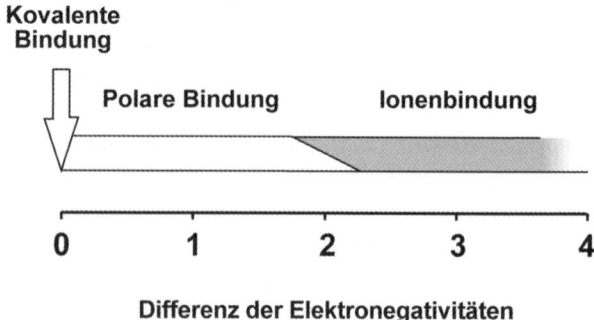

Wir müssen uns vom gewohnten Schwarz-weiß-Denken befreien. Jede Einteilung in der Chemie ist ein nur von uns aufgestelltes Schema, von dem aber die Verbindungen nichts wissen (wollen). Wir haben daher immer wieder die Situation, dass wir mit unseren Beschreibungen zwar die möglichen Extremfälle erfassen, viele Stoffe und Reaktionen sich aber im Zwischenraum zwischen diesen Extremen bewegen. Wir können z.B. die chemischen Elemente in Metalle und Nichtmetalle einteilen – was uns das Verständnis ihres chemischen Verhaltens erleichtert. Dummerweise gibt es aber auch Halbmetalle (mit Eigenschaften von beiden) und noch dazu einige Elemente, die sich bei niedriger Temperatur wie Nichtmetalle, bei höherer Temperatur aber wie Metalle verhalten. Damit wird die einfache Einteilung in die zwei Schubladen Metall / Nichtmetall fragwürdig. Ähnlich ist es hier im Fall der chemischen Bindung. Wir haben zwei Extreme: die Ionenbindung, wie sie in allen salzartigen Stoffen vorkommt, und die reine kovalente Bindung, die vorwiegend in der elementaren Form von Nichtmetallen auftritt. Als Übergang dazwischen existiert das weite Feld der polaren Bindung zwischen Stoffen mit mäßigem Elektronegativitäts-Unterschied, in denen diese Bindungen weniger oder mehr oder sehr stark polarisiert sind.

Wir Menschen haben die Tendenz, alles säuberlich klassifizieren zu wollen. Diese Einteilung wollen wir der Natur dann aufzwingen. Die Natur weiß davon aber nichts und sie hält sich daher auch nicht daran.

Um festzustellen, ob ein Molekül als Dipol vorliegt, genügt die Elektronegativität allein nicht. So sind z.B. im Kohlendioxid CO_2 beide Bindungen polarisiert (Kohlenstoff hat die Elektronegativität 2.5, Sauerstoff 3.5, daher tragen die Sauerstoffatome negative Teilladungen):

$$\overset{\delta^-}{O} = \overset{\delta^+}{C} = \overset{\delta^-}{O}$$

Dipol:

Ein Molekül, bei dem die Schwerpunkte von negativer und positiver Ladung NICHT zusammenfallen.

Da dieses Molekül aber linear gebaut ist, sind die Teilladungen symmetrisch verteilt. Der Schwerpunkt der positiven Ladungen ist identisch mit dem Schwerpunkt der negativen Ladungen. Das Molekül ist daher kein Dipol – trotz polarer Bindungen.

Ganz anders liegt der Fall beim Wasser. Man muss bedenken, dass die nicht bindenden Elektronen des Sauerstoffes ungefähr gleich viel Platz brauchen wie die beiden bindenden Elektronenpaare. *Sauerstoff hat selbst 6 Elektronen, dazu kommen die*

Ein Molekül ist ein **Dipol**, wenn es:

1. polare Bindungen enthält,

2. diese Bindungen nicht symmetrisch angeordnet sind, so dass sich ihre Wirkung nicht aufhebt.

beiden Elektronen von den beiden Wasserstoffen, also hat jeder Sauerstoff im Wasser 4 Elektronenpaare, zwei davon gemeinsam in der Bindung mit den Wasserstoffen, die beiden anderen, nicht bindenden, für sich allein. Es ist, als ob sich vier Elektronenpaare auf einer Kugeloberfläche gleichmäßig verteilen. Die beiden Wasserstoffatome stehen daher in einem stumpfen Winkel von etwa 105° vom Sauerstoff weg:

Wasser als Dipol

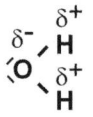 

Hier fallen die beiden Ladungsschwerpunkte nicht zusammen. Wasser ist daher ein Dipol.

> Polare Lösungsmittel (Dipole) lösen Ionen und polare Stoffe.

Die Entscheidung, ob eine Substanz ein Dipol ist, ist besonders bei Lösungen wichtig. **Polare Lösungsmittel** (deren Moleküle Dipole sind, z.B. Wasser, Alkohol) lösen Substanzen gut, die ebenfalls Dipole sind oder die überhaupt aus Ionen bestehen (= Salze). *Die Dipole der polaren Lösungsmittel orientieren sich dann rund um die Ladung der Ionen oder um die Teilladung des polaren Moleküls und halten diese Stoffe dadurch in Lösung. Hätte das Lösungsmittel dagegen keine Dipoleigenschaften, so würden die Dipole der zu lösenden Moleküle nur miteinander in Beziehung treten und von dem unattraktiven Lösungsmittel nichts wissen wollen.* **Apolare Lösungsmittel**

> Apolare Lösungsmittel lösen apolare Stoffe.

(z.B. Benzol, Chloroform) lösen dafür apolare Substanzen, wie z.B. Fette, sehr gut.

2.5 Koordinative Bindung

Noch einen weiteren Sonderfall der kovalenten Bindung müssen wir behandeln. In der normalen kovalenten Bindung stellt jeder der beiden Bindungspartner ein Elektron für das bindende Elektronenpaar zur Verfügung. Es kann jedoch auch vorkommen, dass ein Partner beide Elektronen hergibt. Das Paradebeispiel dafür ist die Bildung eines Ammonium-Ions:

> **Koordinative Bindung:**
>
> eine kovalente oder polare Bindung, bei der beide Elektronen von einem Partner zur Verfügung gestellt wurden.

$$H^+ + NH_3 \rightleftharpoons NH_4^+$$

$$H^+ + \overset{\displaystyle H}{\underset{\displaystyle H}{I\!N\!-\!H}} \rightleftharpoons \overset{\displaystyle H}{\underset{\displaystyle H}{H\!-\!\overset{+}{N}\!-\!H}}$$

Diese Bindung wird **koordinative Bindung** genannt. Sie funktioniert nur, wenn einer der beiden Bindungspartner ein freies, nichtbindendes Elektronenpaar besitzt. Der andere Partner muss nur genügend Platz in seinen Elektronenschalen haben, um dieses zusätzliche Elektronenpaar noch aufnehmen zu können.

Beachten Sie, dass der Unterschied darin liegt, wie diese Bindung zustande gekommen ist. Die fertige Bindung unterscheidet nichts von einer normalen kovalenten oder polaren Bindung. Man kann daher im Ammonium-Ion auch nicht feststellen, welche die koordinative Bindung ist − alle 4 Bindungen sind gleich.

2.6 Komplexe

Die soeben besprochene koordinative Bindung tritt häufig in Verbindungen höherer Ordnung auf, den sogenannten **Komplexverbindungen** oder **Komplexen** (werden auch manchmal nach der Art der Bindung „Koordinationsverbindungen" genannt).

Komplexe:
komplizierte Verbindungen mit mehreren koordinativen Bindungen.

Silberchlorid ($AgCl$) z.B. ist ein normales Salz mit einer ganz normalen Ionenbindung zwischen Silber und Chlorid. Silber ist aber ein Übergangselement *(schauen Sie im Periodensystem nach)*. Das heißt, es hat neben der äußersten Elektronenschale noch tiefere Schalen, die es eventuell weiter auffüllen könnte. Es ist also durchaus bereit, freie Elektronenpaare aufzunehmen und bandelt daher mit 2 Ammoniak-Molekülen (NH_3) an. Das Resultat sieht dann so aus:

$$Ag^+ + Cl^- + \mathsf{I}NH_3 + \mathsf{I}NH_3 \rightleftharpoons \begin{array}{c} NH_3 \\ \downarrow \\ Ag^+ \\ \uparrow \\ NH_3 \end{array} + Cl^-$$

$$[Ag(NH_3)_2]Cl$$

Koordinative Bindungen werden oft als Pfeile dargestellt. Das Atom oder Ion, das die Elektronenpaare aufgenommen hat, heißt **Zentralatom** bzw. **Zentralion**. Die Lieferanten für Elektronenpaare sind die **Liganden**. Liganden und Zentralatom

Komplex:
besteht aus dem Zentralatom (Zentralion) und den Liganden.

Zentralatome:
sind meist Metalle, häufig Metalle der Übergangselemente.

Liganden:

Atome oder Moleküle oder Ionen, die (mindestens) ein freies Elektronenpaar besitzen.

Koordinationszahl:

gibt an, wie viele koordinative Bindungen im Komplex vorkommen = wie viele freie Elektronenpaare mit dem Zentralatom wechselwirken.

werden in eckige Klammern gesetzt, um anzudeuten, dass es sich dabei um eine besondere Art von Verbindung handelt: Zentralatome sind fast immer Metalle, vorwiegend Übergangsmetalle. Ligand kann alles sein (Molekül oder Ion), was ein freies Elektronenpaar hat, z.B. Wasser, Ammoniak, Kohlenmonoxid, aber auch Anionen wie Chlorid, Cyanid usw.

Die Zahl der Plätze, die von einem Zentralatom für freie Elektronenpaare zur Verfügung gestellt werden, nennt man **Koordinationszahl**. Sie ist gleich der Zahl der Liganden, wenn diese nur ein Elektronenpaar bereitstellen (sogenannte **einzähnige Liganden**. *Sehr bildhaft, als ob sich die Liganden mit einem Zahn – dem freien Elektronenpaar – am Zentralatom festbeißen würden.*). Im obigen Komplex ist die Koordinationszahl 2! Kleine Moleküle wie Wasser können nur einzähnig sein (obwohl Wasser zwei freie Elektronenpaare besitzt), weil das zweite Elektronenpaar aus Platzgründen nicht in die Nähe des Zentralatoms gelangen kann. **Mehrzähnige Liganden** sind immer große, komplizierte Moleküle, die an mehreren Enden freie Elektronenpaare tragen (z.B. Häm, Chlorophyll, EDTA; siehe auch Kap. 7.5.4).

Trotz der aufwendigen Schreibweise mit eckigen Klammern gilt weiterhin, dass man die Komplexbindung nicht von einer normalen Bindung unterscheiden kann. Die Beschreibung eines Stoffes als Komplex erleichtert zwar die Übersicht über sein mögliches chemisches Verhalten, ist aber doch auch sehr willkürlich. So sind zum Beispiel Eisen-Ionen Fe^{++} in wässriger Lösung von einer Hülle aus 6 Wasserteilchen umgeben. Es ist Geschmackssache, ob man das als gelöstes Fe^{++} betrachtet, oder als Komplex $[Fe(H_2O)_6]^{++}$. Auch hier gilt wieder, dass man sich hüten muss, alles penibel klassifizieren zu wollen – es gibt immer wieder Übergangsformen, die sich einer eindeutigen Zuordnung entziehen.

2.7   Wasserstoffbrücken

In einer Bindung zwischen Wasserstoff und stark elektronegativen Elementen hat der Wasserstoff eine deutliche positive Teilladung. Daher tritt er gerne mit einem freien Elektronenpaar (so er in seiner Umgebung eines findet) in Wechselwirkung. So ein Wasserstoff hat dann seine normale polare Bindung in dem Molekül, in das er gehört, UND eine weitere, schwächere Bindung zu einem Nachbarmolekül, er bildet quasi eine Brücke zwischen zwei Molekülen. *Da an dem kleinen Wasserstoff nicht viel Platz ist, müssen die beiden Bindungen von verschiedenen Seiten kommen, die Wasserstoffbrücke ist daher im Raum ausgerichtet.*

$$H - F \cdots H - \overline{\underline{F}}| \cdots H - \overline{\underline{F}}| \cdots H - F$$

Das Atom, zu dem sich die Brücke ausbildet, muss folgende Voraussetzungen haben: 1. es muss ein freies Elektronenpaar besitzen; 2. es sollte eine negative Teilladung haben (also Teil eines Dipoles sein); 3. es muss klein sein, da die Beziehung zum Wasserstoff nicht weit reicht. Es kommen daher nur die Elemente der zweiten Periode F, O und N dafür in Frage.

Wasserstoffbrücken sind von großer Bedeutung für die räumliche Struktur von biologischen Makromolekülen, wie Proteinen und Nukleinsäuren. Besonders wichtig ist die Wasserstoffbrücke im Wasser; in flüssigem Wasser gibt es keine freien H_2O-Moleküle (sonst wäre Wasser ein Gas) sondern Assoziate von vielen H_2O-Teilchen, die durch Wasserstoffbrücken verbunden sind.

> Wasserstoffbrücken werden (fast) ausschließlich zwischen den Elementen F, O und N gebildet.

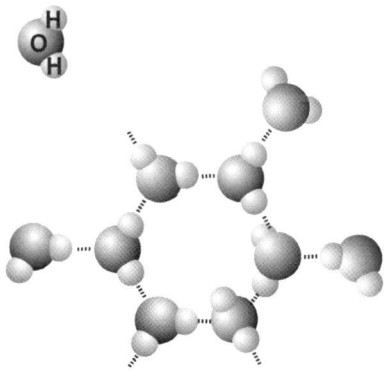

Wasserstoffbrücken-bindungen in Wasser

Die Wasserstoffbrücke nimmt eine Zwischenstellung zwischen den Atombindungen und den in der Folge besprochenen Bindungen zwischen Molekülen ein. Sie ist schwächer als eine polare Bindung, aber stärker als die meisten Wechselwirkungen zwischen Molekülen.

Molekül oder nicht Molekül?

Die Welt besteht aus Atomen. Zwischen diesen Atomen wirken Kräfte, die die Atome miteinander verbinden. Sind diese Kräfte stark, so werden die Atome zu bestimmten Einheiten gruppiert, die man Moleküle nennt. Aber auch zwischen Atomen verschiedener Moleküle gibt es (schwächere) Bindungskräfte. (Wenn diese nicht vorhanden wären, wenn also alle Moleküle voneinander unabhängig wären, dann wäre alle Materie gasförmig.) Der Übergang von starken zu schwachen Bindungen ist fließend und kann nicht genau festgelegt werden. Wasserstoffbrücken zum Beispiel sind nicht ganz stark, aber auch nicht ganz schwach. Werden Moleküle durch Wasserstoffbrücken verbunden, ist es oft reine Willkür, diese noch als getrennte Moleküle zu betrachten (was man meistens aber tut). Man spricht dann von **Aggregaten**, was aber nur bedeutet, dass man in einer zweifelhaften Situation einen weiteren Fachausdruck einführt, damit das Ding wenigstens einen Namen hat.

Salze bestehen eindeutig nicht aus Molekülen. Ein Gummiband auch nicht (oder nur aus einem einzigen?). Auch Metalle und Legierungen enthalten keine Moleküle. Wasserdampf besteht aus Molekülen, flüssiges Wasser nicht mehr so sicher, und bei Eis sollte man nicht mehr von Molekülen sprechen. Nur bei Gasen können wir mit Sicherheit Moleküle definieren – und in der organischen Chemie in den meisten Fällen. Der gesamte Molekül-Begriff in der Chemie ist eigentlich eine Vereinfachung – manchmal durchaus praktisch, aber man muss sich darüber im Klaren sein, dass es sich dabei um eine Gedanken-Krücke handelt.

Atome sind genau definiert – Moleküle nicht.

2.8   Bindungen zwischen Molekülen

Es gibt auch Kräfte von Molekül zu Molekül. Diese bewirken, dass ein Stoff, wie zum Beispiel Kristallzucker, zusammenhält und nicht zu Staub zerfällt. Und auch, dass verschiedene Stoffe aneinander kleben bleiben *(also z.B., dass Wasser an unseren Kleidern hängen bleibt, wenn wir im Regen spazieren gehen)*.

Diese Kräfte werden gerne ungenau als Kohäsion und Adhäsion bezeichnet – aber das sind Worthülsen, die nichts über ihre Natur aussagen. Grundsätzlich beruhen alle diese Anziehungen auf elektrostatischen Wechselwirkungen. Und je nachdem, ob die Partner Ionen, Dipole oder ungeladen sind, kann man sie einteilen.

Ion-Dipol-Wechselwirkungen

Wir haben Ionen und Dipole als Partner. Selbstverständlich richten sich die Dipole so aus, dass die der Ionenladung entgegengesetzte Teilladung zum Ion zeigt. (Das passiert, wenn man Salze – die ja aus Ionen bestehen –, in Wasser löst.)

Dipol-Dipol-Wechselwirkungen

Sind nur Dipole vorhanden, so arrangieren sich diese so, dass jeweils positive Teilladungen zu negativen sehen und umgekehrt. (Man könnte auch die Wasserstoffbrücken in Wasser hier als Beispiel anführen. Wasserstoffbrücken wären dann eben besonders starke Dipol-Dipol-Wechselwirkungen.)

Induzierte Dipol-Wechselwirkungen

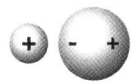 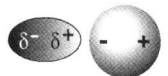

Auch ungeladene Moleküle können mit Ionen oder Dipolen in Wechselwirkung treten. Da die Elektronen in jedem Atom (und Molekül) beweglich sind, können sie sich so ausrichten, dass sie im zeitlichen Mittel häufiger nahe einer positiven Ladung in der Umgebung sind (oder fern einer negativen Ladung). Durch die Anwesenheit eines Ions (oder Dipols) wird so im ungeladenen Molekül ein schwacher Dipol induziert (der nur so lange auftritt, solange die Ladung in der Nähe ist).

Wechselwirkungen werden in etwa dieser Reihenfolge immer schwächer:

- Ion-Dipol-Wechselwirkungen
- Dipol-Dipol-Wechselwirkungen
- Wechselwirkungen mit induzierten Dipolen
- Van-der-Waals-Kräfte

Van-der-Waals-Kräfte

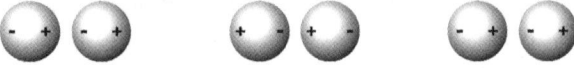

Hier haben wir nur ungeladene Moleküle. Aber auch diese können einander anziehen. In keinem Molekül sind nämlich IMMER alle Elektronen gleichmäßig verteilt. Da sich die Elektronen bewegen, kommt es zufällig einmal zu einer höheren Ladungsdichte an einer Stelle, dann an einer anderen. Das Molekül ist also ein ganz schwacher Dipol, der aber seine Stärke und Ausrichtung ständig ändert. Nun kann dieser schwache Dipol aber natürlich im Nachbarmolekül ebenfalls wieder einen Dipol induzieren, und wenn sich der erste Dipol ändert, verändert sich der zweite analog mit. Die beiden Dipole schwingen also im Gleichtakt, und es kommt zu schwachen Anziehungskräften, die nach ihrem Entdecker Van-der-Waals Kräfte genannt werden.

Übungen zu Kapitel 2

20. Scheiben Sie die chemischen Formeln auf, die sich ergeben, wenn sich folgende zwei Ionen zu einer Verbindung vereinigen:

K^+ mit OH^-, Ca^{2+} mit Br^-, Al^{3+} mit Cl^-, Na^+ mit S^{2-}, Fe^{3+} mit O^{2-}.

21. Schreiben Sie die Elektronenformeln (Atome mit allen Außenelektronen) der folgenden Verbindungen auf:

HI, H_2S, NH_3, CH_4

22. Sie haben in Übung 15 eine Regel für die Ionisierungsenergie von Metallen bzw. Nichtmetallen aufgestellt. Können Sie in gleicher Weise mit Hilfe der Abbildung der Elektronegativitäten in Abschnitt 2.4 eine ähnliche Regel für die Elektronegativität von Metallen und Nichtmetallen aufstellen?

23. Welche der folgenden Stoffe enthalten eine Ionenbeziehung, welche eine kovalente Bindung?

NaO, NO_2, CCl_4, SO_2, MgF_2, KBr

24. Untersuchen Sie den räumlichen Bau und die Elektronegativitätsdifferenzen in folgenden Verbindungen:

$$NH_3, \quad CH_4, \quad CS_2, \quad CO_2, \quad LiBr, \quad CH_3Cl$$

Welche dieser Moleküle sind Dipole und warum?

25. Wie groß ist die Koordinationszahl in den Komplexen:

$$[Al(H_2O)_6]Cl_3, \quad K_4[Fe(CN)_6], \quad [Fe(H_2O)_5NO]SO_4$$

3 GRUNDLAGEN DER STÖCHIOMETRIE

Die **Stöchiometrie** ist die Lehre von der mengenmäßigen Zusammensetzung chemischer Verbindungen und den Mengen, die bei chemischen Reaktionen umgesetzt werden. Die chemische Formelsprache ist so aufgebaut, dass aus den Formeln und Reaktionsgleichungen direkt die Mengenverhältnisse abgeleitet werden können. Allerdings müssen wir uns zuvor darüber klar werden, was die Menge eines Stoffes eigentlich ist.

Jede mathematische Formel in einem Buch halbiert die Verkaufszahl dieses Buches

Stephen Hawking
(*1942)

Es ist uns bisher gelungen, jeder Art von Mathematik in weitem Bogen auszuweichen! Außer den vier Grundrechnungsarten haben wir nichts gebraucht. Leider geht das nicht so weiter. Wir müssen gewisse Grundlagen wie Rechnen mit Logarithmen, den Umgang mit Zehnerpotenzen, oder Umrechnungen von Einheiten voraussetzen. Sollte Ihre Mathematik also etwas eingerostet sein, so wäre es empfehlenswert, an dieser Stelle die wichtigsten mathematischen Grundlagen wieder aufzufrischen, um sich die benötigten Begriffe wieder ins Gedächtnis zurückzurufen! Wir sind zwar überzeugt, dass SIE das alles ohnehin wissen. Erfahrungen aus vielen Seminaren und Vorlesungen haben uns jedoch davon überzeugt, dass viele Ihrer KollegInnen von der Mathematik aus der Schulzeit nur mehr sehr trübe (oder sollte man besser sagen trübselige?) Erinnerungen besitzen.

Ist Ihnen die Mathematik in den folgenden Abschnitten unverständlich? Dann gibt es für Sie ein ganz ausgezeichnetes Lehrbuch (ist ja auch von uns), welches „Chemie berechnen" heißt. Darin wechseln detailliert ausgerechnete Beispiele mit einfachen Übungsaufgaben ab. Außerdem wird darin die gesamte notwendige Mathematik ausführlich und leicht verständlich erklärt.

So! Nachdem Sie sich im Blitzkurs zum Mathematiker weitergebildet haben, kann es wieder losgehen.

3.1 Relative Molekülmasse, Mol

Wir haben uns bereits im Kap. 1.4 mit der relativen Atommasse beschäftigt und dabei erfahren, dass die relative Atommasse angibt, um wie viel ein Atom schwerer ist als 1/12 des Kohlenstoffatoms ^{12}C. Da wir uns in der Chemie dauernd mit Molekülen beschäftigen müssen, ist es naheliegend, die **relative Molekülmasse** (abgekürzt M_r) genauso zu definieren.

Es wäre eine fürchterliche Arbeit, das alles für jedes Molekül extra zu bestimmen. Da man ja genau weiß, aus welchen Atomen ein Molekül zusammengesetzt ist, reicht es, die ent-

Relative Molekülmasse:

gibt an, um wie viel schwerer ein Molekül ist als 1/12 der Masse des Kohlenstoffatoms ^{12}C.

Relative Molekülmasse:

Summe der relativen
Atommassen

M_r H = 1

M_r **H_2** = 2 x H = 2 x 1 = **2**

sprechenden relativen Atommassen zu addieren, um die Molekülmasse zu erhalten. Die **relative Molekülmasse** ist gleich der Summe der im Molekül vorkommenden relativen Atommassen.

Die relative Molekülmasse von Wasserstoff (H_2) ist 2 x 1.0079, also 2.0158. Für die meisten Zwecke kann man gerundete Werte verwenden. Das gibt dann für Wasserstoff M_r = 2. Für Wasser oder Schwefelsäure sieht die entsprechende Rechnung so aus:

Wasser H_2O		Schwefelsäure H_2SO_4	
H_2 2 x 1 =	2	H_2 2 x 1 =	2
O	16	S	32
		O_4	64
M_r =	18	M_r =	98

Für jedes in der chemischen Formel vorkommende Atom sucht man sich die relative Atommasse (siehe Periodensystem im Anhang) und addiert alle. Kommt ein Atom mehrfach vor, muss man natürlich auch die Atommasse mehrfach berücksichtigen.

Kochsalz (NaCl)	
Na	23.0
Cl	35.5
Formelmasse	**58.5**

Kalk ($CaCO_3$)	
Ca	40
C	12
O_3	48
Formelmasse	**100**

In den Fällen, wo man keine definierten Moleküle hat (z.B. bei Salzen, die ja als Ionengitter vorliegen), rechnet man so, als ob es Moleküle mit der entsprechenden chemischen Formel gäbe. Man tut also so, als ob zum Beispiel Kochsalz aus NaCl-Molekülen bestände, und addiert daher ganz normal die relative Atommasse eines Natrium- und eines Chlor-Atoms. Will man sehr korrekt sein, nennt man das Ergebnis in diesem Fall nicht relative Molekülmasse, sondern **Formelmasse**. *(Sehr oft wird trotzdem der Ausdruck Molekülmasse auch für Salze verwendet).*

1 mol = Zahlenwert von M_r mit der Einheit g

Um chemische Reaktionen quantitativ verfolgen zu können, braucht man aber fixe Gewichts- bzw. Mengenangaben. Relative Einheiten genügen nicht. Also hat man als Einheit der Stoffmenge das **Mol** definiert. Ein Mol sind einfach so viele Gramm einer Substanz, wie der Zahlenwert der relativen Molekülmasse (oder der relativen Atommasse oder des Formelgewichtes) angibt. 1 Mol Kochsalz sind also 58.5 g, 1 Mol Wasser 18 g, 1 Mol Wasserstoff 2 g usw. Das Zeichen für Mol ist **mol** *(Mol groß geschrieben bedeutet den Begriff, mol klein geschrieben ist die Einheit, leicht zu merken!).* 18 g Wasser sind daher 1 mol Wasser, 49 g Schwefelsäure sind 0.5 mol Schwefelsäure, 300 g Kalk sind 3 mol Kalk.

Bemerkenswert ist, dass in jedem Mol immer gleich viele Teilchen des betreffenden Stoffes vorhanden sind. In 2 g Wasserstoff sind also genau so viele H_2-Moleküle enthalten wie H_2O Moleküle in 18 g Wasser oder wie NaCl-Formeleinheiten (= 1 Na^+-Ion + 1 Cl^--Ion) in 58.5 g Kochsalz. Und zwar sind es immer 6.023×10^{23} Teilchen. Diese Zahl wird **Avogadrosche Zahl** oder auch **Loschmidtsche Zahl** genannt. Wir erhalten so eine ganz andere Definition für das Mol.

> Die Anzahl der Teilchen in einem Mol ist für alle Stoffe gleich.

> 1 mol = 6.023×10^{23} Teilchen

Diese Definition gilt für alle Teilchen, die Menge Mol ist also nicht auf Moleküle, Ionen oder Atome beschränkt. Auch 1 mol Neutronen oder 1 mol Elektronen oder gar 1 mol Photonen sind durchaus mögliche und gebräuchliche Mengenangaben.

Aus einer chemischen **Reaktionsgleichung** (oder sogar aus einer einfachen chemischen Formel) können wir erkennen, wie viele ATOME oder MOLEKÜLE miteinander reagieren und wie viele dabei neu entstehen. Genau die gleiche Anzahl von MOLEN reagiert miteinander. *Das Mol ist ja nur ein konstantes Vielfaches der Moleküle, wenn also zwei Atome A mit drei Atomen B reagieren, so reagieren auch 2 Mol A mit 3 Mol B.* Das gilt aber NICHT für MASSEN! *Zwei Gramm A reagieren dann nicht mit 3 Gramm B – es sei denn, A und B sind zufällig gleich schwer!*

Der große Vorteil des Mol liegt also darin, dass bei chemischen Umsetzungen die Anzahl der reagierenden Mole direkt aus der Reaktionsgleichung abgelesen werden kann.

$$Na \rightleftharpoons Na^+ + e^- \qquad H_2 + Cl_2 \rightleftharpoons 2\,HCl$$

Wird 1 mol Natriummetall ionisiert, so entstehen 1 mol Elektronen und 1 mol Natrium-Ionen. Reagieren 1 mol Wasserstoffgas mit 1 mol Chlorgas, so entstehen 2 mol Chlorwasserstoff.

3.2 Chemische Formeln

Jedem Element des Periodensystems entspricht ein **Symbol**, welches entweder nur aus einem Großbuchstaben (z.B. H, O, N, C) oder aus je einem Groß- und einem Kleinbuchstaben besteht (z.B. Cl, Na, Mg). Dieses Symbol bezeichnet auch ein Atom des betreffenden Elementes in einer Verbindung.

Summenformel:

gibt Art und Anzahl aller im Molekül vorkommenden Atome an.

Man kann eine Verbindung als Formel darstellen, indem man einfach alle im Molekül vorkommenden Elemente nebeneinander aufschreibt. Dabei erhält man die **Summenformel**. Für die Bildung einer Summenformel gelten die folgenden Regeln:

1. Enthält das Molekül oder Ion mehrere Atome derselben Art, so wird deren Anzahl durch eine tiefergestellte Zahl nach dem Elementensymbol angezeigt (H_2, CO_2, NH_3 usw.).

2. Die Elemente werden nach ihrer Elektronegativität geordnet, also zuerst das Atom mit der niedrigsten Elektronegativität, dann das nächsthöhere usw. (z.B. $NaCl$, H_2SO_4, H_2O, NaH).

3. Bei Anionen oder Kationen werden die Anzahl und das Vorzeichen der elektrischen Ladungen hochgestellt an das Ende geschrieben (Br^-, SO_4^{2-}, H^+).

Strukturfomeln:

geben zusätzlich an, wie die einzelnen Atome im Molekül miteinander verbunden sind.

Vor allem in der organischen Chemie ist die Summenformel oft nicht ausreichend, da viele Moleküle dieselbe Summenformel haben können. Um diese unterscheiden zu können, verwendet man **Strukturformeln**, die angeben, welche Atome miteinander verbunden sind.

Summenformel	Strukturformel	Name
$H_4N_2O_3$		Ammoniumnitrat
H_6C_2O		Ethanol

Da Strukturformeln sehr umständlich sind, verwendet man häufig eine Schreibweise, die sich von den Summenformeln ableitet, in der aber bei komplizierten Verbindungen die Struktur angedeutet ist. Daher wird bei den eben angeführten Beispielen Ammoniumnitrat nicht $H_4N_2O_3$, sondern NH_4NO_3 und Ethanol nicht H_6C_2O, sondern CH_3CH_2OH oder auch C_2H_5OH geschrieben. Besonders häufige **Gruppen** von Atomen, welche auch in freiem Zustand als Kationen oder Anionen vorkommen, werden, wenn sie mehrfach vorkommen, durch eine runde Klammer abgetrennt und ihre Anzahl wieder durch eine tiefergestellte Zahl angezeigt, also

$$Al(OH)_3, \quad \text{nicht} \quad AlH_3O_3$$

$$Ba(NO_3)_2, \quad \text{nicht} \quad BaN_2O_6$$

$$(NH_4)_2SO_4, \quad \text{nicht} \quad H_8SN_2O_4$$

Diese runde Klammer ist natürlich auch sehr praktisch, um die Liganden von Komplexen zu bezeichnen. Der ganze Komplex wird in eine eckige Klammer gesetzt (siehe Kap. 2.6), innerhalb dieser Klammer steht zuerst das Zentralatom, dann folgen die Liganden:

$$[Fe(CN)_6]^{4-}, \quad [Ag(NH_3)_2]^+, \quad [PtCl_6]^{2-}$$

In diesem Zusammenhang müssen wir uns auch mit den Namen der chemischen Verbindungen beschäftigen. **Trivialnamen** sind dem normalen Sprachgebrauch entnommen, z.B. Alkohol, Kalk, Kochsalz, Gips. Von allen Verbindungen gibt es aber auch **systematische Namen**. Diese sind strengen Regeln unterworfen. Wenn man diese kennt, kann man jederzeit aus einer gegebenen Formel den Namen ableiten bzw. kann man aus dem Namen die Formel bilden.

In **Verbindungen,** die **aus 2 Elementen** bestehen, wird der Name ganz analog zur Formel aus den Element-Namen in der Reihenfolge ihrer Elektronegativität gebildet. An den Namen des zweiten Elementes wird die Endsilbe **–id** angehängt. (Bei einigen Nichtmetallen wie H, O, N, C, S wird statt des vollen deutschen Namens der Anfang des lateinischen Namens verwendet.) Viele dieser Verbindungen kann man sich auch als Vereinigung von Kation und Anion vorstellen. Das Kation kommt zuerst, danach das Anion, an dem die Endsilbe hängt.

Kommt mehr als ein Atom des betreffenden Elementes im Molekül vor, wird die Anzahl durch griechische Zahlwörter VOR dem Elementennamen angezeigt (di = 2, tri = 3, tetra = 4, penta = 5, hexa = 6). *In seltenen Fällen wird zur besseren Unterscheidung auch die Silbe mono = 1 verwendet. So sagt man zu Kohlenoxid* CO *meist Kohlenmonoxid, um Verwechslungen mit dem häufigeren Kohlendioxid* CO_2 *zu vermeiden. Man*

Trivialnamen:
Namen der täglichen Umgangssprache.

Systematische Namen:
geben Auskunft über die Zusammensetzung einer Verbindung.

2 Elemente:
$Element_1 + Element_2 + $ **id**

NaCl	Natrium/chlor/id
KJ	Kalium/jod/id
LiH	Lithium/hydr/id
CaO	Kalzium/ox/id
AlN	Aluminium/nitr/id
SiC	Silizium/karb/id
FeS	Eisen/sulf/id

AlF_3
    Aluminium/**tri**/fluorid

Na_3P
    Tri/natrium/phosphid

N_2O_5
    Di/stickstoff/**pent**/oxid

könnte auch NaCl *als Mono/natrium/mono/chlorid bezeichnet, das ist aber umständlich und bringt keinen Vorteil.*

FeCl$_2$	Eisen/**di**/chlorid
FeCl$_3$	Eisen/**tri**/chlorid
FeO	Eisen/oxid
Fe$_2$O$_3$	**Di**/eisen/**tri**/oxid

FeCl$_2$	Eisen(**II**)chlorid
FeCl$_3$	Eisen(**III**)chlorid
FeO	Eisen(**II**)oxid
Fe$_2$O$_3$	Eisen(**III**)oxid

Es gibt oft mehrere verschiedene Verbindungen zwischen 2 Elementen, die sich dann durch die Anzahl der beteiligten Atome unterscheiden.

In vielen dieser Fälle wählt man eine vereinfachte Namensgebung, indem man statt der verschiedenen griechischen Silben die Oxidationszahl (siehe Kap. 8) eines der beiden Elemente in runde Klammern nach dem Elementennamen einfügt. *Die Oxidationszahl wird immer in römischen Ziffern geschrieben und entspricht etwa der Anzahl Elektronen, die das neutrale Atom bei der Entstehung der Verbindung aufgenommen oder abgegeben hätte.* Fe^{++} *hat also die Oxidationszahl* +II*,* Fe^{3+} *hat* +III*. Genaueres später im Abschnitt 8.4.* Vorsicht: Die Oxidationszahl ist nicht so ohne weiteres aus der Formel ablesbar!

Um bei den gesprochenen Namen Verwechslungen zu vermeiden, wird die römische Zahl (die Oxidationszahl) deutsch ausgesprochen, also Eisen-zwei-chlorid, Eisen-drei-oxid usw.

Bei **Verbindungen von mehreren Elementen** wird der Name genau wie die Formel aus den beteiligten Gruppen gebildet. Obwohl in diesen Gruppennamen Fragmente eines Systems vorhanden sind, muss man sich doch viele davon einfach auswendig merken. Eine Liste der unumgänglich notwendigen Trivial- und Gruppennamen finden Sie in Kap. 7.3.1. Wir werden uns aber bemühen, diese Bezeichnungen im Folgenden so häufig zu erwähnen, dass Sie sich diese ganz von selbst merken. Die einzelnen Gruppennamen werden wie bisher zum Namen der Verbindung zusammengesetzt (aber unter Verzicht auf die Endung -id).

Mehr als 2 Elemente:

Name wird aus den Gruppennamen zusammengesetzt.

OH	Hydroxyl-Gruppe
NO$_3^-$	Nitrat-Gruppe
SO$_4^{2-}$	Sulfat-Gruppe usw.

KOH	Kalium/hydroxid
Ba(OH)$_2$	Barium/hydroxid
AgNO$_3$	Silber/nitrat
Ca(NO$_3$)$_2$	Kalzium/nitrat
Na$_2$SO$_4$	Natrium/sulfat
MgSO$_4$	Magnesium/sulfat

Sie werden mit großem Widerwillen bemerkt haben, dass plötzlich die Silben wie -di, -tri usw. fehlen. Ba(OH)$_2$ müsste doch „Barium-di-hydroxid" heißen?! Der Grund ist einfach der, dass jeder weiß, dass Barium sich immer mit 2 Hydroxylgruppen verbindet und es daher BaOH nicht gibt. Also braucht man die

Silbe -di nicht extra anzugeben. *Wenn Sie finden, dass Sie nicht „jeder" sind und das daher nicht wissen, so haben Sie natürlich Pech.* Entweder Sie merken sich diese Tricks mit der Zeit, oder Sie nehmen Ihr Periodensystem zu Hilfe, schauen nach, wo Barium steht, und überlegen sich, wie viele Elektronen Barium gerne freiwillig hergeben würde und wie viele OH-Gruppen es daher braucht, um diese Elektronen loszuwerden.

Komplexe kann man am Namen daran erkennen, dass die Liganden eigene Bezeichnungen haben, die sich von normalen Gruppen- oder Verbindungsnamen vor allem in der Endung unterscheiden. So wird H_2O zu „aquo", Cl^- zu „chloro", NH_3 zu „ammin" und NO zu „nitrosyl". Außerdem werden Ligandennamen vor den Namen des Zentralatoms gesetzt, dem Zentralatom wird noch die Oxidationszahl und in negativ geladenen Komplexen die Silbe -at angehängt. *Die Namen, die dabei herauskommen, klingen wie altgriechische Auszählreime und sind hervorragend dazu geeignet, Studenten in Panik zu versetzen.*

Diese Ungetüme werden noch mit Anionen oder Kationen nach den entsprechenden Regeln zu neutralen Verbindungen vereinigt.

$[Cr(H_2O)_6]^{3+}$
Hex/aquo/chrom(III)

$[Cu(OH)_4]^{2-}$
Tetra/hydroxo/cupr/at(II)

$[CrCl_2(H_2O)_4]^+$
Di/chloro/tetr/aquo/chrom(III)

$[Fe(H_2O)_5NO]^{2+}$
Pent/aquo/nitrosyl/eisen(II)

$K_4[Fe(CN)_6]$
Tetrakalium-hexacyanoferrat(II)

$[Ag(NH_3)_2]Cl$
Diamminsilber(I)-chlorid

3.3 Reaktionsgleichungen

Chemische Reaktionen können mit Reaktionsgleichungen einfach und übersichtlich formuliert werden. Die Reaktionsgleichung gibt dabei nicht nur Auskunft, welche Stoffe reagieren, sondern auch, wie viel von jedem Stoff benötigt wird. Prinzipiell kann jede chemische Reaktion in beide Richtungen ablaufen, außerdem gibt es keine absolut vollständige Reaktion. Es bleibt immer etwas von den Ausgangsstoffen übrig. Daher werden die beiden Seiten einer Reaktionsgleichung durch einen Doppelpfeil $\rightleftharpoons$ miteinander verbunden. *Verwechseln Sie dieses Zeichen nicht mit dem Mesomeriepfeil $\longleftrightarrow$. Den gibt es in der Chemie auch, er bedeutet aber etwas völlig anderes.*

Alle chemischen Reaktionen sind Gleichgewichtsreaktionen.

Die Regeln für chemische Gleichungen sind mathematischen Gleichungen ähnlich.

1. Soweit es geht, werden Elemente und Verbindungen in ihrer tatsächlichen molekularen Form aufgeschrieben.

Also Wasserstoff ist H_2 (nicht H), Sauerstoff ist O_2 usw. Bei Stoffen, die keine Moleküle bilden (Salze, Metalle), behilft man sich mit der einfachsten Formel, welche die Zusammensetzung richtig wiedergibt. Salze, die in Lösung vorliegen, können richtiger getrennt als Anionen und Kationen notiert werden. Wenn bei Salzen nur das Anion oder das Kation reagiert, kann das Gegen-Ion auch weggelassen werden (siehe Punkt 3).

$$2\,Na + Cl_2 \rightleftharpoons 2\,Na^+ + 2\,Cl^-$$

2. Es müssen auf beiden Seiten die gleichen **Atome in gleicher Anzahl** vorkommen.

falsch $\quad H_2 + O_2 \rightleftharpoons H_2O \quad$ (links O_2, rechts O)

falsch $\quad H_2 + O_2 \rightleftharpoons 2\,H_2O \quad$ (links H_2, rechts $2\,H_2$)

richtig $\quad 2\,H_2 + O_2 \rightleftharpoons 2\,H_2O$ (links $2\,H_2$, O_2, rechts $2\,H_2$, $2\,O$)

In einer Reaktionsgleichung muss die Summe aller Atome und Ladungen auf beiden Gleichungsseiten übereinstimmen.

3. Die Summe aller **Ladungen** links muss **gleich** der Summe der Ladungen rechts sein.

$H_2CO_3 \rightleftharpoons H^+ + HCO_3^-$ (links 0; rechts +1, -1, also ebenfalls 0)

$HCO_3^- \rightleftharpoons H^+ + CO_3^{2-}$ (links −1; rechts +1, −2, ergibt −1)

Es kommt in der Praxis *(und bei Prüfungen)* häufig vor, dass man die Ausgangs- und Endprodukte kennt, aber über die Mengen nicht Bescheid weiß. Sie haben dann eine Gleichung wie:

$$Fe + O_2 \rightleftharpoons Fe_2O_3$$

Das Problem ist jetzt, herauszufinden, wie viele Teilchen Fe und O_2 man kombinieren muss, damit links und rechts gleich viele Atome stehen. Es gibt grundsätzlich 2 Vorgangsweisen. *Sie können die unbekannte Zahl Ihrer Moleküle mit x, y, z bezeichnen und basteln sich dann ein Gleichungssystem mit mehreren Unbekannten.*

$$x\,Fe + y\,O_2 \rightleftharpoons z\,Fe_2O_3$$

Aus den Fe-Atomen ergibt sich : $\quad x = 2z$

Aus den O-Atomen ergibt sich : $\quad 2y = 3z$

Jetzt haben Sie 2 Gleichungen mit 3 Unbekannten. Aus der unendlichen Zahl von Lösungen müssen Sie die niedrigste ganzzahlige Lösung suchen. Sie setzen Zahlen ein, die Ihnen plausibel vorkommen. Für die erste Gleichung etwa:

$$x = 2 \quad z = 1 \quad gibt \quad 2 = 2 \times 1$$

Dann ergibt sich aus der zweiten Gleichung:

$$y = 1.5 \quad wegen \quad 2 \times 1.5 = 3 \times 1$$

Jeden der gefundenen Werte 2, 1 und 1.5 muss man nun mit einer Konstanten multiplizieren, so dass sich ganze Zahlen ergeben. In unserem Fall wäre diese Konstante 2:

$$x = 2 \times 2 = 4 \quad y = 2 \times 1.5 = 3 \quad z = 1 \times 2 = 2$$

$$4\,Fe + 3\,O_2 \rightleftharpoons 2\,Fe_2O_3$$

Diese Methode ist mathematisch korrekt, aber, wie Sie sehen, relativ kompliziert. Einfacher geht es mit Probieren. Nehmen wir dasselbe Beispiel:

$$Fe + O_2 \rightleftharpoons Fe_2O_3$$

Versuchen Sie immer zunächst die Atome gleichzusetzen, die in der Gleichung seltener vorkommen und die in den kompliziertesten Verbindungen stehen. Atome, die einzeln als Elemente oder Ionen vorkommen, sollte man sich bis zum Schluss aufheben. Da links nur 2 O-Atome, rechts aber 3 O-Atome stehen, kann man diese ausgleichen, indem man links mit 3, rechts mit 2 multipliziert:

Setzen der Koeffizienten durch Probieren: heben Sie sich einfache Bestandteile und Elektronen bis zum Schluss auf.

$$Fe + 3\,O_2 \rightleftharpoons 2\,Fe_2O_3$$

Sauerstoff stimmt jetzt, Eisen ist links zuwenig. Da Fe aber links allein steht, kann man ohne Einfluss auf die restliche Gleichung die fehlenden Fe-Atome ergänzen:

$$4\,Fe + 3\,O_2 \rightleftharpoons 2\,Fe_2O_3$$

Weil das zu einfach war, gleich ein etwas komplizierteres Beispiel:

$$MnO_4^- + e^- + H^+ \rightleftharpoons Mn^{++} + H_2O$$

Hier müssen zum Schluss nicht nur Atome, sondern auch Ladungen stimmen. Für den Ladungsausgleich sind Elektronen sehr praktisch. Da das Mangan bereits stimmt, versuchen wir als nächstes die Sauerstoffe gleichzusetzen:

$$MnO_4^- + e^- + H^+ \rightleftharpoons Mn^{++} + 4\,H_2O$$

Jetzt stimmen Sauerstoff und Mangan, nun nehmen wir uns die Wasserstoffe vor:

$$MnO_4^- + e^- + 8\,H^+ \rightleftharpoons Mn^{++} + 4\,H_2O$$

Alle Atome passen jetzt. Links sind aber 6 positive Ladungen (2 minus, 8 plus), rechts nur 2 plus. Also muss man links noch so viele Elektronen zusetzen, bis alles stimmt:

$$MnO_4^- + 5\,e^- + 8\,H^+ \rightleftharpoons Mn^{++} + 4\,H_2O$$

3.4 Maßsysteme, Maßeinheiten

Bei jeder Messung, die Sie durchführen, erhalten Sie als Resultat einen Messwert = eine Größe. Diese Größe ist das Produkt zweier Teile, dem eigentlichen Zahlenwert und der Einheit *(z.B. 25 Meter oder 18 Karat oder 327 Hustenzuckerl).*

Da es früher immer einen ziemlichen Wirrwarr mit den Einheiten gab, hat man ständig versucht, einheitliche Systeme zu definieren, um die mühseligen und komplizierten Umrechnungen von Einheiten ineinander *(Joule in Kalorien, Kilowatt in Pferdestärken, bar in pounds/square inch, Zentimeter in Zoll)* zu vermeiden. Seit 1978 gilt in Europa ausschließlich das **SI-System** (Système International d'Unités).

Diese Umstellung wird leider von vielen Leuten noch immer missachtet, und daher werden hartnäckig Einheiten wie **PS**, **mg%** *oder* **atü** *konserviert (das haben wir schon immer so gemacht und überhaupt . . .). Geben Sie sich bitte Mühe, nur die SI-Einheiten zu verwenden, auch wenn es am Anfang Umstellungsschwierigkeiten gibt. Wir würden uns auch schön bedanken, wenn unsere Ur-Urgroßeltern das metrische Maßsystem* *abgelehnt hätten und wir daher immer noch mit Klaftern und Unzen rechnen müssten.*

Das SI-System kennt 7 Basisgrößen und **Basiseinheiten**.

BASISGRÖSSE	BASISEINHEIT	SYMBOL
Länge	Meter	m
Masse	Kilogramm	kg
Zeit	Sekunde	s
Elektrischer Strom	Ampere	A
Lichtstärke	Candela	cd
Stoffmenge	Mol	mol
Temperatur	Kelvin	K

Durch Kombination dieser Basiseinheiten kann man **abgeleitete Einheiten** erhalten. Geschwindigkeit ist eine Kombination der Basisgrößen Länge und Zeit. Man sagt die **Dimension** der Geschwindigkeit ist **Länge / Zeit**. *(Dimension ist die Kombination der Basisgrößen, aus denen die Größe besteht. Die Dimension einer Strecke ist Länge, die einer Fläche Länge x Länge, Volumen hat die Dimension Länge x Länge x Länge usw.)* Die Einheit ist die der Dimension entsprechende Kombination von Basiseinheiten. Also m x m = m^2 für Fläche, m x m x m = m^3 für Volumen. Man erhält also als abgeleitete Einheit für die Geschwindigkeit m / s. Man kann aber Geschwindigkeiten auch in km / s oder km / h messen, die Dimension Länge/Zeit muss aber immer bleiben. *Wie Sie sicher wissen, bedeutet 1 / x soviel wie x^{-1}, und 1 / x^2 soviel wie x^{-2}, usw. Wenn man am Bruchstrich von unten nach oben (oder von oben nach unten) wechselt, so muss man auch das Vorzeichen der Hochzahl wechseln, dann stimmt alles wieder. Daher kann man sich den Bruchstrich sparen, indem man die entsprechende Zahl oder Einheit mit negativem Vorzeichen schreibt, km / s oder km x s^{-1}, kp / m^2 oder kp x m^{-2}. Diese Schreibweise kommt besonders in Lehrbüchern häufig vor, da der Bruchstrich immer drucktechnische Probleme bereitet.*

Es gibt auch Größen, die falsch als „dimensionslos" bezeichnet werden. Korrekt: es sind das Größen, die die **Dimension 1** ha-

Abgeleitete Einheiten:

werden aus den Basiseinheiten kombiniert.

z.B.:

Größe: Geschwindigkeit
Dimension: Länge/Zeit
Einheit: m/s oder km/h

Verhältnisgrößen:

haben die Dimension (und die Einheit) eins.

ben, das sind alle Größen, die Logarithmen sind, alle Größen, die ein Verhältnis ausdrücken und andere. Relative Atom- und Molekülmassen, die ja angeben, wie schwer das betreffende Teilchen im Verhältnis zu 1/12 von ^{12}C ist, sind solche Größen mit Dimension 1. *Achtung! Nicht mit der Stoffmenge verwechseln, die hat die Einheit Mol!* Ein anderes Beispiel für eine solche Größe wäre der pH-Wert (Kap. 7).

Die genannten Beispiele sind noch recht einfach. Oft hat man es aber bei natürlichen Vorgängen mit sehr viel komplexeren Zusammenhängen zu tun. Dann ist eine peinliche Beachtung der Dimension der Messgrößen unbedingt nötig. Schließlich wollen Sie doch wissen, was Sie eigentlich messen. Oder?

Oft sind die Basiseinheiten unpraktisch groß oder unpraktisch klein. Man muss daher Teile oder Vielfache dieser Einheiten verwenden. Es ist vernünftig, dafür Stufen mit dem Faktor 1000 einzuführen und diese Stufen mit Vorsilben zu bezeichnen. Ein Millimeter ist also 1/1000 Meter und ein Megameter ist 1 000 000 Meter. Zumindest die Vorsilben von Mega- bis Piko- muss man unbedingt wissen.

VORSILBE	SYMBOL	BEDEUTUNG	
Exa	E		$\times 10^{18}$
Peta	P		$\times 10^{15}$
Tera	T		$\times 10^{12}$
Giga	G		$\times 10^{9}$
Mega	**M**	millionenfach	$\times 10^{6}$
Kilo	**K**	tausendfach	$\times 10^{3}$
Milli	**m**	tausendstel	$\times 10^{-3}$
Mikro	**μ**	millionstel	$\times 10^{-6}$
Nano	**n**	milliardstel	$\times 10^{-9}$
Piko	**p**	billionstel	$\times 10^{-12}$
Femto	f		$\times 10^{-15}$
Atto	a		$\times 10^{-18}$

Im Bereich zwischen Kilo- und Milli- werden manchmal noch Zehnerstufen verwendet (in der Naturwissenschaft eher selten).

VORSILBE	SYMBOL	BEDEUTUNG	
Hekto	h	hundertfach	$\times 10^2$
Deka	da	zehnfach	$\times 10^1$
Dezi	d	zehntel	$\times 10^{-1}$
Centi	c	hundertstel	$\times 10^{-2}$

Trotzdem kann es noch immer vorkommen, dass man plötzlich mit sehr großen oder sehr kleinen Zahlen operieren muss. Dafür verwendet man die Schreibweise mit Potenzen von 10. Eine Zahl wie 2 500 000 000 schreibt man üblicherweise 2.5×10^9. Gewöhnen Sie sich an diese Schreibweise, sie ist sehr praktisch und wird (nicht nur von uns) ständig verwendet.

In vielen Fällen verwendet man für abgeleitete Einheiten eigene Namen und Symbole. So wäre die Grundeinheit für das Volumen eigentlich der Kubikmeter (m^3), in der Praxis wird aber viel häufiger der Kubikdezimeter verwendet und als Liter (l) bezeichnet. Ähnlich wird als Maß für den Druck das Bar verwendet [bedeutet 10^5 kg / (m $\times$ s^2)].

3.5   Chemisches Rechnen

3.5.1   Stoffmengen, Mol als Rechengröße

Wir haben gerade das Mol kennengelernt und auch erfahren, dass es wichtig genug ist, um zu den 7 Basiseinheiten des SI-Systems zu zählen. Das Mol erlaubt uns, die bei chemischen Reaktionen umgesetzten Stoffmengen in einfache Zahlenverhältnisse zu setzen, man braucht nichts anderes als die chemische Reaktionsgleichung dazu:

$$H_2O + CO_2 \rightleftharpoons H_2CO_3$$

Aus dieser Gleichung sieht man sofort, dass 1 mol H_2O mit 1 mol CO_2 reagiert. Man sagt, diese Mengen sind **äquivalent**, d.h. gleichwertig. In der obigen Gleichung sind also 1 mol H_2O und 1 mol CO_2 äquivalent, ebenso sind 1 mol H_2O und 1 mol H_2CO_3 äquivalente Mengen und genauso 1 mol CO_2

Chemische Formeln und Reaktionsgleichungen:

dienen der einfachen und präzisen Darstellung chemischer Vorgänge. Die Einführung der Stoffmenge Mol ermöglicht die quantitative Erfassung von Reaktionen.

und 1 mol H_2CO_3. Natürlich können die Mengenverhältnisse auch komplizierter sein:

$$N_2O_3 \ + \ H_2O \ \rightleftharpoons \ 2\,HNO_2$$

Man erhält in dieser Reaktion aus jeder beliebigen Menge N_2O_3 die doppelte Menge an HNO_2! Hier sind 1 mol N_2O_3 wieder 1 mol H_2O, aber 2 mol HNO_2 äquivalent. Es kann natürlich sein, dass man keine geradzahligen Mengen hat, sondern z.B. nur 0.5 mol oder 1.278 mol N_2O_3, diese sind dann eben mit 0.5 mol oder 1.278 mol H_2O äquivalent, beziehungsweise mit 1 mol oder 2.556 mol HNO_2.

Da es keine Waage gibt, die Mengen in Mol anzeigen kann *(da ja die Menge 1 mol für jeden Stoff eine andere Masse und daher auch ein anderes Gewicht hat)*, muss man die Masse jedes Stoffes immer in Mol umrechnen. Wenn ich z.B. 19 g N_2O_3 nach der obigen Gleichung umsetze, wie groß sind dann die äquivalenten Mengen H_2O und HNO_2?

Zuerst müssen wir wissen, wie viel mol 19 g N_2O_3 sind. Dazu brauchen wir die relative Molekülmasse von N_2O_3.

76 g sind 1 mol, daher sind 19 g also 19 / 76 mol *(Schlussrechnung)*, die Division ergibt 0.25 mol. Die zu 19 g N_2O_3 (= 0.25 mol) äquivalenten Mengen sind daher 0.25 mol H_2O und 0.5 mol HNO_2. Man kann sich mit diesem Ergebnis zufrieden geben, will man aber wissen, wie groß die Masse der äquivalenten Mengen ist, muss man vom Mol wieder auf Gramm zurückrechnen.

Also brauchen wir als Nächstes die relative Molekülmasse (M_r) von H_2O:

1 mol H_2O sind also 18 g, daher sind 0.25 mol H_2O *(Schlussrechnung, wer das nicht im Kopf kann)* 4.5 g. Diese 4.5 g H_2O sind also äquivalent 19 g N_2O_3.

Das Gleiche machen wir jetzt für HNO_2:

Randspalte:

Man erkennt aus der Reaktionsgleichung direkt die umgesetzten Mole – nicht aber die umgesetzten Massen. Kennt man also nur die Masse, muss man in Mol umrechnen.

N_2O_3: $N = 14$, $O = 16$

$M_r = (2 \times 14) +$
$\qquad + (3 \times 16) = $ **76**

76 g . . . . 1 mol
19 g X
$$X = \frac{19\,g \times 1\,mol}{76\,g} =$$
= **0.25 mol**

H_2O: $H = 1$, $O = 16$
$M_r = (2 \times 1) + 16 = $ **18**

1 mol . . . . 18 g
0.25 mol X
$$X = \frac{18\,g \times 0.25\,mol}{1\,mol} =$$
= **4.5 g**

HNO_2: $H = 1$, $N = 14$,
$\qquad O = 16$

$M_r = 47$,   1 mol HNO_2 sind   47 g,

0.5 mol HNO_2 sind   23.5 g.   Also sind

23.5 g HNO_2 unseren   19 g N_2O_3 äquivalent.

$M_r = 1 + 14 + (2 \times 16) = \mathbf{47}$

1 mol . . . . 47 g
0.5 mol X

$$X = \frac{47 \text{ g} \times 0.5 \text{ mol}}{1 \text{ mol}} =$$

$= \mathbf{23.5 \ g}$

Es wird Ihnen hoffentlich klar sein, dass die Masse der äquivalenten Mengen auf der linken Gleichungsseite (19 g + 4.5 g) genauso groß sein MUSS wie die Masse der äquivalenten Mengen auf der rechten Gleichungsseite (23.5 g). Andernfalls würde bei dieser Reaktion Masse spurlos verschwinden oder geschaffen werden. Das geht natürlich nicht! Wir betreiben hier Chemie, für Wunder sind wir nicht zuständig.

Es geht einfacher mit Proportionen:

Machen wir uns die Verhältnisse an Hand der Reaktionsgleichung nochmals klar:

$$N_2O_3 \ + \ H_2O \ \rightleftharpoons \ 2\,HNO_2$$

1 Molekül   1 Molekül   2 Moleküle

Nun verhält sich die Zahl der reagierenden Mole wie die Zahl der Moleküle:

$$N_2O_3 \ + \ H_2O \ \rightleftharpoons \ 2\,HNO_2$$

1 Mol   1 Mol   2 Mole

Jetzt wollen wir wissen, welche Massen reagieren, also müssen wir die Mole in Gramm umrechnen:

$$N_2O_3 \ + \ H_2O \ \rightleftharpoons \ 2\,HNO_2$$

1 Mol   1 Mol   2 Mole

76 g   +   18 g 2×47 g = 94 g

Selbstverständlich muss links und rechts die gleiche Masse vorkommen (94 g ist 76 g + 18 g), dagegen kann die Anzahl der Mole links und rechts durchaus verschieden sein. (Denken Sie an die Reaktion $H_2O + CO_2 \rightleftharpoons H_2CO_3$, da werden 1 Mol und 1 Mol zu einem Mol. Die Massen bleiben natürlich auch hier links und rechts gleich.)

Aus der kleinen Tabelle oben können wir alles, was wir wollen, direkt bestimmen. Wenn wir wissen wollen, wie viel Mol Wasser aus 19 g N_2O_3 entstehen, dann sehen wir aus der Tabelle, dass aus 76 g N_2O_3 1 mol Wasser

entsteht. Folglich muss das Verhältnis von 76 g N_2O_3 zu 19 g N_2O_3
dasselbe sein wie das von 1 mol Wasser zu der gesuchten Menge Wasser.

$$\frac{76 \text{ g } N_2O_3}{19 \text{ g } N_2O_3} = \frac{1 \text{ mol } H_2O}{X \text{ mol } H_2O}$$

und daher $\quad X \text{ mol } H_2O = \dfrac{19 \text{ g } N_2O_3 \times 1 \text{ mol } H_2O}{76 \text{ g } N_2O_3} = 0.25 \text{ mol } H_2O$

Beachten Sie, wie schön sich in der Gleichung oben durch g N_2O_3 kürzen
lässt, sodass ganz von selbst die richtige Einheit, nämlich mol H_2O herauskommt.

Mit dieser Methode können Sie aus der Tabelle unter der Reaktionsgleichung von allem auf alles umrechnen, also von mol auf mol, von g auf g,
von g auf mol und von mol auf g, Sie müssen sich nur immer die beiden
Vergleichszahlen aus der Tabelle heraussuchen, deren Verhältnis Sie benötigen.

3.5.2 Konzentrationsberechnungen

Man kann Stoffe miteinander reagieren lassen, indem man
diese fein zerreibt und mischt oder gemeinsam schmilzt. Auf
diese Art hat man Schießpulver und andere nützliche (?) Dinge
gefunden. Auf längere Sicht ist diese Methode jedoch umständlich und nicht ganz risikofrei. Viel besser ist es, die Stoffe
in einem Lösungsmittel zu lösen und in Lösung reagieren zu
lassen. Dabei nimmt man an, dass das Lösungsmittel an der
Reaktion nicht teilnimmt. *(WIE falsch diese Annahme ist, werden Sie bei der Lektüre von Kap. 7 bemerken!)* Da man einen
bereits gelösten Stoff nicht mehr gut wägen kann, muss man
den Stoff zuerst wägen und danach auflösen. Dann braucht man
eine Beziehung zwischen der Menge an gelöstem Stoff und
dem Volumen der Lösung, diese Beziehung ist die **Konzentration**.

Da sich die meisten
Reaktionen in Lösungen
abspielen, muss für deren
quantitative Erfassung ein
Zusammenhang zwischen
Stoffmenge und Lösungs-
volumen definiert werden,
die **Konzentration**.

*Prinzipiell ist eine Lösung jede homogene Mischung mehrerer
Stoffe. Wir beschränken unsere Ausführungen auf „flüssige
Lösungen", in denen einer oder mehrere Stoffe in einem gro-
ßen Überschuss eines flüssigen Lösungsmittels gelöst sind.*

(Das ist genau das, was auch im normalen Sprachgebrauch unter Lösung verstanden wird.) Die darin gelösten Stoffe selbst können aber fest, flüssig oder gasförmig sein.

Es gibt aus grauer Vorzeit eine Unmenge von Möglichkeiten, die Konzentration anzugeben. Das SI-System erlaubt nur 2 dieser Möglichkeiten. Halten Sie sich daran! Auch wenn eine antiquierte Angabe im ersten Moment vorteilhaft erscheinen mag, hat diese Vielzahl bis vor kurzem dazu geführt, dass Ärzte andere Konzentrationsmaße hatten als Chemiker, Chemiker andere als Drogisten usw. (Es entstanden dabei so exotische Gebilde wie „Gewichtsvolumsprozent", „Grammprozent", „Milligrammprozent".) Tatsächlich kommt man mit dem SI-System vollkommen aus. Und wenn jemand versucht, Ihnen andere Konzentrationsangaben einzureden, dann stellen Sie sich am besten taub!

Die Konzentration gibt an, wie viel Stoff in einem bestimmten Volumen der Lösung vorhanden ist. Normalerweise gibt man die Stoffmenge natürlich in mol an, das Volumen der Lösung kann man in Kubikmeter oder Liter angeben (= **Stoffmengenkonzentration**). Man erhält daher als Konzentrationseinheit mol / m³ oder (sehr viel häufiger) mol / l. Nun ist aber 1 mol / l eine sehr hohe Konzentration, üblicherweise wird mit wesentlich verdünnteren Lösungen (weniger als 0.1 mol / l) gearbeitet. Daher kommen häufig die Einheiten mmol / l oder µmol / l vor.

> **Stoffmengenkonzentration:**
>
> mol / Volumen Lösung
>
> z.B. mol / l, mmol / l

Man kann statt mmol / l natürlich auch 10^{-3} mol / l und statt µmol / l auch 10^{-6} mol / l schreiben. Da 1 m³ soviel ist wie 1000 l, ist mol / m³ identisch mit mmol / l, die letztere Einheit ist aber wesentlich beliebter (zumindest bei Chemikern). Kein Mensch verwendet mol / m³, obwohl diese Einheit durchaus dem SI-System entspricht.

Es kommt jedoch in der Chemie (und besonders in der Medizin) häufig vor, dass man mit Lösungen von Stoffen arbeiten muss, deren relative Molekülmasse man nicht kennt oder nicht definieren kann. *(Versuchen Sie etwa die relative Molekülmasse von Kamillentee zu bestimmen – sinnlos!)* Statt der Menge in mol muss man in diesen Fällen die Masse in kg oder g für die Angabe der Konzentration verwenden, also erhält man Einheiten wie kg / m³ (wird fast nie verwendet), kg / l (unpraktisch), g / l (die häufigste Angabe, identisch mit kg / m³),

> Die Konzentrationsangabe in mol / l wird in der chemischen Umgangssprache oft auch als „molar" bezeichnet. Eine Lösung mit 1 mol / l wäre dann eine „1-molare" Lösung, eine solche mit 2 mol / l eine „2-molare" Lösung usw. Auch „halb-molare", „zehntel-molare" oder „milli-molare" Lösungen sind gebräuchlich.

Massenkonzentration:

Masse / Volumen Lösung

z.B. g / l

mg / l,   μg / l usw. Man spricht in diesen Fällen von der **Massenkonzentration**, zum Unterschied von der vorhin besprochenen Stoffmengenkonzentration.

In beiden Fällen wird immer auf das Volumen der fertigen Lösung bezogen, nicht auf das Volumen des Lösungsmittels. Um also eine Kochsalzlösung mit der Konzentration $c = 1$ mol / l herzustellen, müssen Sie 1 mol Kochsalz in etwas Wasser lösen und dann soviel Wasser zugeben, bis das Gesamtvolumen der Lösung 1 Liter ist. Wenn Sie gleich zu 1 mol Kochsalz einen Liter Wasser schütten, erhalten Sie mehr als einen Liter fertige Lösung!

Um die Konzentration (oder die Stoffmenge oder das Volumen) einer bestimmten Lösung zu berechnen, genügt die Formel:

$$c = m / V \qquad \text{wobei}$$

$$c = \text{Konzentration}, \quad m = \text{Menge}, \quad V = \text{Volumen}$$

$$\boxed{c = m / V}$$

Haben Sie es bemerkt? Sie brauchen sich die Formel eigentlich gar nicht zu „merken": Wenn Sie wissen, dass eine Konzentration die Dimension Menge / Volumen (z.B. mol / *l) oder Masse / Volumen (z.B.* g / *l) hat, ergibt sich die Formel einfach aus den beteiligten Dimensionen, wie z.B.:*

$$\text{Konzentration} \quad = \quad \text{Menge} / \text{Volumen}$$

Wenn Sie also 7 mol eines Stoffes lösen, so dass 35 l Lösung entstehen, dann ist die Konzentration 0.2 mol / l:

$c = m / V$

$\quad = 7 \text{ mol} / 35 \text{ l}$

$\quad = 7 / 35 \times \text{mol} / \text{l}$

$\quad = \mathbf{0.2 \text{ mol} / \text{l}}$

Genau wie die Zahlenwerte müssen Sie auch die zugehörigen Einheiten behandeln. Wenn also 7 durch 35 zu 0.2 wird, so muss mol *durch* l *zu* mol / l *werden. Das ist eine hervorragende Kontrolle Ihres Ergebnisses! Wenn Sie aus Ihrer Angabe eine Konzentration berechnen sollen und Sie erhalten als Einheit im Ergebnis z.B. Kubikmol pro Sekunde, so haben Sie offensichtlich* KEINE *Konzentration berechnet und irgendwo einen Fehler gemacht.*

$m = c \times V$

$\quad = 15 \text{ mmol} / \text{l} \times 15 \text{ l}$

$\quad = 15 \times 15 \times (\text{mmol} / \text{l}) \times \text{l}$

$\quad = \mathbf{225 \text{ mmol}}$

Haben Sie dagegen 15 l Lösung der Konzentration $c = 15$ mmol / l, so ist die gesamte Stoffmenge *(nach Umformung der Gleichung* $c = m / V$*)* 225 mmol:

Wollen Sie eine Lösung mit c = 0.45 mol / l herstellen und Sie haben nur 0.18 mol des Stoffes zur Verfügung, so können Sie 0.4 Liter fertige Lösung erhalten:

V = m / c

= 0.18 mol / 0.45 mol/l

= (0.18/0.45) x mol/(mol/l)

= **0.4 l**

Eine Eselsbrücke

Man kann sich das Umformen von einfachen Gleichungen sparen, wenn man sich die Formeln wie c = m / V in Dreiecksform merkt. Also wird daraus dann m über c und V (MCV = „Mainzer Carnevals-Verein" oder „miese Chemie, verflixte").

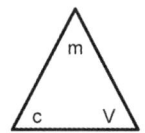

Statt die Gleichung umzuformen, brauchen Sie nur die gewünschte Ecke des Dreiecks abzuschneiden und auf die andere Seite des Gleichheitszeichens setzen. Der Rest bleibt übereinander oder eben nebeneinander stehen.

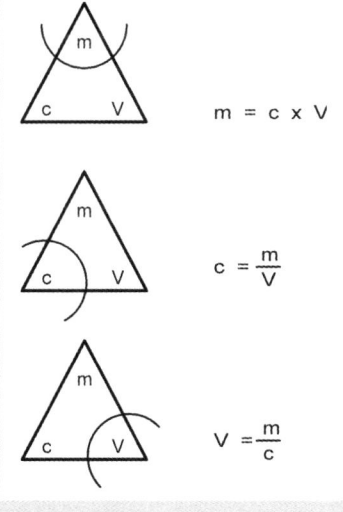

3.5.3 Lösen, Mischen, Verdünnen

Etwas schwieriger werden diese Berechnungen, wenn man außerdem noch von g in mol umrechnen muss. Was müssen Sie z.B. tun, um 5 l einer Natriumhydroxid-Lösung mit der Konzentration c = 0.5 mol/l herzustellen?

$$m = c \times V$$
$$= 0.5 \, mol / l \times 5 \, l$$
$$= 0.5 \times 5 \times l \times mol / l$$
$$= \mathbf{2.5 \, mol}$$

Setzen Sie in unsere Formel ein:

Gut, wir brauchen also **2.5 mol** Natriumhydroxid. Um diese Menge abwägen zu können, müssen Sie wissen, wie viel Gramm das sind. Also brauchen Sie die relative Molekülmasse von Natriumhydroxid:

NaOH :
Na = 23, O = 16, H =1
$$\mathbf{M_r = 40}$$

Wenn 1 mol NaOH 40 g sind, dann sind 2.5 mol NaOH 100 g *(Schlussrechnung)*. Sie müssen also 100 g NaOH einwägen und soviel Wasser zusetzen, bis das Gesamtvolumen der Lösung 5 l beträgt.

Oft werden Lösungen tatsächlich so hergestellt. Wenn man jedoch viele Lösungen desselben Stoffes benötigt, so wird man nicht jede extra durch Einwägen herstellen. Man macht statt dessen eine sogenannte Stammlösung (das ist eine Lösung bekannter Konzentration) und stellt durch **Verdünnen** daraus die benötigten weiteren Lösungen her. Sie sollen z.B. jeweils 2 l NaOH-Lösung mit den Konzentrationen c = 0.1 mol / l, c = 0.05 mol / l und c = 0.02 mol / l herstellen. Wie gehen Sie also vor?

Man muss sich dazu zunächst überlegen, dass die Menge (oder Masse) eines Stoffes in der Lösung sich beim Verdünnen nicht ändern kann. *Wie schon gesagt: Erwarten Sie keine Wunder! Sie können verdünnen und mischen, wie Sie wollen, es ändern sich nur Volumen und Konzentration. Die Menge an* NaOH *bleibt gleich.* Gleichgültig, ob ich zu 1 l Lösung, die 1 mol Substanz enthält (c = 1 mol / l), 4 l oder 9 l oder 19 l Lösungsmittel zugieße, ich habe immer noch insgesamt 1 mol Substanz, dann eben in 5 l oder 10 l oder 20 l Lösung. Die Konzentration ist dann eben 0.2 mol / l oder 0.1 mol / l oder 0.05 mol / l. Mathematisch sieht das so aus:

$$m \quad = c \times V \quad = \quad 1 \, mol / l \times 1 \, l$$
$$m \quad = c_2 \times V_2 \quad = \quad 0.2 \, mol / l \times 5 \, l$$

$$m \ = \ c_3 \times V_3 \ = \ 0.1 \, mol \, / \, l \times 10 \, l$$
$$m \ = \ c_4 \times V_4 \ = \ 0.05 \, mol \, / \, l \times 20 \, l$$

Das Produkt von Konzentration und Volumen ergibt immer wieder dieselbe Menge. Also können wir jedes dieser Produkte mit jedem anderen gleichsetzen und erhalten so die allgemeine Beziehung:

$$c_1 \times V_1 \ = \ c_2 \times V_2$$

$$\boxed{c_1 \times V_1 \ = \ c_2 \times V_2}$$

Wenn wir jetzt zu dem Beispiel mit der NaOH-Lösung zurückkehren, so wollten wir 2 l Lösung der Konzentration $c = 0.1$ mol / l herstellen. Als Stammlösung verwenden wir die vorhin berechnete Lösung mit $c = 0.5$ mol / l. Wir müssen jetzt nur aufpassen, dass wir an den richtigen Stellen in die Gleichung einsetzen.

In unserer gewünschten Lösung wird eine bestimmte Menge NaOH enthalten sein, die wir leicht berechnen können:

$$m \ = \ c_2 \times V_2 \ =$$
$$= \ 0.1 \, mol \, / \, l \times 2 \, l$$

Alles, was wir wissen wollen, ist, in welchem Volumen (V_1) der Stammlösung ($c_1 = 0.5$ mol / l) die gleiche Menge an NaOH vorhanden ist:

$$m \ = \ c_1 \times V_1 \ =$$
$$= \ 0.5 \, mol \, / \, l \times V_1$$

V_1 wollen wir berechnen. Da m in beiden Gleichungen dasselbe ist, können wir die beiden anderen Seiten einander gleichsetzen:

$$c_1 \times V_1 \ = \ c_2 \times V_2$$
$$(0.5 \, mol \, / \, l) \times V_1 \ =$$
$$= \ (0.1 \, mol \, / \, l) \times 2 \, l$$

Das Ergebnis von 0.4 Liter bedeutet, dass wir, um 2 l der Lösung herzustellen, 0.4 l Stammlösung mit Wasser auf 2 l auffüllen müssen. Wir werden also etwa 1.6 l Wasser dazu brauchen. *(Bei verdünnten Lösungen ist die Menge des zugesetzten Lösungsmittels gleich der Differenz der beiden Volumina. Für die meisten konzentrierten Lösungen gilt das NICHT und auch nicht für Lösungsmittelgemische. 1 l Wasser gemischt mit 1 l Alkohol gibt NICHT 2 l Gemisch!)* Sie hätten sich zuvor natürlich den umständlichen Gedankengang sparen und gleich in die fertige Formel einsetzen können. Machen wir das, indem wir noch je 2 l von 0.05 mol / l NaOH und von 0.02 mol / l NaOH aus unserer schon vorhandenen Stammlösung mit $c_1 = 0.5$ mol / l herstellen:

$$V_1 \ = \ (0.1 \, mol \, / \, l) \times$$
$$\times \, 2 \, l \, / \, (0.5 \, mol/l)$$
$$= \ (0.1 \times 2 \, / \, 0.5) \times$$
$$\times \, (mol/l) \times l \, / \, (mol/l)$$
$$= \ \mathbf{0.4 \, l}$$

$$c_3 \times V_3 \ = \ c_1 \times V_1$$
$$0.05 \, mol \, / \, l \times 2 \, l \ =$$
$$= \ 0.5 \, mol \, / \, l \times V_1$$
$$V_1 \ = \ \mathbf{0.02 \, l}$$

Wir brauchen also 0.2 Liter bzw. 0.08 Liter der ursprünglichen Lösung.

$$c_4 \times V_4 \ = \ c_1 \times V_1$$
$$0.02 \, mol \, / \, l \times 2 \, l \ =$$
$$= \ 0.5 \, mol \, / \, l \times V_1$$
$$V_1 \ = \ \mathbf{0.08 \, l}$$

Überlegen Sie aber gut, was Sie in die Gleichung einsetzen, man irrt sich dabei verflixt oft. Und passen Sie vor allem darauf auf, dass die beiden Volumina immer Ausgangslösung und gewünschte Lösung betreffen! Will man dagegen die Menge Lösungsmittel wissen, die zuzugeben ist – das ist dann die Differenz von V_1 und V_2!

Man kann die besprochene Gleichung auch anwenden, wenn man eine gegebene Lösung auf ein bestimmtes Volumen verdünnt und die Konzentration der entstandenen Verdünnung wissen will. Dann ist eben c_2 die Unbekannte. Genauso kann man natürlich auch die Menge der verdünnten Lösung oder die Konzentration der ursprünglichen Lösung berechnen (die Unbekannte ist dann V_1 bzw. c_1).

*Grundsätzlich kann man die Konzentration von Lösungen auch durch **Mischen** verändern. Sie könnten also eine Lösung ($c = 0.5$ mol / l) mit einer anderen Lösung desselben Stoffes ($c = 0.1$ mol / l) mischen, um eine Lösung mit der Konzentration $c = 0.2$ mol / l zu erhalten. Man kann auch so ein Problem wieder mit der Gleichung $m = c / V$ behandeln, dann ist die Menge in der einen plus der Menge in der zweiten Lösung gleich der Menge in der Mischung. Schneller und einfacher geht es mit dem sogenannten Mischungskreuz. Das ist eine Rechenregel, die auch die Berechnung der abartigsten Gemische erlaubt. Chemiker werden in ihrer Ausbildung seit Generationen mit derartigen Denksportaufgaben gequält. In der Praxis kommen solche Probleme aber nur in einigen technischen Bereichen vor. In einem chemischen oder klinischen Labor wird es keinem vernünftigen Menschen je einfallen, eine Lösung durch Mischen aus 2 Lösungen herzustellen.*

Noch ein paar Rechentricks

Obwohl die bisher behandelten Berechnungen sehr einfach sind, gibt es doch eine ganze Menge Möglichkeiten, sich zu irren. Zur Kontrolle ist es immer gut, überschlagsweise zu prüfen, ob das Ergebnis überhaupt richtig sein kann. Wenn man eine Lösung verdünnt, so muss die Konzentration sinken, das Volumen aber steigen. Bekommen Sie nach einer Verdünnung z.B. eine höhere Konzentration heraus als vorher, haben Sie mit Sicherheit etwas falsch gemacht.

Eine weitere gute Kontrolle – wie schon erwähnt – besteht darin, dass man die Einheiten mit in die Rechnung nimmt. Dann muß sich alles entsprechend kürzen und die Einheiten des Ergebnisses bleiben übrig.

Bei Formeln wie $c_1 \times V_1 = c_2 \times V_2$ ist es günstig, zuerst in die Formel einzusetzen (solange sie geordnet ist, also links die eine und rechts die andere Lösung steht) und nachher erst umzuformen, damit die Unbekannte allein steht. Macht man es umgekehrt, so wird die Gleichung unübersichtlich und man muss höllisch aufpassen, dass man nicht verkehrt herum einsetzt.

Eine häufige Fehlerquelle sind Vorsilben wie Milli- und Mikro-. Entweder man vergisst auf die Umrechnung, oder man rechnet im Drang der Ereignisse in die verkehrte Richtung (durch tausend statt mal tausend u.Ä.). Das Beste ist, Sie ersetzen SOFORT alle Angaben, in denen Vorsilben wie Milli- usw. vorkommen, durch die entsprechende Zehnerpotenz. Milli- ist 10^{-3}, also schreiben Sie 20 Millimeter sofort als 20×10^{-3} Meter, damit ist ein nachträglicher Irrtum (fast) ausgeschlossen. Rechnen Sie das aber nicht sofort aus, sondern lassen Sie die 10^{-3} ruhig zunächst in der Rechnung stehen. Oft könnte man sich die Umrechnung sparen; wenn z.B. bei einer Verdünnung alle Volumen in Milliliter, alle Konzentrationen in mol / l angegeben sind, braucht man nicht alles auf Liter umzurechnen. Tun Sie es im Zweifelsfall trotzdem – aber mit der Zehnerpotenz-Methode! Wenn Sie sich die Umrechnung sparen hätten können, sehen Sie das sofort, weil sich dann die entsprechenden Zehnerpotenzen kürzen lassen (stehen entweder links und rechts oder auf einer Gleichungsseite unter und über dem Bruchstrich.).

Übungen zu Kapitel 3

30. Berechnen Sie die relativen Molekülmassen für:

Methan	CH_4
Magnesiumsulfat	$MgSO_4$
Phosphorsäure	H_3PO_4
Traubenzucker	$C_6H_{12}O_6$

(Wenn Ihnen Angaben fehlen, schauen Sie nach, z.B. im Periodensystem im Anhang.)

31. Geben Sie den systematischen Namen der folgenden Verbindungen an:

KF, $NaBr$, $BaCl_2$, $SrSO_4$, Al_2O_3, N_2O_3, $(NH_4)_2S$,

$Na_3[Cr(CN)_6]$, $[Cu(NH_3)_4(H_2O)_2]^{2+}$

32. Schreiben Sie die Formeln folgender Verbindungen auf:

Aluminiumtrihydroxid, Kalziumnitrat, Kaliumbromid, Magnesiumsulfid, Bariumsulfat, Natriumoxid, Tetrammin-dichloro-platin (IV)

33. Schreiben Sie anstelle der Unbekannten (m, n, p, q, r) die richtigen ganzen Zahlen auf, sodass die Reaktionsgleichungen stöchiometrisch richtig werden.

$$m\ CaO + n\ H_2O \rightleftharpoons p\ Ca(OH)_2$$

$$m\ Al(OH)_3 + n\ H_2SO_4 \rightleftharpoons p\ Al_2(SO_4)_3 + q\ H_2O$$

$$m\ FeCl_3 + n\ K_4[Fe(CN)_6] \rightleftharpoons p\ KFe[Fe(CN)_6] + q\ KCl$$

$$m\ NH_3 + n\ O_2 \rightleftharpoons p\ NO + q\ H_2O$$

$$m\ Cr_2O_7^{2-} + n\ H^+ + p\ e^- \rightleftharpoons q\ Cr^{3+} + r\ H_2O$$

34. $50\ g + 4 \times 10^{-1}\ kg + 2 \times 10^2\ g + 2 \times 10^5\ mg + 0.01 \times 10^1\ kg = ?$

35. Der Mensch enthält etwa $45\ kg$ Wasser. Eine Bakterienzelle enthält etwa $1.2 \times 10^{-12}\ g$ Wasser.

 a) Wie viele mol Wasser sind das jeweils?

 b) Wie viele Wassermoleküle sind das jeweils?

 c) Wie viele mol Wasser sind in einem Liter Wasser?

36. Wie viele mol sind $60\ g$ Kohlenstoff? Wie viele mol Sauerstoff brauchen Sie für die vollständige Verbrennung dieser $60\ g$ Kohlenstoff? Wie viel g Sauerstoff sind das? Wie viel mol Kohlendioxid entstehen dabei?

$$C + O_2 \rightleftharpoons CO_2$$

37. Wie viele mol Kalziumoxid entstehen beim Brennen von $1000\ kg$ Kalk? Wie viele kg CaO sind das?

$$CaCO_3 \rightleftharpoons CaO + CO_2$$

38. a) Traubenzucker hat die Formel $C_6H_{12}O_6$. Ich löse $90\ g$ davon in Wasser, sodass 2 l Lösung entstehen. Wie groß ist die Konzentration der Lösung in mol / l?

 b) Ich möchte aus der erhaltenen Lösung eine Lösung der Konzentration $c = 0.15$ mol / l herstellen. Wie viel Wasser muss ich dazuschütten?

39. a) Ich brauche 5 l einer wässrigen Na_2SO_4-Lösung mit der Konzentration $c = 0.05$ mol / l. Wie viel g Na_2SO_4 muss ich lösen?

 b) Ich schütte zu obiger Lösung noch 1 l Wasser dazu. Wie groß ist jetzt die Konzentration?

4 CHEMISCHE KINETIK

Kinetik ist die Lehre von Bewegung und Geschwindigkeit, wobei die Kräfte, welche diese Bewegungen auslösen, nicht beachtet werden. Chemische Kinetik beschäftigt sich daher mit der Geschwindigkeit, mit der chemische Reaktionen ablaufen.

Die zwei größten Tyrannen der Erde: der Zufall und die Zeit.

Johann Gottfried von Herder (1744-1803)

4.1 Reaktionsgeschwindigkeit

Es geht uns zunächst darum, wie rasch eine Reaktion abläuft. Wir nehmen als Beispiel eine Reaktion, bei der die beiden Stoffe A und B miteinander reagieren, und daraus wird der Stoff C:

$$A + B \rightleftharpoons C$$

Ein Beispiel für eine solche Reaktion: die Neutralisation von H^+ und OH^- zu Wasser:

$$H^+ + OH^- \rightleftharpoons H_2O$$

Nun ist jede chemische Reaktion prinzipiell in beide Richtungen möglich. Es kann also der Stoff C auch wieder in A und B zerfallen, deshalb verwenden wir ja den Doppelpfeil $\rightleftharpoons$ in der Reaktionsgleichung. Wir wollen zunächst aber nur die Hinreaktion betrachten und so tun, als ob es die Rückreaktion nicht gäbe. (Das wäre der Fall, wenn wir A und B soeben frisch zusammengemischt hätten, also noch gar kein C entstanden wäre.) Dann vereinfacht sich unsere Gleichung zu:

Um das Verständnis kinetischer Vorgänge zu erleichtern, betrachtet man zunächst nur EINE Reaktionsrichtung.

$$A + B \rightarrow C$$

Nun brauchen wir ein Maß für die Geschwindigkeit dieser Reaktion. Eine Möglichkeit wäre, zu bestimmen, wie rasch der Stoff A weniger wird, also als Geschwindigkeit (v) die Abnahme von Stoff A pro Zeiteinheit (t) anzugeben:

$$v = -\frac{dA}{dt}$$

Natürlich kann man mit derselben Berechtigung auch die Abnahme des Stoffes B verwenden oder sogar die Zunahme des Stoffes C.

$$v = -\frac{dB}{dt} \qquad v = +\frac{dC}{dt}$$

Da aber für jedes verbrauchte Molekül A auch genau ein Molekül B verwendet wird und genau ein Molekül C entsteht, ergeben diese drei Gleichungen immer dieselbe Geschwindigkeit:

$$v = -\frac{dA}{dt} = -\frac{dB}{dt} = +\frac{dC}{dt}$$

Nun wird diese Geschwindigkeit natürlich umso größer sein, je mehr von Stoff A vorhanden ist. *(Sagen wir, A sind Männer – Singles, B sind Frauen – ebenfalls Singles und C sind Ehepaare. Es ist klar, dass es in einer Großstadt mit hunderttausenden Männern mehr Eheschließungen geben wird als im gleichen Zeitraum in einem kleinen Dorf. Die Zahl der Scheidungen – die Rückreaktion – haben wir ja vorläufig ausgeklammert.)* Also ist die Geschwindigkeit proportional der Konzentration von A:

Die Geschwindigkeit wird größer, wenn die reagierenden Stoffe in höherer Konzentration vorliegen.

$$v = \text{prop. } [A]$$

Dabei bedeutet das A in der eckigen Klammer die Konzentration von A, angegeben in mol / l. Natürlich gilt für B dasselbe. Die Geschwindigkeit ist auch proportional der Konzentration von B:

[A] bedeutet Konzentration von A in mol / l.

$$v = \text{prop. } [B]$$

Damit ist klar, dass die Geschwindigkeit insgesamt von A UND B abhängen muss (also vom Produkt A x B) und von einer Proportionalitätskonstante, die wir mit k bezeichnen. Die Konzentration von C spielt dabei keine Rolle *(da wir die Rückreaktion ja hier nicht beachten).*

Die Geschwindigkeit ist das Produkt der Konzentration der reagierenden Stoffe, multipliziert mit der Geschwindigkeitskonstante k.

v = k x [A] x [B]

$$v = \text{prop. } [A] \text{ x } [B] \quad \text{oder} \quad v = k \text{ x } [A] \text{ x } [B]$$

Das hätte man sich auch anders – chemischer – überlegen können. Damit die Reaktion abläuft, muss ein Teilchen A mit einem Teilchen B zusammenstoßen. Je mehr Moleküle A vorhanden sind, desto schneller wird die Reaktion sein. Weiters wird aber ein gegebenes Teilchen A umso schneller reagieren, je mehr Teilchen B es in seiner Umgebung antrifft, und schließlich wird die Geschwindigkeit noch davon beeinflusst, wie groß die Wahrscheinlichkeit ist, dass so eine Begegnung auch tatsächlich zur Reaktion führt. (Möglichst viele Männer

Man kann sich k als Maß für die Wahrscheinlichkeit vorstellen, mit der ein Zusammenstoß zwischen den Teilchen zur Reaktion führt.

begegnen möglichst vielen Frauen, und k ist dann die Wahr-
scheinlichkeit, dass es bei so einer zufälligen Begegnung
„funkt", sodass eine Ehe daraus wird.)

Natürlich wird die Konstante k für jede Reaktion einen anderen
Wert annehmen. Wenn Stoffe begeistert miteinander reagieren,
wird k groß sein, bei Stoffen, die nur sehr langsam reagieren,
wird k dagegen nahe bei null liegen *(kleiner als null kann k*
natürlich nie sein). Wir nennen dieses k die **Geschwindig-**
keitskonstante einer Reaktion. *(Beachten Sie bitte, dass es sich*
dabei immer um ein klein geschriebenes k handelt. Das ist ganz
wichtig, der Großbuchstabe K ist für etwas anderes reserviert;
die beiden dürfen nicht verwechselt werden.)

> k ist für eine gegebene
> Reaktion (unter gleichen
> Umgebungsbedingungen)
> eine Konstante.

Natürlich können wir dieselben Überlegungen auch auf die
Rückreaktion anwenden:

$$A \; + \; B \; \leftarrow \; C$$

Dann wird eben die Reaktionsgeschwindigkeit als die Geschwindigkeit der Abnahme von C oder der Zunahme von A
oder B definiert. *Das ist natürlich eine andere Geschwindigkeit*
als vorher und hat mit der Geschwindigkeit der Hinreaktion
nichts zu tun:

> Alle Regeln gelten sinn-
> gemäß auch für die
> Rückreaktion.

$$v_2 \; = \; + \; \frac{dA}{dt} \quad v_2 \; = \; + \; \frac{dB}{dt} \quad v_2 \; = \; - \; \frac{dC}{dt}$$

$$v_2 \; = \; + \; \frac{dA}{dt} \; = \; + \; \frac{dB}{dt} \; = \; - \; \frac{dC}{dt}$$

Und wieder ist die Geschwindigkeit abhängig von einer Konstante k und der Konzentration der reagierenden Stoffe. *(Hier*
haben wir nur einen Stoff C, also ist die Geschwindigkeit auch
nur von [C] abhängig).

$$v_2 \; = \; k_2 \; \times \; [C]$$

> $$v_2 \; = \; k_2 \; \times \; [C]$$

Wir haben eine neue Konstante k_2 für diese Reaktion, die natürlich auch nichts mit unserem k von vorher (für die Hinreaktion) zu tun hat.

> Die Geschwindigkeit der
> Rückreaktion und ihre
> Geschwindigkeitskonstante
> sind unabhängig von den
> entsprechenden Werten der
> Hinreaktion.

Und wenn wir eine Reaktion gehabt hätten, bei der drei Stoffe
miteinander reagieren? Dann wäre eben die Geschwindigkeit
von allen drei Stoffen abhängig gewesen, also:

$$v = k \times [A] \times [B] \times [C]$$

$$A + B + C \rightarrow D$$
$$v = k \times [A] \times [B] \times [C]$$

Noch eine letzte Feinheit: Was passiert, wenn mehrere Moleküle desselben Stoffes miteinander reagieren, also zum Beispiel:

$$2A \rightarrow C$$

Das kann man auffassen als

$$A + A \rightarrow C$$

Dann lautet unsere Formel für die Geschwindigkeit eben:

$$v = k \times [A]^2$$

$$v = k \times [A] \times [A] = k \times [A]^2$$

4.2   Reaktionsfolgen

Oft ist eine Reaktion nicht nach einem Schritt zu Ende, sondern es reagieren die Produkte noch weiter. Im einfachsten Fall wird A zu B, dieses wird zu C, aus diesem wird wieder D usw. Wir haben also eine Reaktionsfolge wie:

$$A \rightarrow B \rightarrow C \rightarrow D \quad \text{usw.}$$

Nun ist jede dieser Teilreaktionen eine eigene Reaktion mit einer eigenen Geschwindigkeit v und einer eigenen Geschwindigkeitskonstante k. Wir haben also eine Sammlung von Geschwindigkeiten, die wir mit v_1, v_2, v_3 usw. bezeichnen, und ebenso eine Sammlung von Konstanten k_1, k_2, k_3, ... Jetzt ist natürlich die Frage, wie rasch die gesamte Reaktion abläuft – irgendwie muss sich die Reaktionsgeschwindigkeit v_{gesamt} aus den einzelnen Geschwindigkeiten errechnen lassen.

Das ist gar nicht so kompliziert, wie es aussieht. Nehmen wir ein einfaches Beispiel: Drei Tellerwäscher in einem Hotel – der Geschirrspüler ist kaputt – haben sich die Arbeit wie folgt aufgeteilt: Einer wäscht ab, der Zweite trocknet ab, der Dritte räumt die Teller ein. Der Erste wäscht 250 Teller pro Stunde, der Zweite trocknet 200 Teller pro Stunde, der Dritte kann 400

Teller pro Stunde einräumen. Wie viele Teller pro Stunde werden sie schaffen? Natürlich 200 Teller. Gleichgültig wie viele Teller die anderen abwaschen oder einräumen könnten, wenn der Zweite nur 200 pro Stunde abtrocknet, können auch nur so viele fertig werden. Also bestimmt der Langsamste die Geschwindigkeit aller.

Es geht noch einfacher: Eine Karawane durchquert die Wüste. Sie besteht aus 10 Kamelen, 5 Pferden und einer Schildkröte. Mit welcher Geschwindigkeit kommt die Karawane vorwärts? Solange sie beisammen bleibt, wird die einzelne Schildkröte das Tempo angeben, unabhängig davon, wie rasch Kamele und Pferde alleine wären.

In einer Reaktionsfolge wird die langsamste Teilreaktion als der **geschwindigkeitsbestimmende Schritt** bezeichnet. Die Gesamtgeschwindigkeit ist daher gleich der Geschwindigkeit dieser langsamsten Teilreaktion. Nur diese erscheint in der Formel für die Reaktionsgeschwindigkeit.

> Die Geschwindigkeit einer Reaktionsfolge ist immer so groß wie die des langsamsten Teilschrittes.

4.3 Reaktionsordnung

Die Reaktionsordnung sagt uns, von wie vielen Konzentrationen die Reaktionsgeschwindigkeit abhängt. Eine Reaktion, die der Formel

$$v = k \times [A]$$

folgt, ist daher eine Reaktion **erster Ordnung.** Eine Reaktion mit einem Geschwindigkeitsgesetz wie

$$v = k \times [A] \times [B] \quad \text{oder} \quad k \times [A]^2$$

ist dagegen eine Reaktion **zweiter Ordnung.** Reaktionen höherer Ordnung sind sehr selten. Eine Reaktion dritter Ordnung würde bedeuten, dass für die Reaktion im gleichen Augenblick drei Teilchen zusammenstoßen müssen – das ist natürlich extrem unwahrscheinlich. Wenn drei Partner miteinander reagieren sollen, reagieren meist zuerst zwei und diese dann in einem

> 0. Ordnung
> $v = k$
> 1. Ordnung
> $v = k \times [A]$
> 2. Ordnung
> $v = k \times [A] \times [B]$

zweiten Schritt mit dem dritten Partner, sodass eine solche Reaktion also in Wahrheit aus zwei Reaktionen zweiter Ordnung besteht – und das wirkt sich auch in der Reaktionsgeschwindigkeit entsprechend aus. Trägt man nämlich den Verlauf einer Reaktion in ein Koordinatensystem ein, so erhält man je nach Reaktionsordnung verschieden gekrümmte Kurven.

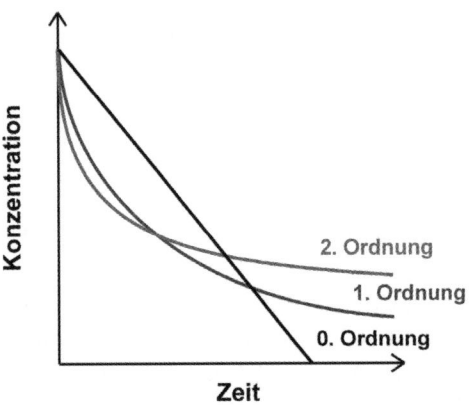

Mit fortschreitender Reaktion wird Stoff verbraucht, nimmt also die Konzentration der Ausgangsstoffe ab. Da bei Reaktionen höherer Ordnung die Geschwindigkeit auch in höherem Maß von der Konzentration abhängig ist, wird sie also am Anfang relativ rasch ablaufen, um dann schnell langsamer zu werden – *relativ gesehen. Das soll nicht heißen, dass die Reaktion insgesamt langsam ist, das hängt nach wie vor nur von der Konstanten k ab.*

Was aber ist eine Reaktion **nullter Ordnung**? Es kann ja nicht so sein, dass da nichts reagiert? Nein, es kann allerdings vorkommen, dass ein Stoff zwar reagiert, aber seine Konzentration für die Reaktionsgeschwindigkeit trotzdem keine Rolle spielt. Die Reaktion läuft dann mit konstanter Geschwindigkeit ab, unabhängig von der Menge an Reaktionspartner.

$$v = k$$

Das einfachste Beispiel wäre, dass eine Reaktion unbedingt einen Katalysator braucht, der aber nur in bescheidener Menge vorhanden ist. Wenn die Stoffe, die reagieren sollen, in großem Überschuss vorhanden sind, so richtet sich die Reaktionsgeschwindigkeit einzig nach der Menge an vorhandenem Katalysator. Ein Katalysator wird bei der Reaktion nicht verbraucht, seine Konzentration bleibt daher konstant. Also erhalten wir eine Reaktion, die mit konstanter Geschwindigkeit unabhängig von der Konzentration der Reaktionspartner abläuft. *Das würde in unserem Beispiel von oben – A sind Männer, B sind Frauen, C sind Ehepaare – der etwas ungewöhnlichen Situation entsprechen, dass in einer Großstadt nur ein einziger Standesbeamter amtiert. Die Zahl der Eheschließungen richtet sich daher nur nach seiner maximal möglichen Arbeitsleistung, gleichgültig wie viele Paare wartend vor der Türe Schlange stehen.*

Will man für eine Reaktion die Geschwindigkeit angeben, könnte man den Wert von k bestimmen. Oft macht man es sich aber einfacher und gibt die sogenannte **Halbwertszeit** an. Das ist die Zeit, die verstreicht, bis die Hälfte der Ausgangsstoffe reagiert hat. Umso schneller die Reaktion, desto kleiner (= kürzer) ist die Halbwertszeit. Allerdings ist das nur bei Reaktionen erster Ordnung sinnvoll, da dort die Halbwertszeit unabhängig von der Konzentration der Stoffe ist.

> **Halbwertszeit:**
>
> jene Zeit, innerhalb der die Hälfte der ursprünglichen Stoffmenge umgesetzt wird.

Ist die Konzentration von A z.B. 1 mol / l, so wird es einige Zeit dauern, bis diese Konzentration infolge der Reaktion auf 0.5 mol / l gesunken ist. Wäre die Konzentration von A – sagen wir – doppelt so hoch, also 2 mol / l, so ist nach

$$v = k \times [A]$$

auch die Reaktionsgeschwindigkeit doppelt so hoch, es braucht jetzt also die gleiche Zeit, um von 2 mol / l auf 1 mol / l zu kommen (Differenz 1), wie vorhin, um von 1 mol / l auf 0.5 mol / l (Differenz 0.5) zu sinken.

Klar! Bei einer Reaktion nullter Ordnung wird es umso länger dauern, die Hälfte zu verbrauchen, je mehr am Anfang vorhanden war – die Reaktion läuft ja mit konstanter Geschwindigkeit. Also wird die Halbwertszeit mit sinkender Konzentration geringer. Umgekehrt wissen wir – siehe die Abbildung in Abschnitt 4.3 –, dass bei Reaktionen zweiter Ordnung die Geschwindigkeit bei niedrigen Konzentrationen sehr gering und daher die Halbwertszeit entsprechend länger wird. Nur Reaktionen erster Ordnung haben eine konstante Halbwertszeit.

Radioaktiver Zerfall

Der radioaktive Zerfall ist DAS Musterbeispiel für eine Reaktion erster Ordnung. Hier gibt es keine Rückreaktion (es ist ja keine chemische Reaktion), sodass man die Reaktionsfolge A $\longrightarrow$ B ungestört untersuchen kann. Die Geschwindigkeit ist natürlich wieder die Abnahme (der Zerfall) von Stoff A:

$$v = -\frac{dA}{dt} = k \times [A]$$

Die Geschwindigkeitskonstante heißt hier auch Zerfallskonstante und wird meist mit λ bezeichnet. Es ist aber viel praktischer, statt mit k mit der Halbwertszeit ($t_{1/2}$) zu rechnen. Für jede Reaktion 1. Ordnung gilt nämlich *(das kann man leicht mathematisch beweisen, aber hier ersparen wir es uns)*:

$$t_{1/2} = \frac{\ln 2}{k} = \frac{0.692}{k}$$

Üblicherweise wird in allen Tabellen, die radioaktive Stoffe beschreiben, nur die Halbwertszeit angegeben. *Wenn man die Zerfallskonstante braucht, muss man sich diese aus der oben angegebenen Formel berechnen.* Haben wir also z.B. tausend Atome eines radioaktiven Stoffes mit der Halbwertszeit 12 Jahre, dann sind nach 12 Jahren nur mehr 500 Atome übrig. Und wie viel sind nach 24 Jahren (= 2 Halbwertszeiten) übrig? Natürlich 250 Atome *(und nicht null, wie manchmal vorschnell geantwortet wird)*, von den 500 Atomen zerfällt wieder die Hälfte in den nächsten 12 Jahren, also sind 250 Atome übrig; und nach insgesamt 36 Jahren verbleiben noch 125 Atome usw. Wenn wir das grafisch darstellen, erhalten wir die typische Kurve einer Reaktion erster Ordnung:

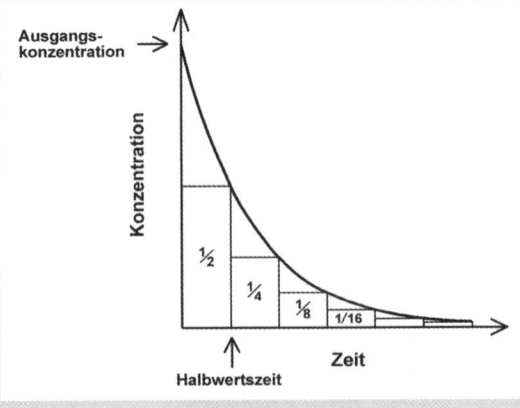

4.4 Molekularität von Reaktionen

Die Molekularität einer Reaktion sagt uns, wie viele Teilchen am entscheidenden Schritt einer Reaktion beteiligt sind. *Zwar heißt es Molekularität, die Teilchen können aber neben Molekülen natürlich auch Ionen u.a. sein.* Der radioaktive Zerfall ist ein Beispiel für eine monomolekulare Reaktion, unser erstes Beispiel

> Reaktionen erster Ordnung sind meist monomolekular, Reaktionen zweiter Ordnung meist bimolekular. Aber es gibt Ausnahmen.

$$A + B \rightarrow C$$

ist eine bimolekulare Reaktion.

Nein, die Molekularität ist nicht dasselbe wie die vorher besprochene Reaktionsordnung. Es ist oft so, dass eine Reaktion erster Ordnung auch monomolekular ist und eine Reaktion zweiter Ordnung häufig bimolekular. Aber es gibt Ausnahmen!

Die einfachste Ausnahme ist die Reaktion nullter Ordnung. Das wird trotzdem eine mono- oder bimolekulare Reaktion sein, nur im Geschwindigkeitsgesetz bemerkt man die Konzentration der Partner nicht. *Eine null-molekulare Reaktion gibt es nicht.*

Eine andere (häufige) Ausnahme tritt auf, wenn bei einer bimolekularen Reaktion einer der beiden Partner in so großem Überschuss vorhanden ist, dass sich seine Konzentration im Verlauf der Reaktion nicht wesentlich ändert. Untersucht man die Reaktionsgeschwindigkeit, so erhält man eine Reaktion erster Ordnung. *Häufig kommt das vor, wenn einer der beiden Partner gleichzeitig das Lösungsmittel ist. Nehmen wir als Beispiel Sodawasser. Wird Kohlendioxid in Wasser gelöst, können die beiden Stoffe miteinander zu Kohlensäure reagieren.*

$$CO_2 + H_2O \rightleftharpoons H_2CO_3$$

Die Geschwindigkeit der Kohlensäurebildung verändert sich nur, wenn die Kohlendioxidkonzentration variiert, da das Wasser in einem großen (nahezu konstanten) Überschuss vorliegt. Unter vielen ähnlichen Beispielen ist die Hydrolyse (Spaltung von Bindungen durch Wasser) besonders wichtig, z.B. die Hydrolyse von Estern (siehe organische Chemie).

4.5   Reaktionskinetik und Energie

A → B

Was veranlasst einen Stoff – wie hier A – zu reagieren und zu B zu werden? Das tut der Stoff dann, wenn seine **Energie** im Zustand B niedrigerer ist als im Zustand A *(eigentlich ist es nicht die Energie, sondern so etwas Ähnliches, die „freie Enthalpie". Aber diese Feinheiten heben wir uns für das nächste Kapitel auf)*. Wenn wir also den Reaktionsverlauf in ein Diagramm eintragen, bei dem die Energie auf der Ordinate aufgetragen wird, so wird bei einer freiwillig verlaufenden Reaktion das Produkt (B) energetisch tiefer liegen (= energieärmer sein) als der Ausgangsstoff (A).

> Eine Reaktion läuft nur dann gut ab, wenn die Produkte energetisch tiefer liegen als die Ausgangsstoffe.

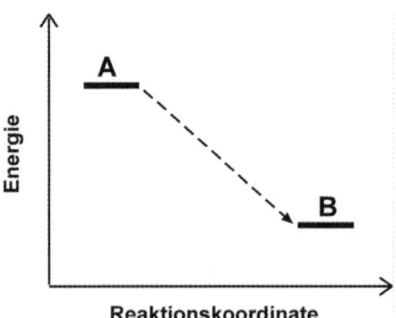

Man kann diesen Vorgang vergleichen mit einem Ball, der einen Berg hinabrollt – freiwillig wird dieser nicht wieder hinaufrollen, genauso wenig wie eine Blumenvase, die zu Boden gefallen ist, freiwillig zurück auf den Tisch hüpfen wird. Allerdings kann selten, aber doch die Rückreaktion von B nach A vorkommen. Dann muss B eben von außen so viel Energie bekommen, dass es zur höheren Energie von A wieder hinaufkommt – vergleichbar mit einem Ball, den man mit einen gezielten Stoß den Berg hinauftreiben kann.

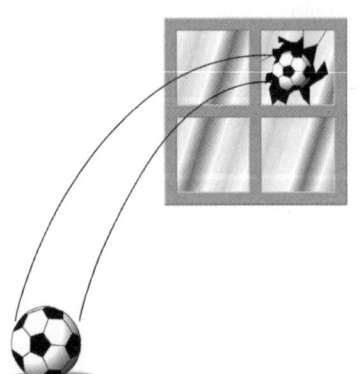

Moleküle stoßen ständig zusammen und tauschen dabei gegenseitig ihre Energie aus. Nicht alle haben die gleiche Energie. Es kann durchaus vorkommen, dass ein Molekül für einen kurzen Augenblick besonders viel Energie erhalten hat (weil es gerade von mehreren anderen Molekülen entsprechend gestoßen wurde). Das ist

wie wenn eine Gruppe Kinder Fußball spielt. Der Ball wird manchmal mehr, manchmal weniger Schwung haben, meist wird er sich in Bodennähe befinden, dazwischen aber auch in die Luft springen – und selten, aber doch trifft er auch das Fenster im zweiten Stock des Nachbarhauses.

Nun darf man sich den Übergang von A nach B nicht wie einen einfachen, gleichmäßigen Abstieg vorstellen. Damit sich A in B umwandeln kann, müssen Bindungen gespalten, Atome verschoben werden usw. Es geht dazwischen zunächst einmal bergauf zu einem energetisch noch ungünstigeren Übergangszustand. Jedes Molekül von A muss also, wenn es zu B werden soll, zunächst noch Energie aufnehmen, um diesen Übergangszustand zu erreichen. Die dafür notwendige Energie wird **Aktivierungsenergie** genannt. Das ist die Energie, die das Molekül mindestens haben muss, damit die Reaktion stattfinden kann.

Beim Übergang von A zu B (oder umgekehrt) muss ein Zustand mit höherer Energie überwunden werden.

Die zusätzlich notwendige Energie heißt Aktivierungsenergie.

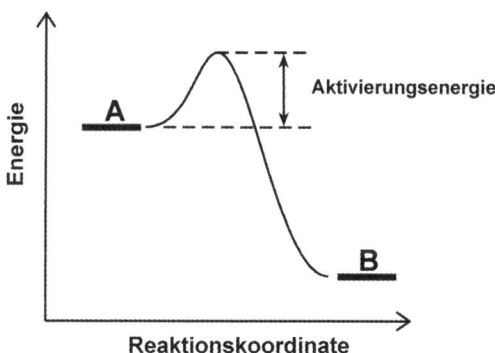

Man kann sich diese Vorgänge wie das Umklappen eines Regenschirmes vorstellen. A ist der aufgespannte Regenschirm. Dieser ist unter normalen Umständen stabil und schützt Sie vor Regen. Wenn aber ein kräftiger Windstoß (= Energie!) von unten in den Regenschirm fährt, so bewirkt die zusätzliche Energie, dass der Regenschirm umgestülpt und in die weniger gespannte (energieärmere) Form B umgewandelt wird. Dabei muss allerdings ein energetisch extrem ungünstiger Übergangszustand überwunden werden, nämlich der Moment, in dem der Schirm halb umgeklappt ist. (Es würde Ihnen nicht gelingen, einen Schirm in diesem Zustand zu halten, er klappt immer entweder nach A zurück oder weiter nach B.) Um den Schirm von der umgestülpten Version B wieder in die Normalform A zu bringen (also für die Rückreaktion), bedarf es dann eines erheblichen Aufwandes Ihrerseits.

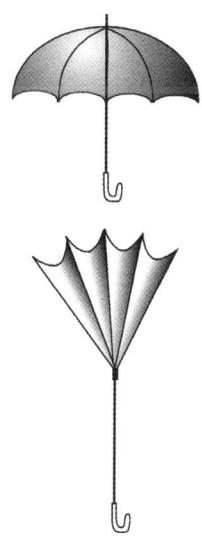

Chemische Reaktionen laufen bei höherer Temperatur meist schneller ab.

Als Faustregel sollte man sich merken, dass eine Temperaturerhöhung um 10°C die meisten chemischen Reaktionen um das Zwei- bis Dreifache beschleunigt.

Diese notwendige Energie wird meist aus der thermischen Bewegung der Moleküle erhalten (also aus der Brownschen Molekularbewegung). Rein zufällig hat einmal das eine oder einmal das andere Molekül genug Energie, um die Barriere der Aktivierungsenergie zu überwinden. Das wird natürlich umso leichter passieren, je höher die thermische Energie der Moleküle insgesamt ist, also je wärmer die Reaktionsmischung ist. Deshalb laufen die meisten chemischen Vorgänge bei erhöhter Temperatur besser ab – oder finden überhaupt erst bei erhöhter Temperatur statt, weil nur dann genügend Energie vorhanden ist, um die Aktivierungsenergie zu erreichen.

Brennbare Stoffe sind schöne Beispiele für Reaktionen, deren Aktivierungsenergie bei normaler Temperatur zu hoch ist. Wenn wir z.B. Holzscheite in den Kamin legen oder einen Ofen mit Koks füllen, so hat das Holz (oder der Koks) gemeinsam mit dem Luftsauerstoff eine deutlich höhere Energie als die Produkte (CO_2, H_2O, Asche), die bei der Verbrennung entstehen. Dass Holz an der Luft trotzdem nicht spontan in Flammen aufgeht, liegt eben daran, dass die Aktivierungsenergie so hoch ist, dass sie bei Normaltemperatur nicht erreicht werden kann. Man muss die Temperatur erhöhen (= den Holzstoß an einer Ecke anzünden), um die Reaktion in Gang zu bringen. Die dann frei werdende Energie bewirkt eine weitere Temperaturerhöhung, sodass nach und nach weitere Teile des Holzstoßes genug Energie erhalten, um ihrerseits die Aktivierungsenergie zu überwinden und brennen zu können. Ein anderes Beispiel wäre eine Schachtel Streichhölzer. Wenn Sie eines anzünden, führen Sie durch Reibung so viel Energie zu, dass die Aktivierungsenergie erreicht wird, erst dann kann das Streichholz brennen.

Sprengstoffe

Bei einer üblichen Verbrennung sind wir immer auf den Sauerstoff der Luft als Reaktionspartner angewiesen. Sie können daher die Verbrennung in Ihrem Ofen regulieren, indem Sie die Luftzufuhr drosseln. Kommt nur wenig Sauerstoff nach, so ist die Verbrennung entsprechend langsamer.

Man kann natürlich ein brennbares Gemisch herstellen, bei dem auch der notwendige Sauerstoff in der Mischung enthalten ist. Das tut man, indem man z.B. Schwefel und Kohle mit Salpeter mischt (ergibt Schießpulver), wobei der Salpeter bei Temperaturerhöhung Sauerstoff freisetzt. Dann sind der Geschwindigkeit der Verbrennung kaum Grenzen gesetzt, und die Mischung reagiert sehr rasch – explosionsartig. Etwas Ähnliches erreicht man, indem man Benzin nicht einfach anzündet (dann muss Sauerstoff aus der Umgebung nachströmen), sondern das Benzin verdampft oder in Luft fein versprüht. Die Mischung aus Luft und Benzin verbrennt dann ebenfalls explosionsartig – und das Auto fährt.

Bei vielen anderen Sprengstoffen handelt es sich gar nicht um eine Verbrennung, sondern um irgendeine andere Reaktion, bei der nur alle notwendigen Reaktionspartner im Sprengstoff vorhanden sein müssen und bei der viel Energie frei wird. Außerdem müssen als Reaktionsprodukte noch Gase entstehen. Die Druckwelle der durch die Explosion freigesetzten Gase ergibt die Sprengwirkung und den – von vielen Leuten in der Silvesternacht so geschätzten – Knall.

Aber alle Sprengstoffe müssen eine Aktivierungsenergie haben, die bei Raumtemperatur nicht erreicht wird – sonst ginge das Zeug von selbst in die Luft. (Es gibt chemische Stoffe, die das tun. Die kann man nur tiefgekühlt herstellen und lagern. Wenn sie auftauen, explodieren sie ohne weiteren Anlass von selbst. Das sind aber chemische Kuriositäten, sehr praktisch ist so etwas nicht.) Die Höhe der Aktivierungsenergie ist verschieden, bei manchen Stoffen genügt ein Schlag oder Stoß, und es knallt.

4.6 Katalyse

Statt die Temperatur so weit zu erhöhen, dass die notwendige Aktivierungsenergie erreicht wird, kann man in vielen Fällen die Aktivierungsenergie herabsetzen. Einen Stoff, der das kann, nennt man **Katalysator**. Man kann die Funktion eines Katalysators vereinfacht im Energiediagramm darstellen:

Katalysator:
erhöht die Geschwindigkeit einer chemischen Reaktion.

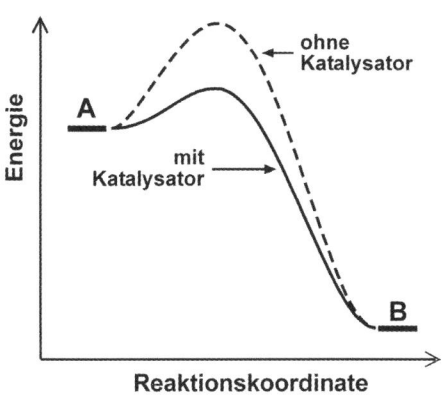

Beachten Sie, dass sich mit Katalysator nur die energetische Lage des Übergangszustandes verändert – und damit die Aktivierungsenergie, aber nicht die Situation der Stoffe vor und nach der Reaktion. Ein Katalysator kann daher auch nicht die bei einer Reaktion freiwerdende Energie (Energiedifferenz zwischen A und B) ändern. *(Leider, denn sonst könnte man ein chemisches Perpetuum mobile konstruieren, indem man eine Reaktion ohne Katalysator hin- und mit Katalysator herlaufen lässt – und dabei Energie erschafft.)* Für die Lage des chemischen Gleichgewichtes ist aber nur die Energie der Ausgangs- und Endstoffe bestimmend (siehe nächstes Kapitel), sodass auch die Lage des Gleichgewichtes durch den Katalysator nicht verändert werden kann.

> Ein Katalysator verändert nicht die Energie der Ausgangsstoffe oder der Endprodukte, ändert daher auch nicht das chemische Gleichgewicht einer Reaktion.

Wie funktioniert ein Katalysator? Da gibt es verschiedene Möglichkeiten. Man kann es z.B. so erklären, dass der Katalysator zwar teilnimmt, aber am Ende der Reaktion wieder unversehrt freigesetzt wird, sodass er nochmals und nochmals reagieren kann. Da die Reaktion mit Katalysator aber dann über andere Zwischenprodukte verläuft, so gibt es dann niedrigere Übergangszustände, deren Aktivierungsenergie leichter erreicht wird.

$$A + Kat \;\rightleftharpoons\; A\text{–}Kat \;\rightleftharpoons\; B\text{–}Kat \;\rightleftharpoons\; B + Kat$$

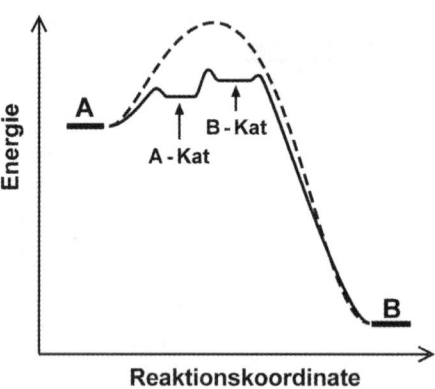

> **Enzyme:**
>
> Katalysatoren biochemischer Reaktionen

Im oben angegebenen Fall bindet sich der Katalysator an den Stoff A. Die Umwandlung von A–Kat in B–Kat ist erheblich leichter als bei denselben Stoffen in freiem Zustand. Danach wird B freigesetzt und der Katalysator ist bereit für eine weitere Reaktion. Enzyme in biochemischen Reaktionen arbeiten nach so einem Schema.

Katalysatoren in der Technik haben oft einfach eine große Oberfläche, an der die Reaktionspartner adsorbiert werden (siehe Kap. 6.5), sodass sie nahe zusammengeführt werden und die Reaktion so erleichtert wird.

Übungen zu Kapitel 4

40. Schreiben Sie für die Hin- und für die Rückreaktion unten jeweils das Geschwindigkeitsgesetz auf. Welche Reaktionsordnung werden Hin- bzw. Rückreaktion haben? (Wir nehmen einfach an, dass das gebildete Hg als Dampf vorliegt, um Probleme mit der Konzentration eines Feststoffes zu vermeiden.)

$$Hg_2^{2+} \quad \rightleftharpoons \quad Hg \ + \ Hg^{2+}$$

41. Welche Molekularität hat die Hin- bzw. Rückreaktion von Übung 40?

42. Sie haben einen radioaktiven Stoff mit der Halbwertszeit $t_{1/2}$ = 8 Jahre. Wie viele Prozent der ursprünglichen Menge (= 100%) wird nach 24 Jahren noch vorhanden sein?

43. Wie viele Halbwertszeiten müssen Sie warten, damit ein radioaktiver Stoff auf ein Tausendstel (0.1%) seiner ursprünglichen Aktivität abgeklungen ist?

5 THERMODYNAMIK

Im letzten Kapitel haben wir schon etwas oberflächlich erwähnt, dass bei chemischen Vorgängen die Energie der beteiligten Stoffe eine wesentliche Rolle spielt. In diesem Kapitel wollen wir uns mit dieser Energie und ihren Umwandlungen näher befassen.

Wo die Natur nicht will, ist die Arbeit vergebens.

Lucius Annaeus Seneca, der Jüngere (um 4 v.Chr. – 65 n.Chr.)

5.1 Grundlagen

Wenn wir Vorgänge in der Natur untersuchen, so nehmen wir stillschweigend an, dass die Regeln, die wir dabei finden, allgemein (also universell = im ganzen Universum) gültig sind. Wir täten uns aber ziemlich schwer, würden wir immer das gesamte Universum in unsere Überlegungen einbeziehen. Stattdessen betrachtet man einen kleinen Teil des Ganzen, den man dann **System** nennt. Alles übrige (außerhalb des Systems) wird als **Umgebung** bezeichnet. Übersichtlicher wird es, wenn unser System eine deutlich erkennbare Grenze hat, die es von dieser Umgebung unterscheidet. *Also z.B. das Glasgefäß, in dem eine chemische Reaktion abläuft, oder der Zaun, der unseren Schrebergarten von den Nachbargrundstücken trennt. Das ist aber keine unbedingte Voraussetzung. Man könnte auch Vorgänge in einem beliebig definierten Kubikmeter Luft vor unserer Nase untersuchen – ohne feste Abgrenzung. Allerdings bringt dann jeder zufällige Windhauch alles durcheinander.*

Ein System ist ein von uns ausgewählter Teil des Universums. Vorteilhaft ist es, wenn eine Grenze dieses System von der Umgebung trennt.

Man kann die möglichen Systeme nach den Eigenschaften dieser Grenzen in drei Untergruppen teilen:

1. In offenen Systemen ist die Abgrenzung für Energie und Materie durchlässig. *So wie unser vorhin erwähnter Schrebergarten oder wie ein Waggon der Eisenbahn. Auch jedes Lebewesen ist ein offenes System.*

2. Ein geschlossenes System kann nur Energie, nicht aber Materie mit seiner Umgebung austauschen. *Das wäre z.B. eine fest verschlossene Flasche – man kann den Inhalt erwärmen, bekommt aber nichts hinein oder heraus. Oder ein getauchtes Unterseeboot ... oder der Flüssigkeitskreis in einer Zentralheizung oder in einem Autokühler ..., eigentlich jeder beliebige feste, geschlossene Gegenstand.*

System:	Austausch von:
offen	Materie + Energie
geschlossen	Energie
abge schlossen	——

3. Abgeschlossene Systeme können weder Energie noch Materie mit der Umgebung austauschen. *Unser Universum ist (so vermuten die Kosmologen) im Ganzen ein abgeschlossenes System. Sonst gibt es so gut wie keine perfekten Beispiele: Eine Annäherung wäre am ehesten ein Raumschiff, das sich zwischen zwei Galaxien bewegt, oder – etwas irdischer – auch eine Thermosflasche, gefüllt mit heißem Kaffee.*

Wenn man alles ganz genau nimmt, müssten wir eigentlich berücksichtigen, dass nach der Formel $E = m \times c^2$ Masse in Energie und Energie in Masse umwandelbar ist. Das ändert prinzipiell nichts an unseren Überlegungen – nur sieht dann alles komplizierter aus. Wir ersparen uns das und vernachlässigen hier diese mögliche Umwandlung. Bei chemischen Reaktionen – und nur diese interessieren uns hier – spielt das ohnehin keine Rolle.

Wenn man nun ein beliebiges System betrachtet, so hat dieses bestimmte Eigenschaften. Nehmen wir als Beispiel eine Flasche Wein: Wir wissen, wie viel Wein darin ist, nämlich 0.75 Liter; wir kennen die Masse dieses Weins; wir können seine Temperatur bestimmen usw. Eigenschaften, wie Temperatur, Druck, Masse, Volumen, die den Zustand eines Systems beschreiben, nennt man **Zustandsfunktionen** oder **Zustandsgrößen**. Dabei gibt es zwei Möglichkeiten: Zustandsfunktionen, die sich mit der Größe des Systems ändern, wie Volumen oder Masse, bezeichnet man als **extensive Eigenschaften** *(das in einem Weinfass enthaltene Volumen ist größer als das in einer Flasche).* Zustandsfunktionen, die von der Systemgröße unabhängig sind, wie Temperatur oder Druck, werden als **intensive Eigenschaften** bezeichnet. *Liegen Fass und Flasche lange genug nebeneinander im gleichen Keller, werden beide die gleiche Temperatur besitzen, unabhängig von der Masse oder dem Volumen. Ja, jeder einzelne Schluck Wein wird die gleiche Temperatur besitzen.* Extensive Eigenschaften kann man addieren, intensive Eigenschaften sind nicht additiv. *Mischt man einen Liter Wasser von 15°C mit einem Liter Wein von 15°C, so ergibt das zwar 2 Liter Mischung, aber sicher nicht 30°C!*

Zustandsfunktionen:

Eigenschaften, die ein System beschreiben.

Druck, Volumen, Masse, Stoffmenge, Temperatur sind Zustandsfunktionen.

Wieso sind in einem abgeschlossenen System aber überhaupt chemische Reaktionen möglich, wenn doch Masse und Energie ohnehin konstant bleiben? Und warum kommen sowohl Reaktionen als auch die entsprechenden Gegenreaktionen vor? Warum rostet Eisen und doch kann man aus Rost wieder Eisen machen? Warum verrottet Holz am Waldboden und gleich daneben wächst wieder ein Baum? Um zu verstehen, welche Reaktionen unter welchen Umständen ablaufen, müssen wir nach weiteren Zustandsfunktionen suchen, mit denen man chemisches Verhalten erklären kann.

Gesucht:

eine Zustandsfunktion, die chemische Reaktionen beschreibt.

5.2   Energie und Enthalpie

Wir wollen nun unser System (die Flasche Wein von vorhin) ein wenig verändern und den Wein erhitzen, weil uns der Sinn nach Glühwein steht. Also erwärmen wir die Flasche – wir können sie in ein heißes Wasserbad stellen –, bis der Wein darin eine Temperatur von 100°C erreicht hat. Dann haben wir dem System Wärme zugeführt. Wenn man die umgesetzte Wärme als **q** bezeichnet, so hat unser System +q erhalten. *Beachten Sie das Vorzeichen: Wir selbst sind die Umgebung, wir haben Wärme eingebüßt, das System hat Wärme dazugewonnen. Man ist objektiv und geht immer vom Standpunkt des Systems aus, also wird die umgesetzte Wärme mit* **+** *gerechnet!*

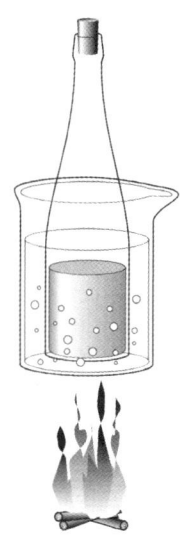

Natürlich hätte man dem System die Wärme auch anders zuführen können: Wir hätten die Flasche lange reiben können, dann wäre sie auch wärmer geworden. Wir hätten mechanische Arbeit von uns (= der Umgebung) in Wärme für das System umgewandelt. Oder wir hätten die Flasche mit einem Heizdraht umwickeln können. Dann wäre die zusätzliche Wärme der Flasche aus elektrischer Energie entstanden. Wärme ist eine Art von Energie und kann nur aus solcher entstehen.

Wärme ist eine Form von Energie.

Natürlich kann man der Flasche auch auf andere Art Energie zuführen. Wenn wir sie in die Luft werfen *(weil wir uns an dem heißen Ding die Finger verbrannt haben)*, so bekommt das System Flasche auch mechanische Energie (= Bewegungsenergie, Arbeit). Die Summe aller Energien, die ein System enthält, nennt man die **innere Energie** und bezeichnet sie mit **U**. *Die innere Energie kann natürlich auch noch aus vielen anderen Energieformen bestehen. Wäre die Flasche mit Benzin gefüllt, so enthielte sie auch eine erhebliche Menge chemischer Energie; hätten wir stattdessen eine Batterie oder einen geladenen Kondensator, so gäbe es auch elektrische Energie usw.*

U: die innere Energie:

entspricht der Summe aller in einem System enthaltenen Energiebeträge.

Diese innere Energie ist natürlich auch eine Zustandsfunktion des Systems (genau so sind auch die in der Folge noch behandelten Größen H, G und S Zustandsfunktionen). Wenn wir die innere Energie des Systems verändern, ist es gleichgültig, wie und auf welchem Weg wir das tun, die Änderung der inneren Energie hängt nur vom Ausgangs- und vom Endzustand ab. Deshalb der Ausdruck Zustandsfunktion – also abhängig nur vom augenblicklichen Zustand, unabhängig von der Vorgeschichte. *Es ist also völlig gleichgültig, ob wir die Weinflasche zuerst erhitzen und dann werfen oder ob wir die geworfene Weinflasche während des Fluges erhitzen. Genauso ist es gleichgültig, ob wir dieselbe Wärmemenge langsam oder schnell zuführen.* Wenn man – wie in unserem Fall – etwas verändert (also eine Reaktion durchführt), so ist die Reaktionsenergie ΔU der Unterschied zwischen der Energie nachher (heiße Flasche) und der Energie vorher (kalte Flasche):

> Eine Änderung der inneren Energie ist unabhängig vom Weg, auf dem diese Änderung erreicht wurde.

$$\Delta U = U_b - U_a$$

> $\Delta U = U_b - U_a$

Man kann das alles mit einem Berg vergleichen, der auch immer die gleiche Höhe haben wird, gleichgültig, ob wir ihn von Norden oder von Süden besteigen, ob man die Diretissima wählt oder in Serpentinen gemächlich hinaufwandert. *Wäre dem nicht so und würden verschiedene Wege verschieden viel Energie verbrauchen, so könnte man auf einem Weg Energie hineinstecken und auf einem anderen (indem man ihn zurück geht) MEHR Energie zurückbekommen. Wir könnten dann eine Maschine konstruieren, die diese beiden Wege im Kreis immer wieder geht und uns ständig gratis Energie liefert. Das wäre das berühmte „Perpetuum mobile" der ersten Art. Nicht nur die Tankstellen, auch die Ölgesellschaften würden sofort Pleite gehen. Leider funktioniert das nicht.*

Alle diese bisherigen Überlegungen stecken zusammen im sogenannten ersten Hauptsatz der Thermodynamik. Da sich diese Überlegungen wechselseitig voneinander ableiten lassen, kann man diesen Hauptsatz verschieden formulieren, je nachdem, was einem gerade wichtig erscheint.

Eine mögliche Formulierung des ersten Hauptsatzes wäre: Die Zunahme der inneren Energie (ΔU) ist gleich der Summe von aufgenommener Wärme (q) und aufgenommener Arbeit (w).

$$\Delta U = q + w$$

$$\Delta U = q + w$$

Nun würde uns jede vernünftige Hausfrau sagen, dass unsere Methode, Glühwein herzustellen, ziemlich riskant ist. Da sich der Wein beim Erwärmen ausdehnen will, steigt der Druck in der verschlossenen Flasche und könnte bewirken, dass die Flasche zerbricht *(und uns die Scherben um die Ohren fliegen)*. Vernünftig, wie wir sind, würden wir also den Wein zuerst entkorken, in einen Topf gießen und im offenen Topf erhitzen. *Vorhin haben wir das Volumen des Systems konstant gehalten, beim Erhitzen ist dann der Druck gestiegen. Beim neuen Verfahren bleibt der Druck gleich – er entspricht dem gerade herrschenden Luftdruck –, aber das Volumen ändert sich, weil sich der erwärmte Wein ausdehnt.* Aber halt! Wenn sich der Wein im offenen Topf ausdehnt, dann leistet er gegen den Luftdruck mechanische Arbeit, weil er ja die Luft zur Seite (oder nach oben) schiebt. Viel macht das bei Wein nicht aus, bei Gasen dagegen, die sich viel stärker ausdehnen, spielt das eine große Rolle! Diese Verschiebung betrifft die Umgebung, ist also nicht Teil der inneren Energie des Systems, sondern eine extra zu bewertende Größe. Das muss berücksichtigt werden, indem man die Volumsänderung (ΔV) mit dem Druck (p) multipliziert und zu der Änderung der inneren Energie addiert:

$$\Delta H = \Delta U + p \times \Delta V$$

Erster Hauptsatz der Thermodynamik:

Wärme ist eine Art von Energie. Energie kann nicht geschaffen oder zerstört werden.

oder:

In einem abgeschlossenen System bleibt die vorhandene Menge an Energie konstant.

oder:

Die Summe der einem System von außen zugeführten Energie und der von außen zugeführten Wärme ist gleich der Zunahme der inneren Energie.

Diese neue Zustandsfunktion **H** wird als **Enthalpie** bezeichnet. Definiert ist sie daher als:

$$H = U + p \times V$$

Da bei chemischen Reaktionen mechanische oder sonstige Energieformen kaum eine Rolle spielen (Ausnahme wären elektrochemische Prozesse), gibt ΔH normalerweise die bei der Reaktion aufgenommene oder abgegebene Wärme an. Eine Reaktion, bei der Wärme frei wird – eine exotherme Reaktion – hat daher ein negatives ΔH. Eine Reaktion, bei der Wärme aufgenommen wird – eine endotherme Reaktion –, hat ein positives ΔH. *Und wieder gilt: wir betrachten alles vom Standpunkt des Systems: Bei einer Reaktion, bei der Wärme frei wird, verliert das System die Wärme, also ist das Vorzeichen negativ. Wir selbst = die Umgebung bekommen diese Wärme.*

$$\Delta H = \Delta U + p \times \Delta V$$

H, die Enthalpie:
entspricht der inneren Energie plus verrichteter Arbeit.

Chemische Reaktionen:

ΔU entspricht dem Wärmeaustausch bei konstantem Volumen (Reaktionsenergie).

ΔH entspricht dem Wärmeaustausch bei konstantem Druck (Reaktionsenthalpie).

Da mechanische Systeme immer nach einem Zustand mit möglichst geringer Energie streben *(eine Kugel rollt immer hinunter, nie hinauf)*, würde man für chemische Reaktionen das gleiche Verhalten erwarten. In einem isolierten System sollte daher nur eine exotherme Reaktion möglich sein. Tatsächlich sind sehr viele chemische Reaktionen, die spontan (= ohne äußere Hilfe) verlaufen, stark exotherm. *Jedes Feuer ist eine solche Reaktion.* Da uns aber die Erfahrung lehrt, dass auch spontane endotherme Reaktionen vorkommen, muss es neben der Enthalpie noch eine andere Eigenschaft geben, welche chemische Reaktionen beeinflusst.

$\Delta H < 0$ exotherm

$\Delta H > 0$ endotherm

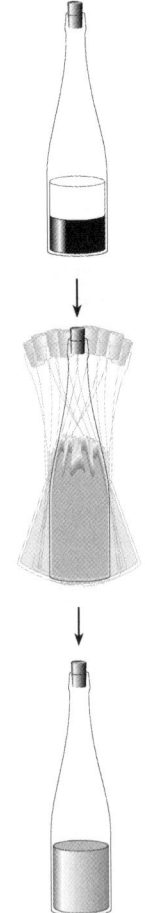

5.3   Entropie

Wir greifen wieder zu unserer Weinflasche *(inzwischen haben wir sie ja geleert und der Wein brodelt noch im Topf)* und füllen sie mit feinem schwarzen Sand. Danach geben wir eine gleich dicke Schicht weißen Sand darüber. Wir verkorken die Flasche (damit enthält sie wieder ein geschlossenes System) und lassen das System reagieren. Um den Einfluss der Wärmebewegung auf Moleküle zu simulieren – die Sandkörner sind ein bisschen groß –, schütteln wir die Flasche heftig. Was passiert: der Sand durchmischt sich und wir erhalten nach geduldigem Schütteln eine recht einheitliche Mischung aus grauem Sand. Nun wollen wir die Reaktion umkehren und schütteln in die Gegenrichtung – der Sand entmischt sich aber nicht, er bleibt grau. Aber es muss doch möglich sein, von den vielen Möglichkeiten der Verteilung, die unsere Sandkörner besitzen, auch einmal wieder in den Zustand am Anfang unseres Versuches zu kommen. Also schütteln wir und schütteln und schütteln ... Irgendwann *(und sei es nach Jahren)* werden wir aufgeben und einsehen, dass es beim grauen Sand bleibt. Was ist passiert??

Wir haben ein System mit beinahe unbegrenzt vielen Möglichkeiten, die Sandkörner anzuordnen. Von diesen vielen Möglichkeiten war eine unser geordneter Ausgangszustand (schwarz unten, weiß oben). Wir könnten noch einige andere Zustände als geordnet betrachten (weiß unten, schwarz oben; oder Streifen; oder Karos usw.), aber diesen wenigen möglichen, „geordneten Zuständen" steht eine unübersehbare Anzahl von Möglichkeiten gegenüber, in denen die Sandkörner regellos verteilt sind und die wir voneinander nicht unterscheiden können – sie erscheinen uns als graue (= ungeordnete) Zustände. Bei allen Prozessen, in denen Zufälligkeiten eine Rolle spielen, wird immer nur ein ungeordneter Zustand herauskommen *(nicht ein bestimmter, sondern irgendeiner)*, weil eben die ungeordneten Zustände so gut wie unendlich viel häufiger sind als die geordneten. Das Schütteln unserer Flasche mit Sand ist genauso ein zufallsabhängiger Prozess wie eine chemische Reaktion, in der die Moleküle durch Wärmebewegung ständig neu verteilt werden. *Das gilt natürlich nur, wenn die Anzahl der Sandkörner oder der Moleküle entsprechend groß ist. Hätten wir nur drei schwarze und drei weiße Körner in unserer Flasche gehabt, so ließe sich sehr wohl der Anfangszustand wiederherstellen. Dann gäbe es aber auch viel weniger Kombinationsmöglichkeiten als bei Millionen von weißen und schwarzen Körnern.*

Die unterschätzte Wahrscheinlichkeit

Wenn wir geordnete mit ungeordneten Zuständen vergleichen – also unwahrscheinliche mit wahrscheinlichen –, so unterliegen wir immer der Fehleinschätzung, dass wir uns über die unendliche Dominanz der Unordnung über die Ordnung nicht ganz im Klaren sind. Und so nehmen wir an, dass doch irgendwann einmal – neben den ungeordneten Zuständen – auch durch Zufall ein geordneter entsteht. So dass sich eben doch irgendwann einmal alle 10^{24} Moleküle eines Ziegelsteins zufällig in die gleiche Richtung bewegen und der Stein sich freiwillig in die Luft erhebt. Oder dass ein Affe, der wahllos auf den Tasten einer Schreibmaschine herumtippt, neben vielem Unsinn auch rein zufällig – wenn schon nicht Goethes Faust – so doch ein hübsches Gedicht oder einen spannenden Kriminalroman zustande bringt. Völlig unmöglich ist so etwas nicht, aber HÖCHST unwahrscheinlich.

Wenn dem Affen nicht die Geduld ausgeht, wird er tatsächlich einzelne Worte zu Papier bringen. Er wird z.B. in jeder Minute etwa einmal den Buchstaben G erwischen. Für das Wort „GUT" braucht er allerdings schon länger als einen Tag ununterbrochenes Tippen. *Nehmen wir an, die Schreibmaschine hat 44 Tasten, so braucht er 1 Minute mal 44 mal 44, um das G zum „GUT" zu erweitern – rechnen Sie nach.*

Für ein längeres Wort wie „GUTEN" tippt unser Affe schon 7 Jahre, und um „GUTEN MORGEN" zu schreiben, würde er 2000 Milliarden Jahre am Werk sein. Wir werden auf den fertigen Kriminalroman also noch etwas warten müssen.

Natürlich könnten wir uns vor unseren Sand setzen und den
weißen vom schwarzen wieder trennen, indem wir (mit Pinzette
und Lupe) die Sandkörner einzeln ausklauben. *Einfacher wäre
es, wenn wir statt weißem Sand Kochsalz verwendet hätten.
Dann könnten wir die Mischung in Wasser lösen, den schwarzen Sand abfiltrieren, die wässrige Salzlösung eindampfen und
erhielten das ursprüngliche Kochsalz wieder.* Wir müssen allerdings eine erhebliche Menge Energie einsetzen, um zu dem
geordneten Zustand zurückzukehren. Und diese Energie muss
von AUSSEN kommen – also von der Umgebung. Ein abgeschlossenes System – das ja keine Energie aufnimmt – kann die
Unordnung daher also von selbst niemals mehr zurücknehmen.

> **In einem abgeschlossenen System nimmt die Unordnung zu.**

Da also die Unordnung irgendwie auch mit der Energie zusammenhängt, kann man sie als weitere Zustandsfunktion einführen. *Aber man wollte das Wort „Unordnung" vermeiden,
das klingt so unordentlich.* Diese Zustandsfunktion nennt man
„Entropie" und bezeichnet sie mit dem Buchstaben **S**. Wie wir
gesagt haben, will bei spontanen Prozessen die Enthalpie abnehmen. Die Entropie dagegen will bei spontanen Prozessen
immer zunehmen.

> **S, die Entropie:**
>
> kann man als Maß für die innere Unordnung eines Systems auffassen ...
>
> ... oder als Maß für die Wahrscheinlichkeit eines Zustandes ...
>
> ... oder als Maß für den Informationsgehalt.

Im täglichen Leben fällt uns nicht auf, wie viele Prozesse von
der Entropie beeinflusst werden, weil man nicht gewohnt ist,
diese Vorgänge als Ergebnis der zufälligen Bewegung vieler
Teilchen zu sehen. Dass sich ein Gas immer in den gesamten
ihm zur Verfügung stehenden Raum ausbreitet, liegt daran,
dass die Entropie kleiner wäre, wenn das Gas in einer Ecke
bliebe. Salz (oder Zucker) löst sich in Flüssigkeiten deshalb,
weil die Teilchen den geordneten Kristall-Zustand verlassen
wollen und in den möglichst ungeordneten, gelösten Zustand
übergehen, in dem sie wahllos in der Flüssigkeit verteilt sind.
(Entropieerhöhung ist grundsätzlich auch mit Ausbreitung verbunden.) Schichten wir zwei Flüssigkeiten, wie Alkohol und
Wasser, vorsichtig übereinander, so werden sich diese (langsam) von selbst vermischen – sie diffundieren. Ja sogar ein
Hühnerei wird nur deshalb beim Kochen hart, weil die Ei-
weißmoleküle im ungekochten (= lebenden) Ei geordnet sind
und unsere Kocherei diese Ordnung zerstört.

> **Durch Entropie ausgelöste Prozesse sind irreversibel.**

Alle diese Prozesse haben eines gemeinsam: sie lassen sich
nicht ohne weiteres umkehren, sie sind irreversibel. An dieser
Irreversibilität kann man relativ leicht erkennen, dass ein Vorgang durch Entropie angetrieben wird. *Es kann natürlich ein*

Vorgang auch deshalb schwer umkehrbar sein, weil er in hohem Maße exotherm ist, dann fällt die frei werdende Wärme aber sofort auf. Ist dagegen keine Temperaturerhöhung zu bemerken, dann MUSS die Entropie verantwortlich sein.

Betrachten wir nun ein System, in dem zwei verschiedene Temperaturen auftreten, zum Beispiel einen Eiswürfel, der in ein Glas mit warmem Wasser geworfen wird. Was passiert? Es kommt zum Temperaturausgleich, der Eiswürfel erwärmt sich (und schmilzt), das Wasser wird kälter, bis alles die gleiche gemeinsame Temperatur hat. Es wird sicher nicht passieren, dass der Eiswürfel freiwillig kälter wird und das Wasser wärmer – die Entropie wird größer, wenn alle Teile des Systems die gleiche Temperatur haben. Das hat viele Konsequenzen, nicht nur für die Kühlung von Getränken. Eine Wärmekraftmaschine (das kann eine Dampfmaschine sein oder der Motor eines Autos) kann nur Energie liefern, wenn zwei Bereiche mit verschiedener Temperatur zur Verfügung stehen (bei der Dampfmaschine sind das heißer Dampf und kalte Außenluft). Die Wärme fließt vom wärmeren zum kälteren Bereich und ein Teil dieses Wärmeflusses kann zur Erzeugung von mechanischer Energie genutzt werden. Umgekehrt geht es nicht. Ein kalter Teil eines Systems wird niemals freiwillig von selbst noch kälter werden und dabei seine Wärme an andere, wärmere Teile übertragen. Man kann also keine Maschine bauen, die aus ihrer Umgebung Wärme entnimmt und diese in mechanische Arbeit umwandelt – so etwas nennt man ein Perpetuum mobile der zweiten Art. *Das wäre ein Kühlschrank, der gleichzeitig auch elektrischen Strom abgibt – schön, aber leider nicht realisierbar.* So ein Gerät würde jedoch nicht im Widerspruch zum ersten Hauptsatz der Thermodynamik stehen, um seine Unmöglichkeit zu erklären, braucht man einen zweiten Hauptsatz.

Auch von diesem zweiten Hauptsatz gibt es eine Vielzahl von Formulierungen. Eine davon lautet: „Es gibt keine periodisch arbeitende Maschine, die nichts anderes bewirkt als die Erzeugung mechanischer Arbeit und die Abkühlung eines Wärmebehälters."

Streng genommen nützt also eine Dampfmaschine die Entropiezunahme aus, um Energie zu gewinnen. Zwei Behälter (der heiße Dampf im Kessel und die kalte Außenluft) werden sinnreich miteinander verbunden, sodass sich die Temperatur ausgleicht. Die Wärme fließt vom warmen zum kalten Behälter

> **Zweiter Hauptsatz der Thermodynamik:**
>
> Wärme kann nicht freiwillig von einem kälteren zu einem wärmeren Körper fließen.
>
> oder:
>
> Die Entropie in einem abgeschlossenen System nimmt zu.

(der heiße Dampf kondensiert also an der kalten Luft) und dieser Wärmefluss wird zur Energiegewinnung verwendet. Man kann dieses Prinzip auch umdrehen: einen Behälter abkühlen und einen zweiten erhitzen – ABER dann muss man Energie aufwenden, um die erforderliche Entropieabnahme auszugleichen. So etwas nennt man eine Wärmepumpe (die Wärme wird vom kalten zum heißen Behälter gepumpt). Jeder Kühlschrank im Haushalt ist so eine Wärmepumpe (innen kalt, an der Rückseite gibt es Kühlrippen, die sich im Betrieb erhitzen) und auch jede Klimaanlage.

Entropie und Information

Die Unmöglichkeit eines Perpetuum mobiles zweiter Art ist nicht so leicht einzusehen. So ist in einem Gas die Geschwindigkeit aller Moleküle nicht genau gleich, sondern sie schwankt statistisch um einen Mittelwert. Man könnte sich also einen Mechanismus denken, der die (gerade zufällig) langsameren Teilchen von den schnelleren trennt (so wie Aschenbrödels Tauben: die heißen ins Töpfchen, die kalten ins Kröpfchen), und hätte dann kälteres und wärmeres Gas getrennt vorliegen (also die Entropie vermindert) – und das könnte man zur Energiegewinnung verwenden. So ein Mechanismus (ein sogenannter Maxwellscher Dämon) muss aber irgendwie die Information bekommen, welches Teilchen schneller ist und welches langsamer. Und Information ist Entropieverminderung. *Denken Sie an das vorhin beschriebene Beispiel mit dem Affen und der Schreibmaschine: Ein sinnvoller Text enthält Information, er ist geordnet, daher ist seine Entropie sehr niedrig. Die Zufallsbuchstaben, die ein Affe tippt, enthalten keine Information, ihre Entropie ist groß.*

Wenn wir also dem Maxwellschen Dämon mitteilen, welches Teilchen langsam und welches schnell ist, vermindern wir damit (unter Energieaufwand) die Entropie des Dämons, und das mindestens um die Entropiemenge, um die der Dämon seinerseits die Entropie des Gases vermindern würde. Also (im besten Fall) ein Nullsummen-Spiel.

Für den unmittelbaren Zusammenhang zwischen Entropie und Information gibt es viele Beispiele, eines der wichtigsten davon in der Zellbiologie. Bevor sich eine Zelle teilt, muss sie ihre genetische Information verdoppeln – also verdoppelt sie ihre DNA. Für diese DNA-Synthese muss aber deutlich mehr freie Enthalpie aufgewendet werden, als nur für die Ausbildung der chemischen Bindungen und für die Entropieverminderung (von kleinen zu großen Molekülen) notwendig wäre. Der Differenzbetrag ist erforderlich, um die Entropieverminderung auszugleichen, die durch die Verdopplung der genetischen Information entsteht.

Wie verhalten sich das Entropie-Konzept und die damit verbundene Irreversibilität zu unserer – früher gemachten – Aussage, dass alle chemischen Reaktionen im Prinzip umkehrbar sind? Nun, das gilt für jedes einzelne Teilchen. *Ich kann auch durch Schütteln der Sandkörner in der Flasche jedes Sandkorn EINZELN an seinen Platz zurückschütteln, aber dann ist eben nur dieses eine Sandkorn dort, und seine ursprünglichen Nachbarn sind wahllos verteilt. Und während ich ein zweites Korn auf seinen Platz schüttle, entfernt sich das erste wieder.* Jedes Gasteilchen wird sich irgendwann einmal in einer ausgewählten Ecke befinden, mit einigen anderen, aber nicht mit allen. Ebenso kann jedes Molekül nach einer chemischen Reaktion wieder zurückreagieren, ob aber ALLE Moleküle (oder zumindest die meisten) zurückreagieren können, das hängt von der Entropie ab. Man spricht in diesem Zusammenhang auch von „mikroskopischer Reversibilität", d.h. auf der Ebene des Einzelteilchens sind alle Prozesse im Prinzip umkehrbar, bei der Summe von vielen Teilchen ist das aber unmöglich, weil die Wahrscheinlichkeit zu sehr dagegen spricht.

> Für ein einzelnes Teilchen kann jede Reaktion umgekehrt werden, die Entropie gilt nur für ein Kollektiv von vielen Teilchen.

Entropie und Universum

In jedem abgeschlossenen System nimmt die Entropie zu. Theoretische Physiker spekulieren darüber, ob und wieweit die Entropie mit dem Umstand zusammenhängt, dass die Zeit nur in einer Richtung ablaufen kann. (Ich kann im Raum vorwärts und zurück gehen, in der Zeit nur vorwärts.) Sind also Zeitreisen in die Vergangenheit aus entropischen Gründen unmöglich?

Auf jeden Fall kann man entropische Prozesse daran erkennen, dass sie zeitlich nicht umkehrbar sind. Versuchen Sie einmal, herausgedrückte Zahnpaste in die Tube zurückzukriegen! Oder – wenn Ihr Kaffee zu süß geworden ist – den Zucker wieder herauszubekommen, indem Sie beim Umrühren die Richtung wechseln! Auch wenn Sie ein hart gekochtes Ei noch so energisch abkühlen, es wird kein frisches Ei mehr daraus. All das sind Prozesse, bei denen die Entropie zunimmt, und diese lassen sich nicht zurückdrehen wie ein Film, den man vor- oder zurückspulen kann.

Diese Regeln müssen aber auch für das ganze Universum gelten – wir müssen dieses ja wohl als abgeschlossenes System betrachten. *Da wir nichts kennen, was sich außerhalb von unserem Universum befindet, ist es ja das abgeschlossenste System, das man sich vorstellen kann.* Nun ist an einigen Stellen des Universums sicher eine Entropieverminderung eingetreten – unsere Erde hat sich im Laufe von Milliarden von Jahren gehörig herausgeputzt und Pflanzen und Tiere entstehen lassen *(Menschen auch – obwohl die wieder allerhand Unordnung verursachen).* Offensichtlich muss sich an anderen Stellen (in der Sonne) die Entropie vermehrt haben, damit es sich insgesamt wieder ausgeht. Man kann sagen, dass die Entropie unserer Sonne im Laufe der Entwicklung gewachsen ist, und zwar so sehr, dass die Entropieverminderung aller ihrer Planeten dagegen geringfügig ist. Das Universum insgesamt erhöht seine Entropie offensichtlich auch dadurch, dass es sich ständig ausdehnt – so wie ein Gas seine Entropie erhöht, indem sich seine Moleküle über einen möglichst weiten Raum verteilen. *Sie kennen den Effekt vom Kofferpacken – wirft man alles kunterbunt hinein, ist der Koffer gleich voll. Unordnung ist Ausdehnung. In einem aufgeräumten Schrank benötigen die Gegenstände viel weniger Platz, als wenn sie im ganzen Zimmer verteilt sind.* Irgendwann muss diese Ausdehnung begonnen haben – beim Urknall? Wie das damals war und was vorher war, darüber sind sich die Physiker und die Theologen noch nicht so recht einig. Aber seitdem hat sich die gesamte Entropie des Universums ständig vermehrt.

5.4   Freie Enthalpie

Wir suchen immer noch nach einer Größe, die uns sagt, ob eine chemische Reaktion ablaufen kann. Die Enthalpie H muss etwas damit zu tun haben, die Entropie S ebenfalls. Und da H bei freiwilligen Reaktionen abnimmt, S jedoch zunimmt, müssen die beiden gegenläufig sein, daher mit verschiedenen Vorzeichen auftreten. Also gilt:

$$??? \ = \ + \Delta H \ - \ \Delta S$$

Vorsicht, wir haben hier zwei Ausdrücke miteinander kombiniert, die nicht so einfach verglichen werden können. Die Enthalpie ist eine Art von Energie, die Entropie aber nicht. Will man eine Wärmemenge q in Beziehung zur Entropie bringen, ergibt sich, dass die einer Entropieänderung entsprechende Wärmemenge umso höher ist, je höher die herrschende Temperatur (in Kelvin) ist. *Denken Sie an unsere Flasche mit Sand: Solange sie ruhig stehen blieb, hat sich nichts getan. Erst als wir die Flasche geschüttelt haben – also nach einer Tempera-*

turerhöhung – konnte sich die Entropie auswirken. Die Entropie hat also die Dimension einer Energie pro Temperatur, mit anderen Worten, wir müssen die Entropie mit der Temperatur multiplizieren, um ein Energieäquivalent zu erhalten.

$$\Delta S \;=\; q \,/\, T \qquad oder \qquad q \;=\; T \times \Delta S$$

Wenn wir mit dieser Erkenntnis die oben begonnene Formel ergänzen, so erhalten wir eine neue (letzte) Zustandsfunktion *(na endlich)*:

$$\Delta G \;=\; \Delta H \;-\; T \times \Delta S$$

$$\boxed{\Delta G \;=\; \Delta H \;-\; T \times \Delta S}$$

Wir nennen diese Zustandsgröße die **freie Enthalpie G**. Das G steht zu Ehren des Herrn Gibbs, der diese Funktion als Erster definiert hat. Sie wird daher oft auch als Gibbssche Enthalpie oder als Gibbssche freie Enthalpie bezeichnet. Sollten Sie in diesem Zusammenhang englischsprachige Fachliteratur in die Hand bekommen, lassen Sie sich nicht verwirren. Amerikaner bezeichnen diese Funktion oft auch als „Gibbs energy" oder als „Gibbs free energy". Man würde also die freie Enthalpie folgendermaßen definieren:

G, die freie Enthalpie:
berücksichtigt die Beiträge von Enthalpie und Entropie.

$$G \;=\; H \;-\; T \times S$$

Für uns ist aber die erste Formel (die mit dem ΔG) wichtiger, da uns bei chemischen Reaktionen nicht der absolute Wert von G interessiert, sondern der Unterschied ΔG, die Energieänderung, die bei einer chemischen Reaktion auftritt. Dieses ΔG ist definiert als die freie Enthalpie aller Reaktionsprodukte minus der freien Enthalpie aller Ausgangsstoffe.

$$\Delta G \;=\; \Sigma\,G_{\text{Produkte}} \;-\; \Sigma\,G_{\text{Ausgangsstoffe}}$$

Chemische Reaktionen laufen nur dann freiwillig ab, wenn dabei G abnimmt, wenn also ΔG negativ ist. *Freiwillig heißt, in einem abgeschlossenen System, ohne dass von außen etwas zugeführt oder weggenommen wird. Da ΔG von ΔH und von ΔS abhängt, gibt es also Reaktionen, die deshalb spontan ablaufen, weil H kleiner wird – dann kann S gleich bleiben oder sogar etwas abnehmen – und andere Reaktionen, die spontan ablaufen, weil S größer wird – dann kann H auch gleich blei-*

spontane Reaktion:
$\Delta G < 0$ exergonisch

unfreiwillige Reaktion:
$\Delta G > 0$ endergonisch

ben oder geringfügig steigen. *H und S sind mögliche Antago-
nisten, und der Stärkere setzt sich durch. Aber natürlich gibt es
auch Reaktionen, wo beide in die gleiche Richtung treiben, wo
also H kleiner und S gleichzeitig größer wird.*

Bei dem T in der oberen Gleichung handelt es sich um die
Temperatur – natürlich nicht um die Temperatur in Grad Celsius. *Dann würde nämlich bei negativen Temperaturen der
ganze Ausdruck sein Vorzeichen wechseln und die Entropie
plötzlich die Reaktion in die andere Richtung treiben. Wir müssen also eine Temperaturskala verwenden, die nur positive
Werte annehmen kann.* Da Temperatur ein Maß für die Bewegung der Moleküle ist, nehmen wir als Nullpunkt einfach dieje-
nige Temperatur, bei der sich die Moleküle nicht mehr bewegen. Das wäre die tiefste denkbare Temperatur überhaupt. Für
die weitere Unterteilung benutzen wir die Abstände unserer
gewohnten Grad-Celsius-Skala. Das Ganze nennt man **absolute
Temperatur** und gibt sie in Kelvin an *(nicht Grad Kelvin,
sondern nur Kelvin).*

Absolute Temperatur:

wird in Kelvin gemessen,
null Kelvin sind –273°C.

Der absolute Nullpunkt befindet sich bei –273°C, das sind also
0 K (null Kelvin). Ein Kelvin (1 K) sind –272°C, 2 K sind
–271°C usw. Dann sind 273 K so viel wie 0°C, 274 K sind 1°C,
298K sind 25°C. *In Formeln wird die absolute Temperatur
immer mit T abgekürzt, die Temperatur in Grad Celsius mit t.
Bitte nicht verwechseln!*

Der absolute Nullpunkt von **–273°C (0 K)** ist die tiefste DENK-
BARE Temperatur, erreichen kann man sie nicht. Man kann ihr
nur sehr, sehr nahe kommen. Das ist natürlich schade, denn am
Nullpunkt verliert die Entropie ihren Einfluss (setzen Sie in der
Formel oben für T null ein, dann wird der ganze zweite Teil
null) und alles könnte perfekt und in idealer Ordnung bleiben.
Die Unerreichbarkeit des absoluten Nullpunktes ist die Aussage
des dritten Hauptsatzes der Thermodynamik. *Alle Hauptsätze
der Thermodynamik sind „Erfahrungssätze". D.h. sie konnten
nie bewiesen oder abgeleitet werden – es wurden aber auch nie
Beobachtungen gemacht, die ihnen widersprochen hätten.*

**Dritter Hauptsatz der
Thermodynamik:**

Der absolute Nullpunkt
kann nicht erreicht werden

oder

ein perfekter Kristall hat
am absoluten Nullpunkt
die Entropie null

oder

„Nix ist perfekt".

*Als die Bedeutung der freien Enthalpie entdeckt wurde, wollten
die Chemiker natürlich sofort Tabellen aufstellen, in denen alle
möglichen Verbindungen mit ihren zugehörigen Werten von G
aufgelistet sind. Nur ist die freie Enthalpie auch von der Temperatur abhängig und von der Konzentration des Stoffes. Man*

musste sich daher begnügen, diese Werte nur für Standard-
bedingungen (Temperatur 298 K = 25°C, Konzentration
1 mol / l) zu bestimmen. Diese Werte werden „Freie Standard-
enthalpien" genannt und mit G_0 bezeichnet. Dafür gibt es Ta-
bellen. Will man die freie Enthalpie für andere Bedingungen
wissen, muss man umrechnen.

Entropie und Leben

Von Leuten, die das Wesen der Thermodynamik nicht verstehen, wird immer wieder behauptet, dass Lebewesen die Gesetze der Thermodynamik überwinden (und damit widerlegen). Eine Pflanze, die blüht, oder ein Mensch, der wächst (und dabei womöglich auch noch gescheiter wird), steigert doch offensichtlich seine Ordnung. Also ist der Satz, dass die Entropie (und damit die Unordnung) in allen Systemen zunimmt, falsch.

Es heißt aber, „in jedem ABGESCHLOSSENEN System nimmt die Entropie zu". Ein abgeschlossenes System ist eines, das mit seiner Umgebung weder Materie noch Energie austauschen kann. Lebewesen tauschen aber ständig beides mit ihrer Umgebung aus. Wenn ich einen Menschen in ein abgeschlossenes System setze (ohne Licht, Luft, Wasser, Nahrung), wird seine Entropie sehr rasch zunehmen – er wird sterben und die Leiche hat deutlich mehr Unordnung (= Entropie) als der lebende Mensch. Wenn ich den Menschen dagegen mit einem gehörigen Vorrat an Luft, Wasser, Nahrung usw. in ein abgeschlossenes System bringe – das wäre angenähert etwa ein Astronaut in einer Raumkapsel – so bleibt er am Leben. In diesem Fall besteht aber das System nicht mehr aus dem Menschen allein. Wenn Sie sich mit einem Schnitzel in die Isolation zurückziehen, so besteht das System aus Mensch + Schnitzel. Wenn Sie das Schnitzel essen und daraus Energie schöpfen, so hat Ihre Entropie sicher abgenommen – aber was ist aus dem Schnitzel geworden? Wenn sie dessen Überreste betrachten – bevor Sie die Spülung betätigen – so wird Ihnen klar werden, dass dessen Unordnung deutlich zugenommen hat. Ziehen Sie daher die Bilanz des Systems Mensch + Schnitzel, so hat sich die Entropie insgesamt vermehrt, die Entropieverminderung des Menschen ging auf Kosten einer (stärkeren) Entropievermehrung des Schnitzels.

Alle Lebewesen vermindern ihre Entropie auf Kosten ihrer Umwelt. Und alle Lebewesen folgen mit ihrem Energiestoffwechsel den Gesetzen der Thermodynamik – das kann man nachrechnen. Und die Tatsache, dass von den über 2 Millionen Arten von Lebewesen uns keine einzige Art bekannt ist, welche die Gesetze der Thermodynamik nicht befolgt, ist ein guter Hinweis, dass diese Gesetze allgemein gültig sind.

5.5 Chemisches Gleichgewicht

Jetzt wollen wir unsere neu gefundenen Kenntnisse auf einen
möglichst einfachen Fall einer chemischen Reaktion anwenden.
Wenn man Wasserstoff-Gas und Jod-Dampf mischt, so reagieren die beiden, und es entsteht Jodwasserstoff.

$$H_2 \; + \; J_2 \; \rightleftharpoons \; 2\,HJ$$

Für diese Reaktion müssen je 1 Molekül Wasserstoff und
1 Molekül Jod nahe zusammenkommen. Es bildet sich ein
Aggregat, das aus beiden Molekülen besteht. Dieses Aggregat
ist aber energetisch sehr ungünstig – es enthält sehr viel freie
Enthalpie – und zerfällt daher wieder so rasch wie möglich.
*Grundsätzlich ist die Bildung von größeren Teilchen immer
ungünstig, weil die Bildung eines großen Teilchens aus kleinen
zwangsläufig mit einer Entropieverminderung gekoppelt ist.*

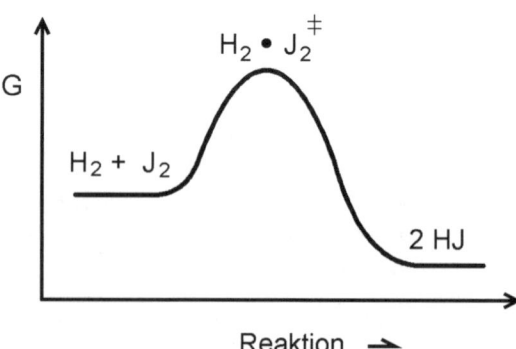

Die Ausgangs- und Endprodukte dieser Reaktion sind wesentlich energieärmer. Man kann daher das Profil der Reaktion
etwa folgendermaßen skizzieren:

Die energetisch ungünstigere Zwischenstufe, die Ausgangs-
und Endprodukte trennt, nennt man „**aktivierten Komplex**"
(wird oft mit ≠ bezeichnet). Dieser aktivierte Komplex muss

aber nicht unbedingt in 2 HJ zerfallen, er kann genauso gut wieder zu H_2 + J_2 zurückreagieren. Umgekehrt kann der aktivierte Komplex auch aus 2 Molekülen HJ gebildet werden. Das Schema aller möglichen Reaktionen schaut also etwa so aus:

$$H_2 + J_2 \quad \rightleftharpoons \quad H_2 \cdot J_2^{\neq} \quad \rightleftharpoons \quad 2\,HJ$$

Wenn wir H_2 und J_2 mischen, so entsteht zunächst HJ. Wenn sich aber HJ gebildet hat, so reagiert dieses teilweise wieder zurück zu H_2 und J_2. In unserer Mischung *(in unserem System)* finden also alle diese Reaktionen laufend statt, und zwar fortwährend. SCHEINBAR kommt die Reaktion nach einiger Zeit zum Stillstand, die Mengen an H_2, J_2 und HJ bleiben konstant. In Wirklichkeit reagiert aber alles laufend hin und her, nur entsteht ständig genauso viel HJ wie gleichzeitig zerfällt. Dieser Zustand heißt **dynamisches Gleichgewicht**.

Je nachdem, ob die freie Enthalpie der Ausgangsstoffe oder der Endprodukte größer ist, werden im Gleichgewicht mehr Ausgangs- oder Endprodukte vorhanden sein. Wenn der Unterschied sehr groß ist, so sind PRAKTISCH (fast) nur mehr die Stoffe mit geringerer freier Enthalpie zu finden. Aber immer sind beide Seiten vertreten *(und wenn ein Ozean mit einem einzigen Molekül im Gleichgewicht steht)*.

> Alle chemischen Reaktionen enden in einem dynamischen Gleichgewicht.

Warum reagiert nicht alles vollständig zu der Seite, auf der die Stoffe mit niedriger freier Enthalpie sind? Das liegt daran, dass die freie Enthalpie – wie schon erwähnt – von der Konzentration abhängt. Wenn die Stoffe mit der höheren freien Enthalpie reagieren, so nimmt ihre Konzentration ab und damit auch ihre freie Enthalpie. Gleichzeitig nehmen Konzentration und freie Enthalpie der Stoffe auf der anderen Seite zu – so lange, bis das G auf beiden Seiten gleich groß ist. *Man kann sich das auch so erklären, dass eine Mischung von Ausgangs- und Endprodukten ungeordneter ist und also mehr Entropie besitzt als die REINEN Ausgangs- oder Endprodukte. Also ist die Mischung aus entropischen Gründen immer bevorzugt.*

> Die Lage des Gleichgewichtes ist nur abhängig von der freien Enthalpie der beteiligten Stoffe.

Eine absolut vollständige Reaktion gibt es in der Chemie nicht. *Oder es gäbe sie nur dann, wenn der Unterschied der freien Enthalpie zwischen den Stoffen links und rechts unendlich sein könnte.* Wir hätten unser Gleichgewicht von vorhin auch erreichen können, indem wir reines HJ-Gas reagieren hätten

Die Lage des
Gleichgewichtes ist
unabhängig davon, wie
es erreicht wurde.

lassen, es wäre dasselbe herausgekommen. Die Lage des
Gleichgewichtes ist unabhängig davon, von welcher Seite es
erreicht wurde. *No na, die Lage des Gleichgewichtes wird von
den beteiligten Gs bestimmt, und da G eine Zustandsfunktion
ist, ist es unabhängig vom Weg. Das wissen wir ja alles schon.*

Welche Rolle spielt dabei der aktivierte Komplex? Dieser ist
für das eingestellte Gleichgewicht völlig gleichgültig! Er bestimmt nur, wie RASCH sich das Gleichgewicht einstellt. In der
Reaktion

$$2\,H_2 \;+\; O_2 \;\; \rightleftharpoons \;\; 2\,H_2O$$

ist im Gleichgewicht nahezu nur H_2O vorhanden. *Trotzdem
kann man bei Normaltemperatur H_2 und O_2 mischen und die
beiden Gase werden nur unendlich langsam reagieren. Die
Enthalpiedifferenz zwischen Ausgangsprodukten und aktivier-
tem Komplex (die sog. „Aktivierungsenergie") ist bei dieser
Reaktion eben sehr hoch, sodass sich das Gleichgewicht in rea-
listischen Zeitspannen nicht einstellen kann. Wenn Sie der Mischung aber die Möglichkeit geben, diese Aktivierungsenergie
zu erreichen, indem Sie z.B. ein brennendes Streichholz in dieses Gasgemisch halten, so werden Sie eine sehr flotte (und
laute!) Reaktion erhalten.*

Die Aktivierungsenergie
hat keinen Einfluss auf
das Gleichgewicht.
Ebenso hat natürlich
auch ein Katalysator
keinen Einfluss.

5.5.1 Kinetische Überlegungen zum Gleichgewicht

Wir müssen uns nun mit der Lage des Gleichgewichtes näher
befassen. Wir nehmen dazu irgendeine Reaktion zwischen Stoffen, die wir einfach A, B, C und D nennen wollen.

$$A \;+\; B \;\; \rightleftharpoons \;\; C \;+\; D$$

Im Gleichgewicht reagiert ständig genauso viel A mit B in die
eine Richtung, wie C mit D in die andere Richtung reagiert.
Wie wir aus Kapitel 4 wissen, wird die Geschwindigkeit v_1, mit
der A und B reagieren, sicher umso höher sein, je mehr Moleküle A und je mehr Moleküle B in einem bestimmten Volumen
vorhanden sind (also wie groß die Konzentration von A und B
ist). Wir können also die Geschwindigkeit der Reaktion wie
folgt definieren:

$$v_1 \;=\; k_1 \times [A] \times [B]$$

In genau der gleichen Weise kann man die Geschwindigkeit der Rückreaktion v_2 aus den Konzentrationen von C und D sowie aus einer anderen Konstanten k_2 zusammensetzen:

$$v_2 \;=\; k_2 \times [C] \times [D]$$

Wir könnten zwar die Konzentrationen von A, B, C und D bestimmen, kennen aber v_1, v_2, k_1 und k_2 nicht! Das Einzige, was wir wissen, ist, dass im Gleichgewicht Hin- und Rückreaktion gleich schnell ablaufen, also die beiden Geschwindigkeiten gleich groß sein müssen:

$$v_1 \;=\; v_2$$
$$k_1 \times [A] \times [B] \;=\; k_2 \times [C] \times [D]$$
$$k_1 / k_2 \;=\; (\,[C] \times [D] \,/\, [A] \times [B]\,)$$

Da wir über k_1 und k_2 nur wissen, dass diese beiden konstant sind, muss auch das Verhältnis k_1 / k_2 konstant sein. Wir können also statt k_1 / k_2 eine neue Konstante K einführen:

$$K \;=\; \frac{[C] \times [D]}{[A] \times [B]}$$

$$\boxed{K \;=\; \frac{[C] \times [D]}{[A] \times [B]}}$$

5.5.2 Gleichgewicht als Energiezustand

Was bedeutet diese soeben abgeleitete Formel? Ein oder einige Ausgangsstoffe stehen im Gleichgewicht mit einem oder einigen Endprodukten. Und das Verhältnis der Ausgangs- und Endprodukte ist konstant. Beachten Sie, dass die Formel NUR für das erreichte GLEICHGEWICHT gilt. Wenn Sie die Ausgangsstoffe frisch zusammenmischen, können Sie die Formel nicht anwenden, bevor die Reaktion nicht (scheinbar) zum Stillstand gekommen ist, also nicht, solange sich die Konzentration der beteiligten Stoffe verändert. *Sie wissen inzwischen, dass die Reaktion auch danach noch weiterläuft, aber eben gleich schnell in beide Richtungen.*

Die Lage des Gleichgewichtes, ob also im Gleichgewicht mehr Ausgangs- oder mehr Endstoffe vorhanden sind, wird von der Konstante K angezeigt. Der Wert dieser Konstante hängt von der freien Enthalpie der beteiligte Stoffe ab. Je mehr ein Stoff davon hat, umso bevorzugter wird er reagieren und umso eher wird er sich in einen anderen Stoff mit niedrigerer freier Enthalpie umwandeln können. Daher wird von diesem Stoff im Gleichgewicht nur wenig vorhanden sein.

Sie können sich das mit einem einfachen Beispiel verdeutlichen. Das Symbol für ein Gleichgewicht ist eine Waage. Gegenstände, die sehr schwer sind, haben eine hohe potenzielle Energie. Heben Sie einmal eine Maus hoch und danach einen Elefanten. Sie merken sicher den Unterschied. Natürlich wird eine Maus einen Elefanten nicht im Gleichgewicht halten können.

Im Gleichgewicht brauchen Sie für einen Elefanten (einen Stoff mit viel Energie, der instabil ist, der leicht und rasch reagiert) viele Mäuse (Stoffe mit niedriger Energie, die reaktionsträge sind). Die Gesamtenergie (Mäuse plus Elefanten) ist dann natürlich auch besonders niedrig, wenn der Anteil der Mäuse möglichst hoch ist.

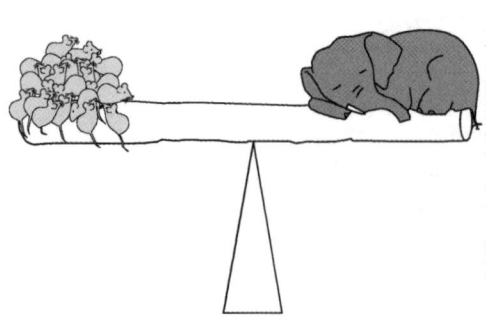

Sie können jetzt natürlich argumentieren, dass im Beispiel Maus-Elefant die Gesamtenergie am niedrigsten wäre, wenn überhaupt kein Elefant auf der Waage stünde. Sie haben natürlich Recht, hier hinkt unser Beispiel. Wenn es sich nur um Energie handeln würde, so wäre der energieärmste Zustand der, bei dem ALLE energiereichen Stoffe sich umgewandelt hätten. In einem chemischen System geht es aber um die freie Enthalpie, und die ist in einem System, das noch den einen oder anderen Elefanten enthält, geringer. Die Mischung Mäuse / Elefanten hat nämlich mehr Entropie als Mäuse allein, und dieser Entropieunterschied bewirkt, dass sich im Gleichgewicht auch einige Elefanten befinden.

Tatsächlich kann man beweisen, dass die freie Enthalpie eines Systems im Gleichgewicht immer den **niedrigsten aller möglichen Werte** eingenommen hat. Oder andersherum ausgedrückt: Ein System reagiert so lange und verändert seine Konzentrationen, bis das Konzentrationsverhältnis mit der niedrigsten möglichen freien Enthalpie gefunden worden ist. Dort bleibt es dann und befindet sich im dynamischen Gleichgewicht. Nun ist natürlich diese gesamte freie Enthalpie die Summe der freien Enthalpien der übriggebliebenen Ausgangsstoffe plus der Summe der freien Enthalpien der Produkte.

> **im Gleichgewicht gilt:**
> G_{gesamt} **möglichst klein**

$$G_{gesamt} = G_A + G_B + G_C + G_D$$

oder auch

$$G_{gesamt} = \Sigma G_1 + \Sigma G_2$$

Hätten aber die Stoffe einer Seite eine höhere freie Enthalpie als die auf der anderen Seite, so würde unser System natürlich reagieren und versuchen, diesen Überschuss abzubauen. Im Gleichgewicht muss also die Summe der freien Enthalpien auf beiden Seiten den gleichen Wert annehmen. Daraus ergibt sich, dass die Differenz zwischen links und rechts (die freie Reaktionsenthalpie ΔG, also der Unterschied zwischen Anfangs- und Endprodukten) den Wert null annehmen muss.

Im Gleichgewicht:

$$G_{gesamt} \rightarrow \text{Minimum}$$
$$\Sigma G_1 = \Sigma G_2$$
$$\Delta G = \Sigma G_2 - \Sigma G_1$$
$$\Delta G = 0$$

> **im Gleichgewicht gilt:**
> $\Delta G = 0$

Daraus ergibt sich die ganz wichtige Erkenntnis: Im Gleichgewicht ist der Unterschied der freien Enthalpie der Stoffe beider Gleichungsseiten gleich null!

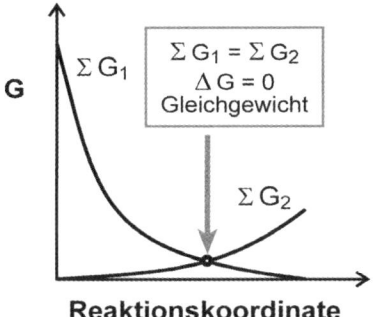

5.6   Massenwirkungsgesetz

Massenwirkungsgesetz:

erlaubt Aussagen über die Lage des Gleichgewichtes einer chemischen Reaktion. Das Verhältnis zwischen dem Produkt der molaren Konzentrationen der Ausgangsstoffe und dem Produkt der molaren Konzentrationen der Endprodukte ist für jede Reaktion ein konstanter Wert.

$$K = \frac{[\text{Endprodukte}]}{[\text{Ausgangsprodukte}]}$$

Die Beziehung, mit der wir uns in den letzten beiden Abschnitten beschäftigt haben, ist das berühmte **Massenwirkungsgesetz**. Allgemein formuliert bedeutet es, dass das Produkt der Konzentrationen der Endprodukte dividiert durch das Produkt der Konzentrationen der Ausgangsstoffe im Gleichgewicht einen konstanten Wert ergibt. Die Konzentrationen sind natürlich wieder in mol / l angegeben. *Man kann nicht oft genug betonen, dass dieses Gesetz nur bei erreichtem Gleichgewicht gilt und nicht, solange die Reaktion noch im Gange ist und sich die Konzentrationen der beteiligten Stoffe ändern.*

$$K \quad = \quad \frac{[\text{Endprodukte}]}{[\text{Ausgangsprodukte}]}$$

Die **Massenwirkungskonstante** K kann Werte zwischen 0 und unendlich annehmen, diese Grenzwerte selbst können aber nicht erreicht werden. K = unendlich würde ja bedeuten, dass keine Ausgangsprodukte mehr vorhanden sind. Das lässt sich bekanntlich mit einem chemischen Gleichgewicht nicht vereinbaren. Es gibt Tabellen, in denen der Zahlenwert von K für eine Vielzahl von Reaktionen angegeben ist.

Die Bezeichnung „Ausgangsprodukte" und „Endprodukte" sind völlig willkürlich, da das Gleichgewicht ja von beiden Seiten erreichbar ist.

Schreibt man die Reaktionsgleichung seitenverkehrt auf, so erhält man eine neue Massenwirkungskonstante, die einfach der Kehrwert der ursprünglichen ist. Wenn man also K für eine Reaktion bestimmt, muss man zusätzlich immer angeben, welche Stoffe auf welcher Seite stehen.

$$A + B \quad \rightleftharpoons \quad C + D \qquad K \quad = \quad \frac{[C] \times [D]}{[A] \times [B]}$$

$$C + D \quad \rightleftharpoons \quad A + B \qquad K' \quad = \quad \frac{[A] \times [B]}{[C] \times [D]}$$

$$\frac{[C] \times [D]}{[A] \times [B]} = K = \frac{1}{K'}$$

Wir können jetzt das Massenwirkungsgesetz für jede beliebige Reaktionsgleichung aufschreiben.

$$A \rightleftharpoons C + D \qquad K = \frac{[C] \times [D]}{[A]}$$

$$A + B + C \rightleftharpoons C + D \qquad K = \frac{[C] \times [D]}{[A] \times [B] \times [C]}$$

Beachten Sie bitte, dass die Dimension (und die Einheit) von K je nach Reaktionsgleichung verschieden ist. Welche Einheit muss K in den bisher behandelten Fällen haben? *Und beachten Sie auch, dass die Konzentration* mol / l *sein muss. Würden Sie beispielsweise* mmol / l *einsetzen, kommt selbst dann Blödsinn heraus, wenn* ALLE *Konzentrationen in dieser Einheit wären.*

Eine nur scheinbare Schwierigkeit taucht auf, wenn 2 oder mehr Moleküle derselben Substanz in der Reaktionsgleichung vorkommen. Nehmen Sie als Beispiel die Reaktion aus Abschnitt 5.5:

$$H_2 + J_2 \rightleftharpoons 2\,HJ$$

Es ist aber einleuchtend, dass wir statt 2 HJ auch HJ + HJ schreiben können, und schon ist das Problem gelöst:

$$H_2 + J_2 \rightleftharpoons HJ + HJ \qquad K = \frac{[HJ] \times [HJ]}{[H_2] \times [J_2]} = \frac{[HJ]^2}{[H_2] \times [J_2]}$$

Damit haben wir noch eine wichtige Erweiterung unserer Formel entdeckt. Wenn in der Reaktionsgleichung eine Zahl vor der Formel des Stoffes anzeigt, dass mehrere Moleküle reagieren, so findet sich diese Zahl im Massenwirkungsgesetz als Potenz der Konzentration dieses Stoffes wieder.

<table>
<tr><td>

Das Massenwirkungsgesetz in allgemeiner Form:

$$m\,A + n\,B \;\rightleftharpoons\; p\,C + q\,D$$

$$K = \frac{[C]^p \times [D]^q}{[A]^m \times [B]^n}$$

</td></tr>
</table>

$$m\,A + n\,B \;\rightleftharpoons\; p\,C + q\,D \qquad K = \frac{[C]^p \times [D]^q}{[A]^m \times [B]^n}$$

Das ist die ganz allgemeine Form des Massenwirkungsgesetzes (wenn n, m, p und q alle 1 wären, hätten wir die Gleichung von vorhin wieder).

Wir können nun chemische Reaktionen quantitativ erfassen. Die meisten chemischen Gesetze, die wir in der Folge kennenlernen werden, gehen auf das Massenwirkungsgesetz zurück. ***DAS MASSENWIRKUNGSGESETZ IST DIE CHEMIE.*** *Sie müssen es unbedingt verstanden haben, denn Sie werden für den Rest dieses Buches ständig damit leben müssen! Prägen Sie sich die obige Gleichung gut ein: Schreiben Sie sie groß ab und hängen Sie sie an einen Platz, wo Sie diese Gleichung möglichst oft vor Augen haben (z.B. an der Innenseite der Klosett-Türe).*

5.6.1 Massenwirkungsgesetz und Konzentration

Was können wir nun mit dem Massenwirkungsgesetz eigentlich anfangen? Kehren wir zu unserer fiktiven Musterreaktion von vorhin zurück:

$$A + B \;\rightleftharpoons\; C + D$$

$$K = \frac{[C] \times [D]}{[A] \times [B]}$$

$$1 = \frac{0.2 \times [D]}{1 \times 0.1}$$

$$D = \frac{K \times 1 \times 0.1}{0.2}$$

$$D = \frac{1 \times 1 \times 0.1}{0.2} = 0.5$$

Nehmen wir an, die Konstante K hätte den Wert 1. Wir können dann die Konzentration eines Stoffes aus den übrigen dreien berechnen *(z.B. [A] = 1 mol / l, [B] = 0.1 mol / l, [C] = 0.2 mol / l; daraus würde sich ergeben, dass [D] = 0.5 mol / l sein muss). Es gibt natürlich unendlich viele Kombinationsmöglichkeiten der Konzentrationen [A], [B], [C] und [D], die alle die Gleichgewichtsbedingung erfüllen. Es erscheint auf den ersten Blick nicht sehr sinnvoll, des Langen und Breiten ein kompliziertes Gesetz abzuleiten, bloß um die Konzentration eines einzigen Stoffes im Gleichgewicht aus mehreren anderen Konzentrationen berechnen zu können. In Wirklichkeit kennt man meistens die Ausgangskonzentrationen vor der Gleichgewichtseinstellung und damit kann man sehr wohl etwas anfangen, wie das folgende Beispiel zeigt.*

Wir mischen A und B so miteinander, dass die Ausgangskonzentrationen 1 mol / l und 3 mol / l betragen (also $[A]_0$ = 1 mol / l und $[B]_0$ = 3 mol / l). Dann warten wir, bis sich das Gleichgewicht eingestellt hat, und wollen anschließend die Gleichgewichtskonzentrationen [A], [B], [C] und [D] ermitteln.

Aus der Reaktionsgleichung wissen wir, dass für jedes gebildete Molekül C und D je 1 Molekül A und B verbraucht wird. Die Konzentrationen [A] und [B] haben sich von den Ausgangswerten $[A]_0$ und $[B]_0$ um genau jenen Betrag verändert, um den die Konzentrationen [C] und [D] zugenommen haben. Da bei Reaktionsbeginn weder C noch D vorhanden waren, ist die Zunahme dieser beiden Stoffe gleich der tatsächlichen Gleichgewichtskonzentration.

Ausgangswerte (in mol / l)			
[A]	[B]	[C]	[D]
1	3	0	0

$$[A]_0 - [A] = [C] \quad \text{oder} \quad ([A]_0 = 1) \quad 1 - [A] = [C]$$

$$[B]_0 - [B] = [C] \quad \text{oder} \quad ([B]_0 = 3) \quad 3 - [B] = [C]$$

Da wir die Ausgangskonzentrationen kennen, können wir für $[A]_0$ und $[B]_0$ die entsprechenden Zahlenwerte einsetzen. Wir wissen weiter, dass bei jedem Reaktionsschritt gleich viel C wie D entsteht. Die Konzentrationen dieser beiden Stoffe müssen also gleich sein.

$$[C] = [D]$$

Und außerdem kennen wir noch die Massenwirkungskonstante K (wir haben angenommen, dass K = 1 ist).

$$1 = \frac{[C] \times [D]}{[A] \times [B]}$$

Damit haben wir aber schon 4 Gleichungen für die 4 Unbekannten. Dieses Gleichungssystem lässt sich daher leicht lösen. Wir können z.B. für alle Unbekannten Ausdrücke mit [C] einsetzen.

$$1 - [A] = [C] \quad \text{oder} \quad [A] = 1 - [C]$$

$$3 - [B] = [C] \quad \text{oder} \quad [B] = 3 - [C]$$

$$[C] = [D]$$

$$\text{einsetzen in} \quad K = 1 = \frac{[C] \times [D]}{[A] \times [B]}$$

$$1 = \frac{[C] \times [C]}{(1 - [C]) \times (3 - [C])} = \frac{[C]^2}{3 - 3[C] - [C] + [C]^2}$$

$$3 - 4[C] + [C]^2 = [C]^2$$

$$3 - 4[C] = 0$$

$$[C] = \tfrac{3}{4} = 0.75 \text{ mol} / l$$

Wenn wir [C] haben, sind die restlichen Konzentrationen natürlich mühelos errechenbar. Damit haben wir die Gleichgewichtskonzentrationen aller beteiligten Stoffe ermittelt.

Gleichgewicht (in mol / l)			
[A]	[B]	[C]	[D]
0.25	2.25	0.75	0.75

$$K = \frac{[C] \times [D]}{[A] \times [B]} =$$

$$= \frac{0.75 \times 0.75}{0.25 \times 2.25} = 1$$

$$[D] = 0.75 \text{ mol} / l$$
$$[A] = 0.25 \text{ mol} / l$$
$$[B] = 2.25 \text{ mol} / l$$

Misstrauische Menschen würden jetzt natürlich kontrollieren, ob wirklich, wenn man die Konzentrationen in das Massenwirkungsgesetz einsetzt, die erwartete Konstante K = 1 herauskommt.

Was passiert aber, wenn wir das Gleichgewicht nachträglich stören, indem wir die Konzentration eines der beteiligten Stoffe verändern? Wir können z.B. noch 5 mol / l des Stoffes A zusetzen, dann beträgt dessen Gesamtkonzentration 5.25 mol / l. Damit ist aber das Massenwirkungsgesetz nicht mehr erfüllt. Es wird also das überschüssige A so lange mit B reagieren und dabei C und D bilden, bis wieder ein Gleichgewicht erreicht wird. Nehmen wir an, es entstehen dabei noch weitere X mol / l von C und von D, so muss natürlich die Konzentration von A und B ebenfalls um X mol / l abnehmen. Die neuen Gleichgewichtskonzentrationen sind daher:

Ausgangswerte (in mol / l)			
[A]	[B]	[C]	[D]
5.25	2.25	0.75	0.75

$$K = \frac{[C] \times [D]}{[A] \times [B]}$$

$$[A] = 5.25 - X$$
$$[B] = 2.25 - X$$
$$[C] = 0.75 + X$$
$$[D] = 0.75 + X$$

$$1 = \frac{(0.75 + X) \times (0.75 + X)}{(5.25 - X) \times (2.25 - X)}$$

$$1 = \frac{0.56 + 1.5\,X + X^2}{11.81 - 7.5\,X + X^2}$$

$$0.56 + 1.5\,X + X^2 = 11.81 - 7.5\,X + X^2$$

$$9\,X = 11.25$$

$$X = 1.25$$

Wenn wir X errechnet haben, können wir sofort die neuen Gleichgewichtskonzentrationen angeben.

$$[A] = 4 \text{ mol / l}$$
$$[B] = 1 \text{ mol / l}$$
$$[C] = 2 \text{ mol / l}$$
$$[D] = 2 \text{ mol / l}$$

Gleichgewicht (in mol / l)

[A]	[B]	[C]	[D]
4	1	2	2

Vergleichen Sie die neuen Werte mit denen auf der vorigen Seite: Die Zugabe von A hat also die Konzentration von B verringert und die Konzentration von C und D erhöht. Setze ich im Gleichgewicht auf einer Seite einen Reaktionspartner zu, so verschiebt sich das Gleichgewicht und die Konzentrationen der Stoffe auf der anderen Seite nehmen zu. Ich kann aber noch viel mehr A zusetzen, es wird [B] laufend abnehmen, trotzdem bleibt immer noch etwas B übrig. Es ist unmöglich, einen Stoff durch Konzentrationsänderung gänzlich aus dem Gleichgewicht zu entfernen.

$$K = \frac{[C] \times [D]}{[A] \times [B]} =$$

$$= \frac{2 \times 2}{4 \times 1} = 1$$

Setzt man im Gleichgewicht einen Reaktionspartner zu, so verschiebt sich das Gleichgewicht so, dass die Konzentrationen der Stoffe auf der Seite der Zugabe abnehmen, auf der anderen Seite zunehmen.

Preisfrage: Wir haben 1 mol A und 3 mol B gemischt und nach einiger Zeit weitere 5 mol A zugesetzt. Wie würde die Gleichgewichtskonzentration aussehen, wenn wir sofort alle 6 mol A mit 3 mol B gemischt hätten? Wenn Sie die Antwort nicht auf Anhieb wissen, rechnen Sie es aus!

Man kann natürlich auch im Gleichgewicht die Konzentration eines der beteiligten Stoffe vermindern *(indem man ihn abdestilliert oder ausfällt oder auf ähnliche Weise)*, dann verschieben sich die Konzentrationen der anderen Stoffe dementsprechend: Wo man einen Stoff weggenommen hat, reagieren

Prinzip des kleinsten Zwanges:

ein Gleichgewicht versucht immer der Störung möglichst auszuweichen.

die anderen hin und versuchen, die Störung auszugleichen. Das System versucht immer, der Störung (= dem Zwang) entgegenzuwirken. Man nennt diesen Effekt auch das **Prinzip des kleinsten Zwanges**.

Diese Überlegungen sind SEHR wichtig. Wer sie verstanden hat, hat das wichtigste Grundprinzip der Chemie verstanden. Machen wir uns die Verhältnisse nochmals an einigen Beispielen in Tabellenform klar (↑ bedeutet Steigen der Gleichgewichtskonzentration, ↓ bedeutet Sinken der Gleichgewichtskonzentration. Die erste Zeile nach der Reaktionsgleichung würde also bedeuten: Zugabe von A bewirkt Sinken der Konzentration von B und C, aber Steigen der Konzentration von D und E und F):

	A	+	B	+	C	⇌	C	+	D	+	F
	Zugabe		↓		↓		↑		↑		↑
oder	↓		Zugabe		↓		↑		↑		↑
oder	↓		↓		Zugabe		↑		↑		↑
oder	Wegnahme		↑		↑		↓		↓		↓
oder	↑		↑		↑		Zugabe		↓		↓
oder	↓		↓		↓		Wegnahme		↑		↑

usw.

Wenn wir nun Systeme mit unterschiedlichen Konzentrationen haben, wie sieht dann die Reaktionsenthalpie ΔG aus? Wir haben ja vorhin gesagt (siehe Abschnitt 5.4), dass nur die freien Enthalpien unter Standardbedingungen in Tabellen zu finden sind. ΔG_0 können wir uns aus den Tabellenwerten errechnen, das gilt aber nur, wenn alle Konzentrationen 1 mol / l sind. Für ein beliebiges ΔG gilt die Formel:

$$\Delta G = \Delta G_0 + R\,T \ln \frac{[C] \times [D]}{[A] \times [B]}$$

Dabei ist T natürlich die Temperatur und R eine Konstante (die sogenannte Gaskonstante, mit der wir uns im nächsten Kapitel noch näher befassen werden). Und dahinter steht als weiterer Korrekturfaktor der Logarithmus der beteiligten Konzentrationen, wie sie im Massenwirkungsgesetz auftreten.

Das war die Gleichung für eine beliebige Mischung. Was passiert, wenn das Gleichgewicht erreicht wird? Dann gilt einerseits das Massenwirkungsgesetz, auf der anderen Seite ist ΔG im Gleichgewicht null (ΔG_0 natürlich nicht, das ist eine Konstante, die mit dem Gleichgewicht nichts zu tun hat.)

$$K \quad = \quad \frac{[C] \times [D]}{[A] \times [B]} \quad \text{und} \quad \Delta G \ = \ 0$$

Einsetzen in die Gleichung oben für die Reaktionsenthalpie:

$$\Delta G = \Delta G_0 + R\,T \ln \frac{[C] \times [D]}{[A] \times [B]} \quad \text{gibt} \quad 0 = \Delta G_0 + R\,T \ln K$$

$$\text{oder} \quad \Delta G_0 \ = \ -\,R\,T \ln K$$

> **im Gleichgewicht gilt:**
> $$\Delta G_0 \ = \ -\,R\,T \ln K$$

Diese Beziehung erlaubt uns, aus der Massenwirkungskonstante die freie Standard-Reaktionsenthalpie zu berechnen und umgekehrt.

5.7 Reaktionsketten

Mit der vorhin erwähnten Methode, einen der beteiligten Stoffe aus der Reaktionsmischung zu entfernen, kann man eine Reaktion, die sonst in einem Gleichgewicht bleiben würde, weitgehend zur Vollständigkeit treiben. Man holt eben eines der Produkte heraus, das System reagiert nach, man holt das Produkt wieder heraus, das System reagiert nach ... und so weiter. Die Gesetze der Thermodynamik werden dabei nicht verletzt, denn es ist ja dann eben kein abgeschlossenes System (wir entfernen laufend Masse), noch ist es eine spontane Reaktion (wir greifen ja ständig von außen ein). Für die technische Herstellung eines Stoffes ist diese Methode sehr wichtig, man will ja möglichst viel vom gewünschten Produkt erhalten. Eine einfache Möglichkeit, einen Stoff aus der Mischung zu entfernen, wäre, ihn in einer anderen Reaktion weiter reagieren zu lassen. Die biochemischen Reaktionen, welche in belebten Systemen stattfinden, bestehen meist aus einer Vielzahl von Einzelreaktionen, die zu Reaktionsfolgen (oder Reaktionsketten) zusammengefasst sind (siehe auch Kapitel 4.2).

Wollen wir das Massenwirkungsgesetz einer solchen Reaktionsfolge aufstellen, müssen wir die einzelnen Teilschritte miteinander kombinieren. Also:

$$A \; \rightleftharpoons \; B \; \rightleftharpoons \; C \; \rightleftharpoons \; D$$

$$K_1 = \frac{[B]}{[A]} \qquad K_2 = \frac{[C]}{[B]} \qquad K_3 = \frac{[D]}{[C]}$$

Wir wollen aber wissen, wie das K für die Gesamtreaktion $A \rightleftharpoons D$ aussieht.

$$K_{Gesamt} = \frac{[D]}{[A]}$$

Das ist einfacher, als es aussieht. Wir müssen nur die Massenwirkungskonstanten der einzelnen Teilreaktionen miteinander multiplizieren:

$$K_1 \times K_2 \times K_3 = \frac{[B]}{[A]} \times \frac{[C]}{[B]} \times \frac{[D]}{[C]}$$

Natürlich können wir kürzen und erhalten sofort die gewünschte Beziehung:

> Die Massenwirkungskonstante der Gesamtreaktion ist das Produkt aus den Massenwirkungskonstanten der Teilreaktionen.

$$K_1 \times K_2 \times K_3 = \frac{[\cancel{B}]}{[A]} \times \frac{[\cancel{C}]}{[\cancel{B}]} \times \frac{[D]}{[\cancel{C}]} = K_{Gesamt}$$

Übungen zu Kapitel 5

Die in diesem und den folgenden Kapiteln mit * bezeichneten Übungen sind schwieriger zu lösen und mehr als Denksportaufgaben zu verstehen!

50. Teilen Sie folgende Systeme in offene, geschlossene und abgeschlossenen Systeme ein:

eine Tüte Eiscreme   ein fahrendes Auto

ein verschlossener Kanister mit Benzin   eine brennende Kerze

eine brennende Taschenlampe

51. Sie wollen endlich 6 „richtige" im Lotto erreichen. Irgendjemand hat Ihnen gesagt, dass eine geordnete Zahlenfolge wie 1, 2, 3, 4, 5, 6 viel seltener vorkommt und unwahrscheinlicher ist als eine zufällige Zahlenfolge wie 5, 14, 21, 23, 38, 42, weil die Entropie gegen geordnete Zahlenreihen ist. Stimmt das?

52*. Welche der folgenden Prozesse sind mit Entropiezunahme, welche mit Entropieabnahme verbunden:

Filtrieren von Kaffee   Salzen einer Suppe

Malen eines Bildes   Waschen von Wäsche

53*. Es ist ein besonders heißer Tag. Um die Luft in Ihrem Zimmer abzukühlen, beschließen Sie den großen Kühlschrank, der in der Ecke steht, offen zu lassen, damit der Raum gleich mitgekühlt wird. Geht das – oder geht das nicht? Und warum?

54. Schreiben Sie das Massenwirkungsgesetz für die folgende Reaktion auf:

$$Fe_2O_3 + 3\,CO \;\rightleftharpoons\; 3\,CO_2 + 2\,Fe$$

55. Von dem Gleichgewicht $2\,A + B \;\rightleftharpoons\; 3\,C + D$ sind die Konzentrationen aller beteiligten Stoffe bekannt. Wie groß ist die Massenwirkungskonstante? Welche Einheit (welche Dimension) hat in diesem Fall die Massenwirkungskonstante?

$$[A] = 1\,\text{mol}\,/\,\text{l}$$
$$[B] = 0.01\,\text{mol}\,/\,\text{l}$$
$$[C] = 0.1\,\text{mol}\,/\,\text{l}$$
$$[D] = 2\,\text{mol}\,/\,\text{l}$$

56*. Die Stoffe A und B reagieren miteinander nach der Gleichung $A + B \;\rightleftharpoons\; 2\,C$. Die Massenwirkungskonstante $K = 4$.

a) Wir mischen A und B so, dass die Ausgangskonzentrationen $[A]_0 = 1\,\text{mol}\,/\,\text{l}$ und $[B]_0 = 2\,\text{mol}\,/\,\text{l}$ betragen. Wie groß sind $[A]$, $[B]$ und $[C]$ im Gleichgewicht? (Vorsicht! Beachten Sie, dass je verbrauchtem A und B dafür ZWEI C entstehen!)

b) Wir setzen dem Gleichgewicht noch $2\,\text{mol}\,/\,\text{l}$ des Stoffes B zu. Wie ändern sich $[A]$, $[B]$ und $[C]$?

6 Zustandsformen der Materie

Grundsätzlich kommen alle Stoffe in bestimmten Erscheinungsformen vor, den **Aggregatzuständen**.

Feste Stoffe haben ein bestimmtes Volumen und eine bestimmte Form. Die einzelnen Teilchen sind miteinander verbunden und an ihrem Platz fixiert. Wenn diese Teilchen in einem Kristallgitter stehen (siehe Kap. 2.1 und 2.3), so spricht man von einem **kristallinen** Festkörper. Sind die Teilchen ungeordnet, ist der Stoff **amorph**.

Flüssigkeiten haben zwar ein bestimmtes Volumen, die Teilchen sind aber gegeneinander verschiebbar, sodass keine bestimmte Form gebildet wird. Zum Unterschied von den regelmäßig angeordneten Kristallen ist die Ordnung in Flüssigkeiten auf kleinste Bereiche beschränkt, man spricht von einer „Nahordnung".

Schnee ist auch nur schick aufgemachtes Wasser.

und

Dampf ist Wasser, das sich bei Hitze aus dem Staub macht.

(unbekannt)

6.1 Gase

In Gasen ist die Anziehung der Teilchen untereinander fast gänzlich aufgehoben. Die Teilchen bewegen sich regellos in dem zur Verfügung stehenden Raum und füllen diesen dabei völlig aus. Das Volumen eines Gases richtet sich nach dem Raum, den es vorfindet. Der Druck des Gases wird natürlich steigen, wenn die Temperatur höher wird, da sich die Moleküle dann rascher bewegen und stärker gegen die Begrenzungswände des Gases drücken.

Verschiedene Gase enthalten bei gleichem Druck, Volumen und Temperatur die gleiche Anzahl von Molekülen. Ganz streng gilt das nur für **ideale Gase**. Das sind Gase, bei denen die Moleküle selbst kein Volumen besitzen und keine Anziehung mehr aufeinander ausüben. Das gibt es natürlich nicht, wir kennen nur **reale Gase**. Ist aber die Temperatur eines Gases weit genug entfernt von seinem Siedepunkt, so benimmt es sich (beinahe) wie ein ideales Gas. Und ideale Gase haben den Vorteil, dass man mit ihnen sehr leicht rechnen kann. Die sogenannte **allgemeine Gasgleichung**

Gesetz von Avogadro:

unter gleichen Bedingungen enthalten verschiedene Gase die gleiche Teilchenanzahl pro Volumen.

Ideale Gase:

die Teilchen sind ausdehnungslose Massenpunkte und zwischen ihnen wirken keine Anziehungskräfte.

$$p \times V = n \times R \times T$$

$$\boxed{p \times V = n \times R \times T}$$

gilt streng nur für ideale Gase.

Gase sind unbegrenzt
miteinander mischbar.

Verschiedene Gase sind unbegrenzt miteinander mischbar. Und
da die Moleküle eines Gases so gut wie keine Anziehungskräfte
untereinander ausüben, so wissen verschiedene Gase auch voneinander nichts und benehmen sich, als ob sie allein wären.
Haben wir also Luft mit 20% Sauerstoff und 80% Stickstoff
und einen Druck von insgesamt 1 bar, so tut der Sauerstoff, als
ob er allein wäre. Temperatur und Volumen bleiben, der Druck
ist natürlich niedriger, da ja nur 20% aller Gasteilchen Sauer-
stoffmoleküle sind. Also ist der Druck des Sauerstoffes 20%
von einem bar, das sind 0.2 bar. Diesen Druck nennt man den
Partialdruck. Der Partialdruck von Stickstoff in Luft ist dann
logischerweise 80% von 1 bar, also 0.8 bar. Und die Summe
aller Partialdrucke gibt dann den Gesamtdruck. Man kann die
Partialdrucke in einer Mischung genauso addieren, wie man die
Mengen (also die Mol) einer Mischung addieren kann.

Partialdruck:

der Druck, den ein
Gasanteil hätte, wenn er
allein wäre.

Der Partialdruck ist der
Druck, den ein Gasanteil in
einer Mischung zum
Gesamtdruck beiträgt. Die
Summe aller Partialdrucke
gibt den Gesamtdruck.

Gasgesetze

Der Druck (p) eines Gases wird größer, je mehr Gas (n) wir haben, je höher
die Temperatur (T) ist und in einem je kleineren Volumen (V) das Gas ein-
gesperrt ist. Wir haben also folgende Beziehung für ein ideales Gas:

$$p = \text{Konstante} \times n \times T \times 1/V$$

Die Proportionalitätskonstante wird hier üblicherweise R genannt, das gibt:

$$p = \frac{R \times n \times T}{V}$$

Natürlich darf man die Temperatur nicht in Grad Celsius angeben, da es
dann negative Temperaturen gäbe. Bei 0°C ist der Druck des Gases sicher
nicht null, und er wird auch keine negativen Werte annehmen, wenn wir
weiter abkühlen. Temperatur ist Eigenbewegung (oder Bewegungsenergie)
der Moleküle, und die Temperaturskala, die das berücksichtigt, kennen wir
schon. Es ist die in Kapitel 5.4 vorgestellte **Kelvin-Skala**. Bewegen sich die
Moleküle nicht – bei 0 K – gibt es auch kein Gas, und das Volumen ist Null

(in Übereinstimmung mit unserer Definition eines idealen Gases, das ja kein Eigenvolumen besitzt).

Es hat sich eingebürgert, diese Gleichung so zu schreiben, dass das Volumen auf der linken Seite steht, damit der Bruchstrich verschwindet.

$$p \times V = n \times R \times T$$

Wie groß ist aber diese Konstante R? Das muss man messen! Man muss bestimmen, wie viel Volumen eine gegebene Menge Gas bei einer bestimmten Temperatur und bei einem bestimmten Druck einnimmt. Wir nehmen also z.B. **2 g** Wasserstoff *(also 1 mol Wasserstoff!)*, als Druck nehmen wir sinnvollerweise **1 bar** *(möglichst einfache Zahlen)* und als Temperatur wählen wir *(NEIN, nicht 1 K, das ist zu kalt!)* **273 K** *(also 0°C)* und messen dann das Volumen unseres Gases. Wir erhalten **22.7 Liter**. Diese Werte setzen wir nun in die Gleichung ein, um R zu berechnen:

$$R = \frac{p \times V}{n \times T} = \frac{1\ bar \times 22.7\ l}{1\ mol \times 273\ K} = 0.0831\ (bar \times l)\,/\,(mol \times K)$$

Oft wird R in anderen Einheiten angegeben: R = 8.31 J / (K × mol)

Das Bemerkenswerte daran: Der Wert für R gilt nicht nur für Wasserstoff, sondern für **alle Gase**, soweit sie sich (annähernd) als ideale Gase verhalten! Weil man diese Konstante so schön mit Hilfe von Gasen berechnen kann, hat man sie **Gaskonstante** getauft. *Dieser Name ist aber etwas irreführend. Die Konstante R gilt nämlich für das Verhalten aller Teilchen, die sich bei einer gegebenen Temperatur bewegen. Daher findet man die Gaskonstante auch in anderen Gesetzen wieder, die gar nichts mit Gasen zu tun haben, zum Beispiel beim osmotischen Druck. Die Gaskonstante beschreibt den Energiegehalt von 1 mol Teilchen. Will man nur ein einziges Teilchen betrachten, muss man die Gaskonstante durch die Anzahl der Teilchen in einem Mol (also durch 6×10^{23}) dividieren. Die abgewandelte Gaskonstante, die wir dann erhalten, nennt man Boltzmann-Konstante.*

Will man sich die Gaskonstante nicht merken, so kann man auch mit dem Wert von **22.7 l** rechnen. Das ist das sogenannte **Molvolumen** eines idealen Gases (= das Volumen, welches 1 mol Gas bei 1 bar Druck und 273 K einnimmt).

Häufig will man wissen, wie sich das Volumen eines Gases ändert, wenn sich nur der Druck (oder nur die Temperatur) verändert und sonst alle übrigen Bedingungen gleich bleiben. Dafür gibt es eigene Formeln (Gesetz nach Boyle-Mariotte, Gesetz nach Gay-Lussac), die aber eigentlich unnötig sind, da man ja alle diese Formeln aus der allgemeinen Gasgleichung ableiten kann. Haben wir zum Beispiel ein Gas mit gegebenem Druck (p_1) und Volumen (V_1) und wollen eine dieser beiden Größen verändern (p_2, V_2), so genügt es, wenn wir die Gasgleichung zweimal aufschreiben:

$$p_1 \times V_1 = n \times R \times T \quad \text{und} \quad p_2 \times V_2 = n \times R \times T$$

Die rechte Seite der Gleichung bleibt konstant, sodass wir schreiben können:

$$p_1 \times V_1 = n \times R \times T = p_2 \times V_2 \quad \text{und daher} \quad \mathbf{p_1 \times V_1 = p_2 \times V_2}$$

Damit haben wir aber auch schon das **Boyle-Mariottesche Gesetz** aufgeschrieben. In gleicher Weise können wir auch vorgehen, wenn sich nur die Temperatur (T) ändert oder wenn die Anzahl der Mole (n) eine andere wird.

6.2 Phasen

Wir haben uns bereits kurz mit dem Unterschied zwischen Reinstoffen und Gemischen beschäftigt (Kap. 1). Bei Gemischen von Stoffen gibt es einige bemerkenswerte Phänomene, mit denen wir uns in der Folge befassen wollen.

Phase:

ein Bereich, der an jeder Stelle die gleichen Eigenschaften aufweist.

Heterogene Systeme:

bestehen aus mehreren Phasen.

Der Bereich, den ein Stoff (oder ein Stoffgemisch) in einem bestimmten Aggregatzustand einnimmt, heißt **Phase**. Innerhalb dieser Phase sind die Stoffe gleichförmig verteilt, also **homogen**. Alle Teile einer Phase haben dieselben chemischen und physikalischen Eigenschaften. Ein Gemisch von Stoffen kann aber auch aus mehreren Phasen bestehen, ein solches System ist **heterogen**. Die Übergänge von einer Phase zur anderen in einem heterogenen Gemisch sind durch scharfe Grenzen, die sogenannten **Phasengrenzen**, charakterisiert. Wenn die Phasen ausgedehnter sind, sind die Grenzen leicht mit freiem Auge erkennbar. Denken Sie z.B. an einen Eiswürfel, der in einem Glas Wasser schwimmt. Sie können genau unterscheiden, wo die feste Phase (Eis) aufhört und die flüssige Phase (Wasser) beginnt. *(Dieses Beispiel ist deshalb bemerkenswert, weil hier zwei Phasen aus einem einzigen Reinstoff, nämlich H_2O, gebildet werden. Es ist also auch möglich, dass die verschiedenen Aggregatzustände eines Stoffes ein Mehrphasensystem aufbauen.)*

Viel interessanter sind aber Systeme, bei denen die Phasengrenzen nicht so ohne weiteres erkennbar sind. Wenn Sie Öl
auf Wasser gießen, schwimmt das Öl oben, Sie haben 2 Phasen
übereinander. Wenn Sie die beiden Phasen heftig umrühren
oder schütteln, bekommen Sie eine trübe Flüssigkeit. Wir haben das Öl in ganz feinen Tropfen im Wasser verteilt. Es sind
immer noch dieselben 2 Phasen! An den Phasengrenzen wird
das Licht gebrochen, daher ist die Flüssigkeit trüb und un-
durchsichtig. *Das ist ein recht sicheres Zeichen für ein System
aus mehreren Phasen! Wenn man z.B. einen Zuckerkristall
(eine Phase; der Kristall ist durchsichtig) fein zerreibt, erhält
man Staubzucker. Zwischen den einzelnen Zuckerteilchen befindet sich jetzt Luft. Wir haben 2 Phasen und Staubzucker ist
nicht mehr durchsichtig.* Man kann – mit einer Ausnahme – aus
allen Kombinationen von Aggregatzuständen Zweiphasen-Sys-
teme bilden.

	IN FEST	IN FLÜSSIG	IN GASFÖRMIG
FEST	Gesteine Tabletten Schießpulver	**Suspensionen**: Salbe Schlamm Dispersionsfarbe	Staub Rauch
FLÜSSIG	Ölschiefer Docht feuchtes Papier	**Emulsionen**: Creme Milch	Wolken Nebel
GASFÖRMIG	Bimsstein Keramik Styropor	Seifenschaum Schlagobers Sodawasser	--- (gibt es nicht)

Heterogene Systeme aus Gasen gibt es nicht. Alle Gase sind
IMMER unbegrenzt mischbar. Einige der möglichen Zweipha-
sen-Systeme sind so häufig, dass man ihnen eigene Namen wie
Emulsion oder **Suspension** gegeben hat. Natürlich sind aber
auch heterogene Systeme aus mehr als 2 Phasen möglich.

*Es gibt Sonderfälle, bei denen es schwierig ist zu entscheiden,
ob ein System homogen oder heterogen ist. Lösungen von Ei-*

weiß-Molekülen sind echte Lösungen, also homogen. Die Moleküle können aber so groß sein, dass sich diese Lösungen in einigen Eigenschaften beinahe wie ein heterogenes Gemisch verhalten. Solche Lösungen nennt man **Kolloide** (siehe Abschnitt 6.5).

Die physikalischen Eigenschaften eines heterogenen Systems können sich oft von denen der Einzelkomponenten stark unterscheiden. Es ist z.B. nicht ganz einfach einzusehen, dass etwas relativ Festes wie eine Creme aus 2 FLÜSSIGEN Komponenten besteht. Wenn Sie es nicht glauben wollen, so erkundigen Sie sich zu Hause, wie Mayonnaise gemacht wird – das ist genau das Gleiche! An den Phasengrenzen passiert nämlich einiges, sodass diese Grenzen oft wesentlich die Eigenschaften des gesamten Systems beeinflussen.

Reinheitskriterien:

Eigenschaften von Stoffen, die zeigen, ob ein Stoff als Reinstoff vorliegt.

Die Entscheidung, ob eine vorliegende Substanz ein Reinstoff, eine homogene Mischung oder eine heterogene Mischung ist, ist sehr wichtig. Will man einen unbekannten Stoff analysieren, so versucht man, die einzelnen Komponenten voneinander zu **trennen** und einzeln zu bestimmen. Es gibt verschiedene Kriterien – wie Schmelzpunkt, Siedepunkt, vor allem aber die verschiedenen Absorptions-Spektren –, mit denen man überprüfen kann, ob eine Substanz als Reinstoff vorliegt. Homogene Gemische (Lösungen) lassen sich durch Verdampfen, Destillieren, Ausschütteln und anderes trennen. Heterogene Gemische sind viel leichter zu trennen als homogene, da genügt oft Filtrieren oder Absetzen-Lassen. *Oft werden daher Lösungen zur besseren Auftrennung in heterogene Systeme übergeführt. Man ändert dann chemisch entweder den gelösten Stoff oder das Lösungsmittel, sodass der Stoff nicht mehr in Lösung bleibt. Es bilden sich dann 2 Phasen. Man sagt, der Stoff „fällt aus" und er „bildet einen Niederschlag". Dieser Niederschlag bleibt manchmal in Suspension, meist wird er absinken und sich nach einiger Zeit als „Bodenkörper" am Gefäßboden absetzen. Es genügt aber auch, wenn die vorher klare Lösung durch das Auftreten einer zweiten Phase trüb wird. Die beiden Phasen können dann durch Filtrieren oder Zentrifugieren voneinander getrennt werden.*

6.2.1 Phasenumwandlungen

Ein Stoff kann seinen Aggregatzustand verändern, eine Flüssigkeit kann sieden (verdampfen) und zu Gas werden, das Gas kann wieder zur Flüssigkeit kondensieren usw. Welchen Aggregatzustand ein Stoff einnimmt, hängt von seiner Temperatur und dem herrschenden Druck ab. Um alle Möglichkeiten einfach darstellen zu können, verwendet man ein sogenanntes **Zustandsdiagramm**: Das ist ein zweidimensionales Koordinatensystem, wobei auf der Abszisse die Temperatur, auf der Ordinate der Druck angegeben ist. Jede beliebige Kombination von Druck und Temperatur entspricht einem Punkt in dieser Darstellung. Man erkennt also die Bereiche, wo der Stoff fest ist, wo er flüssig ist usw. Die Grenzen zwischen fest, flüssig und gasförmig können dann als Linien angegeben werden. *Wen es interessiert: Die Grenze zwischen fest und gasförmig heißt* **Sublimationskurve**, *die zwischen flüssig und gasförmig heißt* **Dampfdruckkurve**, *die zwischen fest und flüssig heißt* **Schmelzkurve**.

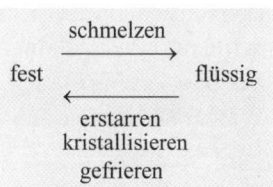

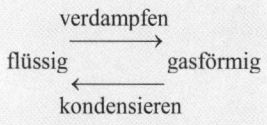

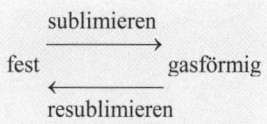

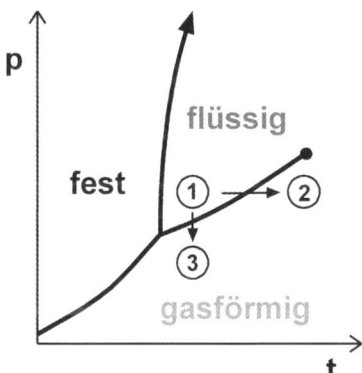

Zustandsdiagramm

Ändert man die Temperatur bei gleichbleibendem Druck, so entspricht das im Diagramm einer waagrechten Linie, ändert man den Druck bei gleichbleibender Temperatur, so entspricht das einer senkrechten Linie. *(Klar: Ändert man beides gleichzeitig, gibt das irgendeine Linie quer über das Diagramm.)* Überschreitet man dabei eine Grenze, ändert sich entsprechend der Aggregatzustand. Man kann also im oben angegebenen Beispiel von flüssig (①) zu gasförmig gehen, indem man die Temperatur erhöht (①·➔·②) oder indem man den Druck erniedrigt (①·➔·③).

Anomalie des Wassers

Betrachtet man das Zustandsdiagramm des Wassers, so fällt auf, dass die Schmelzkurve nach links geneigt ist. Das bedeutet, dass Eis durch Erhöhung des Druckes verflüssigt werden kann – eine Eigenschaft, die abgesehen von Wasser nur wenige andere Stoffe besitzen.

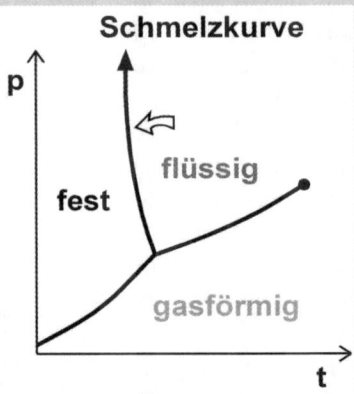

Das hängt damit zusammen, dass Eis eine geordnete Struktur besitzt, bei der die Moleküle mit Hilfe von Wasserstoffbrücken (Kapitel 2.7) sehr regelmäßig angeordnet werden und dadurch mehr Platz brauchen. In flüssigem Wasser bricht diese Ordnung teilweise zusammen und die Moleküle kommen einander näher. (Nur teilweise, es bleiben noch genug Wasserstoffbrücken übrig. Würden alle Wasserstoffbrücken zerbrechen, wäre Wasser unter Normalbedingungen ein Gas, so wie H_2S oder NH_3.) Daher nimmt Wasser ein geringeres Volumen ein als die gleiche Menge Eis. (Gilt nur für kaltes Wasser, bei 4°C hat Wasser das geringste Volumen, erhöht man die Temperatur, dehnt es sich wieder aus.)

Diese Erscheinung nennt man die **Anomalie des Wassers**. Das ist keineswegs nur eine theoretische Spielerei, sondern es gibt sehr viele praktische Konsequenzen:

1. Da Eis ein größeres Volumen hat als Wasser, schwimmt es in Wasser *(auch der Eiswürfel im Whiskyglas schwimmt in der umgebenden Flüssigkeit)*. Deshalb schwimmen Eisberge im Meer, und deshalb bedeckt Packeis die Meeresoberfläche. *Die Titanic wäre nie untergegangen, würden die Eisberge am Meeresgrund umherrollen.*

2. Friert ein Gewässer zu, so ist das Eis OBEN. Am Grund eines Sees im Winter befindet sich Wasser mit der Temperatur von 4°C. Wäre es anders – und würden unsere Seen und Flüsse von unten her zufrieren –, würden alle Pflanzen und Fische im Winter sterben.

3. Gerät Wasser in enge Spalten und friert dort, so hat das sich ausdehnende Eis die Tendenz (und oft auch die Kraft), den Spalt auseinander zu brechen. Das führt (über die Jahrtausende hinweg) zur Erosion ganzer Gebirge, aber auch (im Laufe eines Winters) zu Frostaufbrüchen von Straßen.

4. Übt man auf Eis einen Druck aus, so schmilzt es. Wenn Sie bei Glatteis auf der Straße gehen, so schmilzt das Eis unter dem Druck Ihrer Schuhsohlen. Es bildet sich ein dünner, rutschiger Flüssigkeitsfilm aus und ... platsch! Schlittschuhlaufen funktioniert nach dem gleichen Prinzip: Sie gleiten nicht auf dem Eis, sondern auf dem Flüssigkeitsfilm, den der Druck Ihrer Schlittschuhkufen erzeugt. *Beim Skifahren funktioniert das eher nicht, weil die Auflagefläche Ihrer Ski zu groß ist und somit der Druck verteilt wird. Skiläufer gleiten (zumeist) auf Schnee – deshalb muss die Ski-Unterseite auch einen Belag von Wachs oder Plastik haben, während die Schlittschuhkufen ja nur blankes Metall sind.*

Im Inneren aller Flächen des Phasendiagrammes ist im Gleichgewicht nur eine Phase stabil. Das gilt nur für das Gleichgewicht. Natürlich können Sie einen Eiswürfel in heißes Wasser werfen und hätten dann für kurze Zeit warmes Wasser und gleichzeitig Eis, der Eiswürfel wird aber so schnell wie möglich schmelzen. Wenn wir vom Gleichgewicht reden, meinen wir, dass das Verhältnis der Phasen längere Zeit gleich bleibt – jedenfalls solange keine Störungen von außen auftreten. Nur an den Trennlinien gibt es die Möglichkeit, gleichzeitig zwei verschiedene Phasen stabil im Gleichgewicht zu halten. Und an einem Punkt, dort wo die drei Kurven zusammentreffen – dem sogenannten **Tripelpunkt** –, können sogar alle drei Aggregatzustände nebeneinander bestehen.

Am Tripelpunkt können drei Aggregatzustände miteinander im Gleichgewicht stehen.

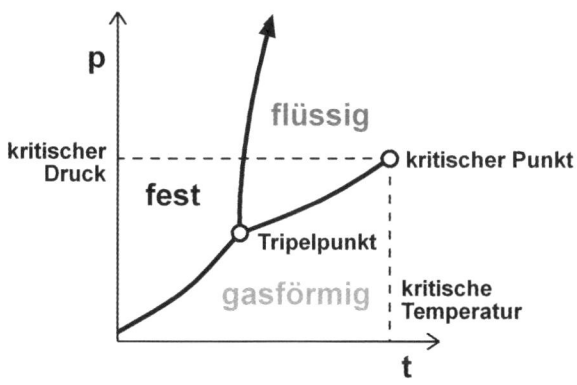

Tripelpunkt
kritischer Punkt

Es ist Ihnen vielleicht schon aufgefallen, dass die Dampfdruckkurve im Diagramm plötzlich aufhört. Der Grund dafür ist, dass
ab einer gewissen Temperatur nicht mehr zwischen flüssig und
gasförmig unterschieden werden kann, die Substanz nimmt
dann einen Zustand ein, den man als „überkritisch" bezeichnet,
es entsteht eine Art flüssiges Gas oder gasförmige Flüssigkeit.
Der letzte mögliche Punkt (also der Endpunkt der Kurve) ist
der kritische Punkt: An diesem Punkt herrschen der **kritische
Druck** und die **kritische Temperatur**.

> **Kritische Temperatur:**
>
> Jene Temperatur, oberhalb
> der ein Gas durch Druck-
> erhöhung nicht verflüssigt
> werden kann.

Eigenschaften von Lösungen

Hat man im Wasser z.B. Kochsalz gelöst, so umgeben sich die Ionen des
Salzes mit Wassermolekülen. Die Ionen wollen diese Wassermoleküle möglichst behalten. Wenn das Wasser verdampft, würden sie allein zurückbleiben (und müssten wieder zu festem Kochsalz werden). Gefriert das Wasser,
so finden sie auch im Kristallgitter des Eises keinen Platz. Also haben die
gelösten Ionen die Tendenz, Verdampfen oder Gefrieren möglichst zu verhindern. Man braucht daher eine **höhere** Temperatur, um eine Salzlösung
zum Sieden zu bringen, und analog eine **tiefere** Temperatur, um sie einzu-
frieren, als das bei reinem Wasser der Fall wäre. Auch der normale Dampf-
druck wird niedriger – eine Salzlösung verdunstet also weniger rasch als reines Wasser.

Man kann diese Eigenschaften am Zustandsdiagramm erkennen, der Bereich
der flüssigen Phase wird auf Kosten der anderen beiden Phasen größer. Man
erkennt dann, dass bei einem gegebenen Druck (waagrechter Strich in der
Abbildung) sich Siedepunkt und Gefrierpunkt entsprechend ändern müssen.

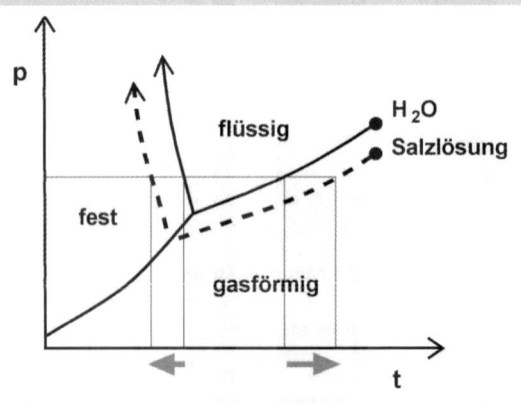

Diese Eigenschaft gilt natürlich nicht nur für Salz und Wasser, sondern für beliebige Stoffe in beliebigen Lösungsmitteln (Alkohol, Benzol usw.) Wir haben es nur am Beispiel des Wassers erklärt, weil das der wichtigste Fall ist. Man spricht in diesem Zusammenhang auch von **Dampfdruckerniedrigung**, von **Siedepunkterhöhung** und von **Gefrierpunkterniedrigung** von Lösungen. Da diese Eigenschaften nur von der Teilchenzahl abhängen (doppelt so viele gelöste Teilchen – gleichgültig welche – geben die doppelte Erniedrigung bzw. Erhöhung), kann man damit die Teilchenzahl in einer Lösung bestimmen. (Das braucht kein Mensch, aber wenn Sie wissen, wie viel Gramm Stoff in einer Lösung vorhanden sind und auch wie viele Teilchen das sind, so haben Sie die Möglichkeit, die Masse der Teilchen zu bestimmen – und das ist wichtig. So hat man von vielen – zunächst unbekannten – Stoffen die relative Molekülmasse bestimmt.)

Es gibt auch praktische Konsequenzen. Sie wissen, dass die Meere (enthalten etwa 3% Kochsalz) im Winter nicht gleich zufrieren (außer es ist SEHR kalt, wie in der Arktis oder der Antarktis). Andererseits kann man Eis bei schwachen Minusgraden verflüssigen, indem man Salz darauf streut. Also streut man im Winter Salz auf Autobahnen, um Glatteisbildung zu verhindern (hat es einmal -20°C ist es zu kalt, dann hilft die Salzstreuung auch nicht mehr).

6.3   Verteilung und Diffusion

Wir haben bereits den Unterschied zwischen polaren und apolaren Lösungsmitteln kennengelernt (Kap. 1.8). Sie wissen auch, dass sich apolare Stoffe gut in apolaren Lösungsmitteln, polare gut in polaren Lösungsmitteln lösen. Wenn wir ein polares und ein apolares Lösungsmittel – z.B. Wasser und Chloroform – in eine Eprouvette (= Proberöhrchen) bringen, so mischen sich die beiden nicht. Wir erhalten zwei übereinander geschichtete Phasen.

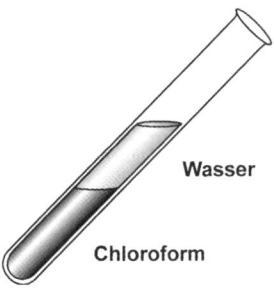

Wasser

Chloroform

Wir wollen jetzt in diesem System einen Stoff lösen, z.B. Brom. Brom löst sich etwas in Wasser, aber viel besser in Chloroform. Daher wird der Großteil des Br_2 im Chloroform zu finden sein und nur eine geringe Menge im Wasser. Dabei ist völlig gleichgültig, in welcher Reihenfolge wir die 3 Komponenten mischen. Es stellt sich immer wieder dasselbe Gleichgewicht zwischen den Konzentrationen von Br_2 in Wasser und in Chloroform ein.

Verteilungs-
gleichgewicht

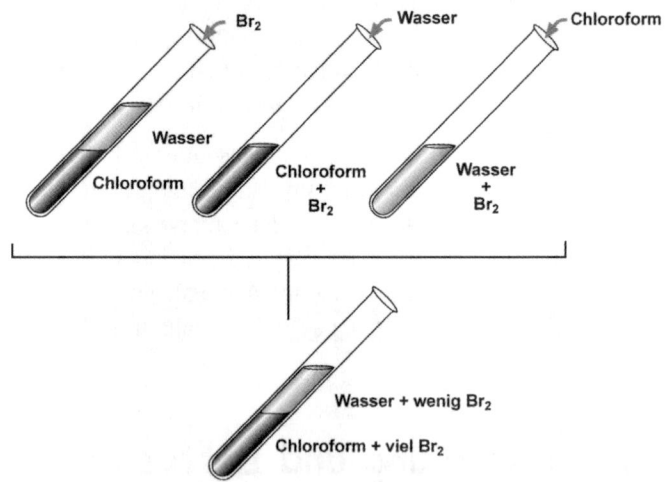

Dabei bleibt jedoch nicht jedes Br_2-Molekül ständig in seiner Phase, sondern es treten andauernd Br_2-Moleküle vom Wasser ins Chloroform über und GENAU GLEICH VIELE vom Chloroform ins Wasser. Wir haben wieder ein dynamisches Gleichgewicht, diesmal ein sogenanntes **Verteilungsgleichgewicht**, das wir wie eine chemische Reaktion formulieren können.

$$Br_2 \text{ (in Wasser)} \quad \rightleftharpoons \quad Br_2 \text{ (in Chloroform)}$$

Wir können diese Gleichung analog wie eine Reaktionsgleichung mit dem Massenwirkungsgesetz behandeln. Wenn wir die Konzentration in Wasser mit c_2 und die Konzentration in Chloroform mit c_1 bezeichnen, erhalten wir:

$$K = \frac{c_1}{c_2}$$

$$K = \frac{c_1}{c_2}$$

Dieses Gesetz heißt **Nernstscher Verteilungssatz**. *Vorsicht! Es gibt auch eine Nernstsche Gleichung, mehr davon in Kapitel 7.4. Verwechseln Sie die beiden Formeln nicht! Herr Nernst war eben sehr produktiv!* In Worten ausgedrückt würde es etwa so lauten: **Das Verhältnis der Konzentrationen eines sich zwischen 2 Phasen verteilenden Stoffes ist im Gleichgewicht bei gegebener Temperatur konstant.** Dieses Verhältnis ändert sich auch nicht, wenn man die Eprouvette kräftig schütteln würde. Dann emulgieren wir zwar Wasser und Chloroform ineinander und die Grenzflächen werden viel größer, die Konzentrationen von Brom bleiben aber nach wie vor dieselben. Hätten wir aber noch kein Gleichgewicht (wenn wir Br_2 gerade erst zugegeben hätten), so würde die Einstellung des Gleichgewichtes durch unser Schütteln wesentlich beschleunigt, da durch die Vergrößerung der Phasengrenzen der Stoff leichter von einer in die andere Phase übertreten kann.

Preisfrage: Welche Dimension hat K *(immer!) im Nernstschen Verteilungssatz?*

*Verteilungsgleichgewichte können zur Trennung von Substanzgemischen verwendet werden. Man nennt diese Verfahren **Extraktionsverfahren**, weil ein Stoff aus dem Gemisch in eine andere Phase **extrahiert** (= herausgezogen) wird. Nehmen wir an, wir hätten eine Lösung von Iod (I_2) und Natriumiodid (NaI) in Wasser. Iod wäre in einem apolaren Lösungsmittel viel besser löslich, das Salz Natriumiodid löst sich praktisch nur in polaren Lösungsmitteln. Wir geben also Chloroform dazu, schütteln das Ganze, damit sich das Gleichgewicht möglichst rasch einstellt (man nennt diese Prozedur auch **Ausschütteln**), und warten dann, bis sich die beiden Phasen wieder voneinander getrennt haben. Dann ist fast alles Iod im Chloroform und praktisch alles Natriumiodid im Wasser; wenn wir die beiden Phasen voneinander trennen, haben wir somit auch Natriumiodid und Iod voneinander getrennt.*

Man kann aber auch zwei Lösungen übereinander schichten, die sich nur durch die Konzentration eines gelösten Stoffes unterscheiden. Nimmt man zum Beispiel eine Lösung von Zucker in Wasser, so kann man darüber (die schwerere Lösung muss natürlich unten sein) vorsichtig reines Wasser schichten.

Das Konzentrationsverhältnis eines zwischen zwei Phasen verteilten Stoffes ist konstant.

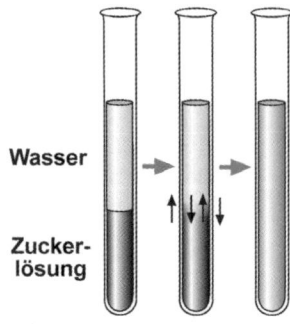

Wasser

Zucker-lösung

Diffusion:

Konzentrationsunter-schiede in zwei sonst gleichen Lösungen werden ausgeglichen.

Wieder werden die Moleküle des Zuckers wandern, aber zunächst werden viel mehr Moleküle von der Zuckerlösung ins Wasser wandern als umgekehrt. *Natürlich wandern die Moleküle des Lösungsmittels ebenfalls, aber das bleibt hier unbemerkt.* Das Gleichgewicht wird sich erst einstellen, wenn beide Lösungen die gleiche Konzentration an Zucker aufweisen (das kann Tage dauern). Diese Erscheinung, dass Stoffe von konzentrierten Lösungen in verdünnte auswandern – also mit dem Konzentrationsgefälle wandern –, nennt man **Diffusion**. Natürlich nimmt dabei die Unordnung zu – Diffusion ist ein typisches Beispiel für einen entropiegetriebenen Prozess (vergleichen Sie mit Kapitel 5).

6.4 Osmose

Wie für die Diffusion nehmen wir wieder zwei Lösungen, eine konzentrierte und eine verdünnte, aber diesmal trennen wir die beiden *(boshaft)* durch eine sogenannte **semipermeable Membran**. Das ist eine Membran, die zwar die kleinen Moleküle des Lösungsmittels durchlässt, nicht aber die großen Moleküle des gelösten Stoffes. Die Moleküle des Stoffes können daher nicht auswandern und wir haben damit jetzt – wie wir glauben – der Entropie ein Schnippchen geschlagen und den Konzentrationsausgleich verhindert. Die Entropie weiß sich aber zu helfen. Es strömen nämlich die Lösungsmittelmoleküle vermehrt in die konzentriertere Lösung, sodass diese verdünnt wird. Diese Erscheinung nennt man **Osmose**. Die Entropie ist erstaunlich stark, der Druck, mit dem das Lösungsmittel die Membran passiert, kann viele bar ausmachen.

semipermeable Membran   *Osmose*

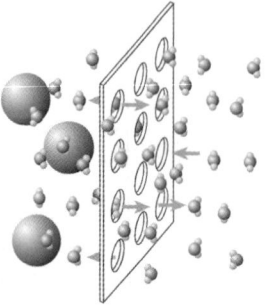

Wasser   **Zucker-lösung**

semipermeable Membran

Man kann den **osmotischen Druck** mit einer Gleichung ausrechnen, die der Gleichung für ideale Gase entspricht:

$$p \times V = n \times R \times T \quad \text{oder} \quad p = \frac{n}{V} \times R \times T$$

Statt p schreiben wir π (der osmotische Druck) und n / V ist ja
eine Konzentration (die Konzentrationsdifferenz zwischen den
beiden Lösungen):

$$\pi = c \times R \times T$$

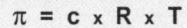

$$\pi = c \times R \times T$$

Lebende Zellen sind durch eine semipermeable Membran von ihrer Umgebung getrennt.
Der Druck, der dabei entsteht, reicht aus, um
z.B. Wasser in Pflanzen von den Wurzeln bis
in die Spitzen zu drücken *(und das sind bei einem hohen Baum allerhand Meter)*. Das bedeutet aber auch, dass die Umgebung von
Zellen ziemlich genau dieselbe Konzentration
an gelösten Stoffen haben muss wie das Zell-
innere – der osmotische Wert innen und außen
muss gleich sein. *Das heißt natürlich nicht,
dass sich innen und außen dieselben Stoffe befinden müssen. Wenn im Zelllinneren z.B. Zucker vorkommt, kann dessen osmotischer
Druck außen durch z.B. Kochsalz ausgeglichen werden.*

Ist der osmotische Wert der Umgebung höher (hyperton),
strömt Wasser hinaus und die Zelle schrumpft *(oder wird
schlaff – stellen Sie Schnittblumen statt in reines Wasser in eine
Zuckerlösung und beobachten Sie, wie rasch die dann welk
werden)*. Ist der osmotische Wert außen niedriger (hypoton),
strömt Wasser in die Zelle, die Zelle wird prall und kann sogar
platzen. Deshalb platzen Erythrocyten (rote Blutkörperchen),
wenn man sie in reines Wasser oder verdünnte Lösungen tropft.
Damit die Erythrocyten, z.B. bei der Abnahme einer Blutprobe,
intakt bleiben, muss man sie in sogenannte physiologische
Lösungen bringen (z.B. in 0.15 mol / l Kochsalz).

hypoton:

niedrigerer osmotischer
Wert

hyperton:

höherer osmotischer Wert

isoton:

gleicher osmotischer Wert
(= physiologisch)

Man kann andere semipermeable Membranen herstellen, die außer dem Lösungsmittel auch kleinere gelöste Moleküle durchlassen und nur große Moleküle zurückhalten. Damit kann man dann nieder- von hochmolekularen Stoffen abtrennen, z.B. kann man Proteinlösungen damit entsalzen. *Die Proteine müssen zurückbleiben, während sich das Salz in dem Überschuß an Lösungsmittel außen löst. Um das Salz nahezu komplett los zu werden, muss man das Lösungsmittel außen eben mehrmals wechseln.* Das entsprechende Verfahren nennt man **Dialyse**.

Dialyse:

trennt verschieden große Moleküle mit Hilfe einer semipermeablen Membran.

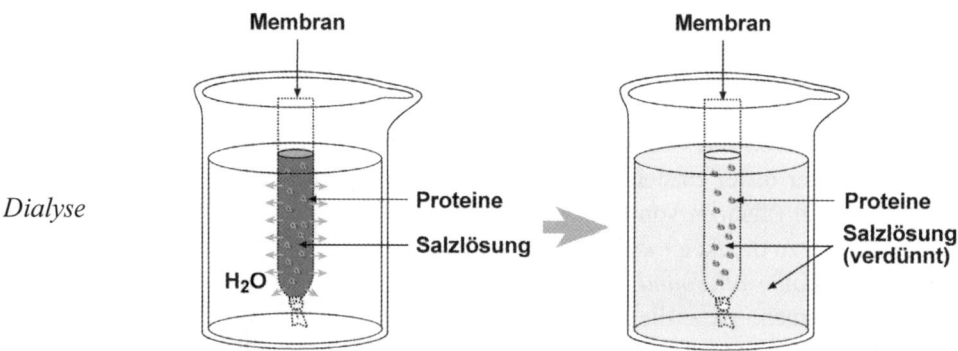

Dialyse

6.5   Kolloide

Kolloide:

eine Zwischenstufe zwischen echter Lösung und Suspension.

Kolloide sind Lösungen, in denen die gelösten Teilchen so groß sind, dass sie einen Übergang zwischen echten Lösungen und Suspensionen darstellen. Die gelösten Teilchen können sehr große Moleküle (Proteine, Nukleinsäuren, Polysaccharide) oder Aggregate von Molekülen sein. Hält man kolloidale Lösungen vor eine Lichtquelle, so erscheinen sie durchsichtig wie eine echte Lösung. Trifft jedoch das Licht seitlich auf, so wird doch genug Licht gestreut, dass man den Eindruck einer leicht wolkig-trüben Flüssigkeit erhält. Zwar sind die Teilchen zu klein, um selbst sichtbar zu sein, aber das gestreute Licht kann man erkennen. Diese Erscheinung heißt **Tyndall-Effekt**. Er tritt auch auf, wenn ein Sonnenstrahl von der Seite in eine dunklen Raum fällt, plötzlich „sieht" man die vorher unsichtbaren Staubteilchen im Licht tanzen (man sieht sie nicht wirklich, sondern nur das von ihnen gestreute Licht).

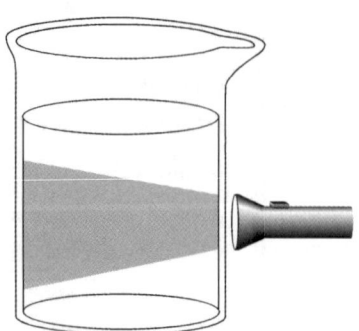

Ist eine kolloidale Lösung konzentriert genug, so können auch die Teilchen des Kolloids miteinander in Wechselwirkung treten. Man hat dann eine Art Gerüst und die Moleküle des Lösungsmittels befinden sich in den Zwischenräumen (so ähnlich wie bei einem Badeschwamm). Solche Kolloide sind schwabbellig-steif und werden **Gel** genannt. Erwärmt man das Gel, so verlieren die Kolloidteilchen ihren Kontakt untereinander und alles wird wieder flüssig, es bildet sich ein **Sol**. Kühlt man ab, so wird wieder ein Gel daraus. Durch Erwärmen und Abkühlen kann man die beiden Formen beliebig oft ineinander umwandeln. *Beispiele für Gel / Sol-Systeme im täglichen Leben sind Gelatine (was man in der Umgangssprache als Aspik bezeichnet), Gelee, Pudding usw.*

> Kolloide können als Sol oder als Gel vorliegen. Durch Temperaturänderung sind die beiden Formen ineinander umwandelbar.

Man kann Kolloide zerstören, indem man die Eigenschaften des Lösungsmittels verändert. Dabei wird die Lösungsmittel-Hülle, die die Teilchen umgibt, destabilisiert – die Teilchen ballen sich zu größeren Einheiten zusammen, es entsteht eine Suspension. *Das Kolloid fällt aus, es „flockt" aus.* Zum Beispiel können in Wasser gelöste Proteine durch Zugabe von organischen Lösungsmitteln (Alkohol, Azeton) ausgefällt werden. Man kann die Hydrathülle aber auch durch Zusatz von viel Salz destabilisieren. *Die Salz-Ionen nehmen dem Protein das Wasser weg und die Proteine fallen aus; man nennt dieses Verfahren „Aussalzen".*

> Durch Änderung des Lösungsmittels oder durch Ionenzugabe kann man Kolloide ausfällen.

6.6   Adsorption

In Abschnitt 6.3 haben wir das Verteilungsgleichgewicht zwischen zwei flüssigen Phasen kennen gelernt. Es gibt noch andere Verteilungsgleichgewichte zwischen Phasen. So kann sich ein Stoff zwischen der OBERFLÄCHE einer festen Phase und dem Inneren einer flüssigen oder gasförmigen Phase verteilen. Der Stoff kann ein Gas sein, eine Flüssigkeit oder ein in einer Flüssigkeit gelöster Stoff. Der Stoff wird an der Oberfläche der festen Phase **adsorbiert.** *Würde er IN die feste Phase eindringen, würde er **absorbiert** werden – nicht verwechseln!* Auch dieses **Adsorptionsgleichgewicht** ist ein dynamisches Gleichgewicht. Natürlich wird umso mehr adsorbiert, je höher die Konzentration des Stoffes in der flüssigen Phase ist, bzw. je höher der Partialdruck des Stoffes in der Gasphase ist.

> **Adsorbens**:
>
> ein fester Stoff mit Oberfläche, an der adsorbiert werden kann.

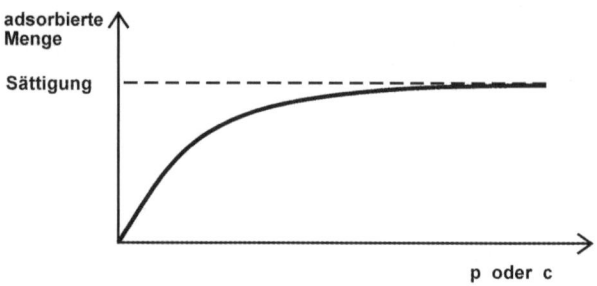

Die oben gezeigt Kurve gilt für die sogenannte chemische Adsorption, bei der die Oberfläche eine ganz bestimmte Anzahl
von Bindungsstellen für den Stoff besitzt. Wenn diese Stellen
alle besetzt sind, ist die Oberfläche gesättigt, und mehr kann
nicht aufgenommen werden (wenn im Kino alle Plätze besetzt
sind, darf niemand mehr hinein).

Es gibt aber auch eine sogenannte physikalische Adsorption,
bei der Van-der-Waals-Kräfte zwischen den Stoffmolekülen
eine Rolle spielen. Dann wird bei höherer Konzentration – oder
höherem Partialdruck – plötzlich noch weiter Stoff an der
Oberfläche adsorbiert und die Kurve geht nochmals nach oben
(dann nimmt im Kino jeder Besucher noch weitere auf den
Schoß).

6.7 Oberflächenspannung

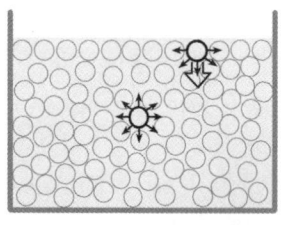

**Hydrophil (= lipophob)
„wasserliebend":**

Substanzen, die mit
Wasser und anderen
polaren Lösungsmitteln
gerne in Wechselwirkung
treten (enthalten Ladungen
oder Dipole).

Die Teilchen einer Flüssigkeit ziehen sich gegenseitig an. Daher werden Teilchen, die sich an der Oberfläche befinden, ins
Innere gezogen und die Flüssigkeit hat das Bestreben, ihre
Oberfläche möglichst klein zu halten. Da eine Kugel von allen
Körpern bei gegebenem Volumen die kleinste Oberfläche hat,
versuchen Flüssigkeiten diese Kugelform anzunehmen. *Natürlich werden sie durch die Schwerkraft daran gehindert. Aber
fallende Tropfen oder kleine Tropfen auf einer Fläche kommen
der Kugelgestalt recht nahe - auch wenn man z.B. Öl in Wasser
fein suspendiert, werden die Öltropfen kugelig sein.*

*Das gilt natürlich alles nur so lange, wie die Flüssigkeitsteil-
chen nicht mit einer anderen Phase in Berührung kommen, die
sie stärker anzieht als die eigenen Artgenossen. Wasser auf
einer fettigen (= hydrophoben) Glasscheibe perlt in Tropfen, ist
die Glasscheibe dagegen perfekt sauber (= hydrophil), verteilt*

sich das Wasser gleichmäßig auf der Glasoberfläche, weil die Wassermoleküle das saubere Glas attraktiv finden.

Weil also Flüssigkeiten ihre Oberfläche klein halten wollen, so muss man Arbeit leisten, sobald man deren Oberfläche vergrößert. Die dazu nötige Arbeit heißt **Oberflächenspannung**. Sie nimmt mit steigender Temperatur ab und ist besonders ausgeprägt bei Flüssigkeiten mit starken zwischenmolekularen Kräften *(also bei Wasser wegen der Wasserstoffbrücken, siehe Kapitel 2.7).*

Während hydrophile Stoffe in Wasser hineingezogen werden, haben hydrophobe Stoffe die Tendenz, an der Oberfläche zu bleiben (denken Sie an einen Benzintropfen, der sich als hauchdünne Schicht über eine Wasseroberfläche verteilt). Es gibt aber Stoffe, welche beides sind, die also ein hydrophiles und ein hydrophobes Ende besitzen. Diese sammeln sich besonders gut an der Flüssigkeitsoberfläche (oder auch an Grenzflächen zu einer anderen Phase) und strecken dann ihr hydrophiles Ende ins Wasser und das hydrophobe Ende aus dem Wasser heraus *(z.B. in eine hydrophobe Phase, falls eine vorhanden ist)*. So wird aber die Tendenz der Flüssigkeit, eine kleine Oberfläche zu bilden, herabgesetzt (im Gegenteil, die flüssige Phase braucht viel Oberfläche, damit für die Substanz genug Platz ist). Solche Stoffe vermindern daher die Oberflächenspannung, sie werden als **oberfächenaktive Stoffe** oder als **grenzflächenaktive Stoffe** oder als **Netzmittel** oder als **Tenside** bezeichnet.

Hydrophob (= lipophil) „wasserfeindlich":

Substanzen, von denen sich Wasser (und andere polare Lösungsmittel) abstoßen.

hydrophob

hydrophil

Tenside:

Netzmittel, oberflächenaktiv, grenzflächenaktiv

$$^-O\underset{\underset{O}{\|}}{C}{\sim}^{CH_2}{\sim}_{CH_2}{\sim}^{CH_2}{\sim}_{CH_2}{\sim}^{CH_2}{\sim}_{CH_2}{\sim}^{CH_2}{\sim}_{CH_2}{\sim}^{CH_2}{\sim}_{CH_2}{\sim}^{CH_3}$$

Na^+

Tensid

Beispiele für Tenside, die im täglichen Leben Verwendung finden, sind alle Reinigungsmittel, mit denen man im Haushalt wäscht oder putzt, also Seife, Waschmittel, Geschirrspülmittel, Glasreiniger usw. Das älteste davon ist die Seife. Das sind einfach Salze langkettiger organischer Säuren (da diese Säuren in den Fetten vorkommen, heißen sie Fettsäuren), die lange organische Kette ist hydrophob (also lipophil = fettliebend), das geladene Ende ist natürlich hydrophil.

Da Seifen einige Nachteile aufweisen (sie werden in hartem, kalkreichem Wasser unwirksam; man kann sie nicht zu Pulver für die Waschmaschine verreiben; sie schäumen im Geschirrspüler zu stark), haben Chemiker viele ähnliche Verbindungen mit geänderten Eigenschaften hergestellt. Das sind die verbreiteten synthetischen Waschmittel. Man hat auch Tenside synthetisiert, die eine positive Ladung tragen (also umgekehrt wie Seife, die immer negativ geladen ist). Diese Stoffe heißen „Invertseifen".

Tensidmicelle

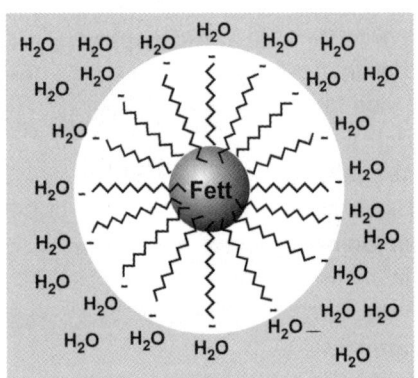

Seife (oder andere Tenside) können Stoffe, die sich normalerweise nicht in Wasser lösen würden, in eine wässrige Lösung bringen. Wäscht man z.B. seine fettverschmierten Hände mit Seife, so binden sich viele Seifenmoleküle mit dem lipophilen Ende an jeden Fetttropfen, während die hydrophilen Enden ins Wasser zeigen und das ganze Aggregat – man nennt so etwas **Micelle** – in der Lösung halten. Daher gehen Fett und Schmutz in die wässrige Phase, und die Hände werden sauber.

Übungen zu Kapitel 6

60.   Wie viel g Sauerstoff enthalten 90.8 l dieses Gases bei 1 bar und 273 K?

61.   Sie haben einen Liter Gas bei einem Druck von 2 bar und einer Temperatur von 0°C. Sie erwärmen das Gas auf 100°C und erhöhen den Druck auf 3 bar. Wie groß ist das entstehende Gasvolumen?

62*. Aus wie vielen Phasen und aus welchen Phasen (Aggregatzustand, Gemisch oder Reinstoff) bestehen folgende Systeme:

Tinte	Tusche	Zahnpaste
ein trockener Badeschwamm	ein nasser Badeschwamm	Staubzucker
Würfelzucker	ein Eisberg, der bei dichtem Nebel im Ozean schwimmt	der Ast an an einem Baum
ein Pudding	ein Krügel Bier	

63*. Beim Eislaufen fährt der Schlittschuh auf einem dünnen Wasserfilm, beim Skilauf nur selten. Wie kann man feststellen, ob Ihr Ski auf einem Schnee- oder Wasserfilm gleitet?

64. Ein Stoff löst sich neunmal besser in Chloroform als in Wasser ($K = c_1/c_2 = 9$). Wir haben 100 ml einer wässrigen Lösung mit der Konzentration $c = 0.1$ mol / l.

    a) Wir schütteln mit 100 ml Chloroform aus. Wie groß sind die Konzentrationen im Gleichgewicht?

    b) Wir schütteln stattdessen mit 400 ml Chloroform aus. Wie groß sind jetzt die Gleichgewichtskonzentrationen?

    c) Wir schütteln die wässrige Lösung viermal nacheinander mit je 100 ml Chloroform aus. (Also wir schütteln einmal mit 100 ml Chloroform aus, trennen dann die beiden Phasen, geben zur wässrigen Phase nochmals 100 ml Chloroform, schütteln, trennen die Phasen, geben zur wässrigen Phase wieder 100 ml Chloroform, ...) Wie groß ist jetzt die Endkonzentration des Stoffes in der wässrigen Phase?

65. Wie groß ist der osmotische Druck einer Zuckerlösung ($c = 1$ mol / l) gegen Wasser (Temperatur 25°C, $R = 0.0831$ bar $\times$ l / mol $\times$ K)?

66*. Wieso kann man mit Seifenwasser Seifenblasen herstellen, mit reinem Wasser aber nicht? Und wieso schäumt Seife im Wasser?

7 ELEKTROLYTE

Wenn wir ein Salz wie z.B. Kochsalz in Wasser lösen, so zerfällt das Kristallgitter und die Ionen (Anionen und Kationen) befinden sich einzeln in Lösung. Jedes Ion ist dann von einer Hülle von Wassermolekülen umgeben. Die Dipole des Wassers richten sich so aus, dass die Ladung des Ions weitgehend neutralisiert wird. Deswegen brauchen Salze unbedingt polare Lösungsmittel, apolare Lösungsmittel können mit der Ladung der Ionen nicht in Wechselwirkung treten.

Die Lösung ist immer einfach, man muss sie nur finden.

Alexander Solschenizyn (1918-2008)

Man kann sich vorstellen, dass beim Lösen eines Salzkristalls sich die Lösungsmittelmoleküle zwischen die einzelnen Ionen im Kristallgitter schieben und dabei ein Ion nach dem anderen herausbrechen und in Lösung halten. Diesen Vorgang nennt man **Solvatation** (mit Wasser als Lösungsmittel heißt es **Hydratation**).

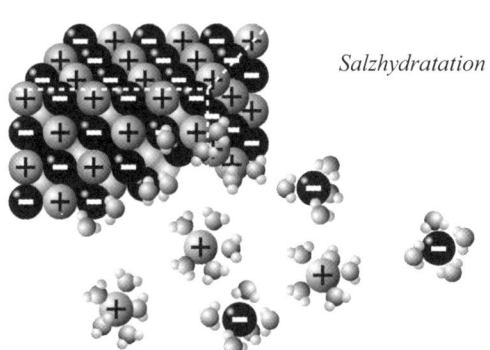

Salzhydratation

So eine Salzlösung hat einige charakteristische Eigenschaften, die durch die Ladung der Ionen verursacht werden. Steckt man zwei Drähte in die Lösung und legt elektrische Spannung an diese Drähte, so wandern die Ionen.

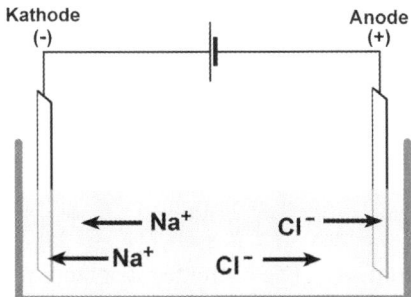

Aus diesem Grund leiten solche Lösungen den elektrischen Strom. Der Ladungstransport wird dabei von den Ionen übernommen. *In Metallen leiten die Elektronen den Strom.* Wenn man die Ionen wandern lässt, sammeln sich mit der Zeit die Kationen bei einem Draht (bei der **Kathode**), die Anionen beim

Elektrolyte:

dissoziieren in wässriger Lösung in Ionen.

anderen (der **Anode**). Auf diese Weise kann man die Ionen voneinander trennen. Diese Trennung in Anionen und Kationen heißt **Elektrolyse** (siehe Kap. 9.6).

Echte Elektrolyte:

bestehen auch in fester Form aus Ionen.

Stoffe, die in wässriger Lösung in geladene Teilchen zerfallen, nennt man **Elektrolyte** und den Vorgang des Zerfalls **elektrolytische Dissoziation.** *Ganz allgemein bedeutet Dissoziation den Zerfall eines Moleküls in zwei oder mehr Teile.* Salze, die immer in Ionenform vorliegen, entweder im Kristallgitter oder solvatisiert in einem polaren Lösungsmittel, sind **echte Elektrolyte**. Es gibt aber auch Stoffe, die als Moleküle vorkommen und erst in Ionen dissoziieren, wenn sie in einem polaren Lösungsmittel gelöst werden. Solche Stoffe brauchen das Lösungsmittel, um ihre Ionen zu stabilisieren, sie werden als **potenzielle Elektrolyte** bezeichnet.

Potenzielle Elektrolyte:

zerfallen erst beim Lösen in Ionen.

So ein potentieller Elektrolyt muss nicht unbedingt vollständig dissoziieren. Es gibt auch Elektrolyte (z.B. Wasser), die in Lösung nur zu einem geringen Teil in Ionen zerfallen, so etwas ist ein **schwacher Elektrolyt**. Ein **starker Elektrolyt** ist folgerichtig dann einer, der in Lösung vollständig (oder fast vollständig) dissoziiert. *Also bitte nicht potenzielle Elektrolyte mit schwachen Elektrolyten verwechseln.*

Schwache Elektrolyte sind wenig dissoziiert, starke (fast) vollständig.

Elektrolyte sind Säuren, Basen, Salze und Wasser(!).

7.1 Säuren und Basen

Wenn Wasser ein Elektrolyt ist, so muss es in wässriger Lösung in Ionen zerfallen (= dissoziieren).

$$H_2O \;\rightleftharpoons\; H^+ \;+\; OH^-$$

In wässriger Lösung gibt es keine H^+-Ionen, sondern nur H_3O^+-Ionen.

Diese Gleichung ist nicht ganz richtig. H^+ gibt es in wässriger Lösung nicht, sondern statt dessen H_3O^+, das **Oxonium–Ion** (auch Hydronium-Ion). Die korrekte Gleichung wäre also:

$$2\,H_2O \;\rightleftharpoons\; H_3O^+ \;+\; OH^-$$

Natürlich sind auch alle diese Ionen nicht frei im Wasser, sondern umgeben sich mit einer Hülle von neutralen Wassermolekülen. Die Anlagerung von solchen Wasserdipolen an Ionen nennt man **Hydratisierung**. Grundsätzlich sind alle Ionen in wässriger Lösung immer hydratisiert. Damit die Reaktionsgleichungen nicht unnötig kompliziert werden, schreibt man aber immer nur die Ionen auf und berücksichtigt die Hydrathülle nicht. Daher hat es sich auch eingebürgert, H^+ zu schreiben, wenn man Oxonium-Ionen meint.

Wir können die Dissoziation des Wassers mit Hilfe des Massenwirkungsgesetzes quantitativ erfassen und die Dissoziationskonstante K (das ist die Massenwirkungskonstante der Dissoziation) messen.

$$H_2O \rightleftharpoons H^+ + OH^- \qquad K = \frac{[H^+] \times [OH^-]}{[H_2O]} = 1.8 \times 10^{-16}$$

Diese Dissoziationskonstante ist sehr klein. Praktisch alles Wasser ist Wasser, und nur ein verschwindend kleiner Anteil liegt als H^+ und OH^- vor.

Reines Wasser ist nur ganz wenig in Ionen dissoziiert.

H^+ und OH^- stehen daher in allen wässrigen Lösungen im Gleichgewicht. Man könnte dieses Gleichgewicht verschieben, indem man H^+ oder OH^--Ionen zugibt. Wenn wir H^+ zusetzen, so werden diese Ionen mit OH^- zu Wasser reagieren, bis sich das Gleichgewicht wieder einstellt. Wir haben dann noch immer mehr H^+, aber viel weniger OH^--Ionen in der Lösung als vorher.

Nun kann man natürlich keine H^+-Ionen in Pulverform in die Lösung streuen. Man kann aber statt dessen einen Elektrolyten in die Lösung geben, der in H^+-Ionen (und andere Ionen) zerfällt. So einen Elektrolyten, der in wässriger Lösung H^+-Ionen abgibt, nennt man **Säure**.

Einen Stoff, der H^+-Ionen aufnimmt, nennt man **Base**. Die wichtigste Base ist das Hydroxid-Ion OH^-. Ein Elektrolyt, der in wässriger Lösung OH^--Ionen abgibt, reagiert daher in dieser Lösung basisch. *Nach einer veralteten Definition sind Basen Stoffe, die OH^--Ionen abgeben. Daher werden leider immer noch Stoffe, wie z.B. $NaOH$ – zerfällt in Na^+ und OH^- – als Basen bezeichnet. Das ist falsch, das OH^- ist die Base. Aber altgewohnte Namen lassen sich schwer ausrotten. Die richtige Bezeichnung für einen Stoff wie $NaOH$ wäre basisches Hydroxid. Die Hydroxide der Alkalimetalle wie $LiOH$, $NaOH$, KOH*

Säuren:
geben H^+-Ionen ab,

Basen:
nehmen H^+-Ionen auf.

bzw. ihre Lösungen in Wasser werden im konventionellen Sprachgebrauch sehr oft als „Lauge" bezeichnet. Alle sind immer praktisch vollständig dissoziiert und bilden auch als feste Stoffe ein Ionengitter.

Eine Säure muss im Molekül (oder Ion) mindestens ein Wasserstoffatom besitzen, das als Proton abgegeben werden kann. Dagegen braucht eine Base mindestens ein freies Elektronenpaar, an das sich ein Proton binden kann. Wir brauchen nicht unbedingt eine wässrige Lösung, um eine Säure oder Base zu erhalten. Wir kommen damit zur Definition von Brönsted, der diese Stoffe nur als Akzeptoren (= Aufnehmer) oder Donatoren (= Abgeber) von Protonen bezeichnet, unabhängig davon, in welcher Lösung sie sich befinden.

Säuren sind Protonendonatoren.

Basen sind Protonenakzeptoren.

Dann muss es natürlich noch Elektrolyte geben, die weder das eine noch das andere können, weil sie eben aus anderen Ionen bestehen. Diese Elektrolyte sind dann Salze. Aber Vorsicht, es gibt auch Salze mit sauren oder basischen Eigenschaften!

Preisfrage: Wozu gehört Wasser? Es setzt in wässriger Lösung H^+ und OH^- frei! (Für die Antwort siehe Abschnitt 7.2.4.)

7.1.1 Protolyse

Säuren sind potentielle Elektrolyte. Sie geben in wässriger Lösung H^+-Ionen ab:

$$HCl \rightleftharpoons H^+ + Cl^-$$

$$HNO_2 \rightleftharpoons H^+ + NO_2^-$$

$$H_2SO_4 \rightleftharpoons 2\,H^+ + SO_4^{2-}$$

Bei dieser Dissoziation entstehen neben den Wasserstoff-Kationen auch Anionen. Früher hat man diese **Säure-Anionen** auch als „Säure-Reste" bezeichnet. Wenn man allgemein die Eigenschaften von Säuren betrachtet und man sich nicht auf eine bestimmte Säure festlegen will, so schreibt man die Säure gerne als HA und das entsprechende Anion als A^- auf. *Wir werden uns dieser Kurzschreibweise oft bedienen, verwechseln Sie das bitte nicht mit einer echten chemischen Formel!* Die Reaktionsgleichung einer Säuredissoziation sieht daher allgemein so aus:

Säuren dissoziieren in wässriger Lösung in H^+ und Anionen.

$$HA \ \rightleftharpoons \ H^+ \ + \ A^-$$
Säure

Die undissoziierte Säure muss jedoch keineswegs ungeladen sein! Zwar gibt es viele ungeladene Säuren (werden auch „**Neutralsäuren**" genannt) wie HJ, H_2S, H_3PO_4, es kommen aber auch positiv geladene Säuren (NH_4^+, H_3O^+, ...) und negativ geladene Säuren (HCO_3^-, HSO_3^-, $H_2PO_4^{2-}$, ...) vor.

Die Reaktionsgleichung, wie sie oben angegeben ist, gibt es aber nicht. Die Wasserstoff-Ionen, von denen hier ständig die Rede ist, sind ja eigentlich nur mehr nackte Protonen ohne ein einziges Elektron. Da diese sehr klein und sehr beweglich sind, sind sie äußerst reaktionsfähig und wollen mit einem Partner reagieren. So ein Partner – wenn er ein H^+ aufnimmt – ist daher eine Base.

$$B \ + \ H^+ \ \rightleftharpoons \ BH^+$$
Base

Grundsätzlich kann es weder die isolierte Reaktion einer Säure, noch die einer Base geben. Man braucht immer beides, dann kann ein H^+, also ein Proton, von einem Stoff (der Säure) auf einen anderen Stoff (die Base) wechseln.

$$\overset{\displaystyle H^+}{HA \ \longrightarrow \ B}$$
Säure   Base

Dann hat die bisherige Base das Proton, die Säure ist zum Anion geworden:

$$HA \ + \ B \ \rightleftharpoons \ A^- \ + \ BH^+$$
Säure   Base   Base   Säure

Wie jede chemische Reaktion ist auch diese umkehrbar. Das aber bedeutet, dass das Anion, das von der Säure übrig geblieben ist, selbst wieder ein Proton aufnehmen kann, um wieder zur ursprünglichen Säure zurückzureagieren. Das Anion ist also selbst eine Base. Umgekehrt ist die Base, kaum dass sie glücklich ihr Proton hat, eine Säure geworden, da sie dieses Proton ja wieder abgeben könnte. Also wird aus dem, was vorher eine Base war, jetzt eine Säure und umgekehrt. Diese Reaktion, bei der eine Säure ein Proton an eine Base überträgt, nennt man **Protolyse**.

Ein Stoff kann nur als Säure reagieren, wenn er eine Base als Partner findet.

Alle Reaktionen von Säuren und Basen sind Protolysen.

Mit diesen neuen Erkenntnissen bewaffnet wollen wir noch einmal die Dissoziation einer Säure untersuchen. Dabei muss man bedenken, dass im Wasser nicht H^+-Ionen sondern nur H_3O^+-Ionen vorkommen können.

also nicht: $HA \rightleftharpoons A^- + H^+$

sondern: $HA + H_2O \rightleftharpoons A^- + H_3O^+$
            Säure   Base   Base   Säure

Uns fällt natürlich sofort auf, dass die zweite Gleichung (also die korrekte Schreibweise) wieder genau eine Protolyse beschreibt. Dabei wirkt Wasser als Base und nimmt ein Proton auf. Alle Reaktionen, bei denen H^+-Ionen umgesetzt werden, sind in Wirklichkeit Protolysen. Dabei wird das Proton von der Säure an Wasser abgegeben, das gebildete Oxonium-Ion kann das Proton an eine andere Base abgeben usw. Freie H^+-Ionen kommen in wässriger Lösung ja nicht vor.

In Reaktionsgleichungen werden trotzdem dauernd H^+-Ionen angegeben. Wie wir wissen, sind damit H_3O^+-Ionen gemeint.

Wie reagieren Basen mit Wasser? Nehmen wir als Beispiel einmal etwas anderes als das ewige OH^-: Ammoniak NH_3 ist eine Base und nimmt Protonen auf:

$$NH_3 + H^+ \rightleftharpoons NH_4^+$$

In Wirklichkeit sieht die Reaktion aber so aus:

$$NH_3 + H_3O^+ \rightleftharpoons NH_4^+ + H_2O$$
Base   Säure   Säure   Base

Natürlich haben wir hier wieder eine komplette Protolyse. Aber eigentlich wollten wir ja wissen, wie Ammoniak mit Wasser reagiert (in unserer Gleichung oben hat es mit dem Oxonium-Ion reagiert).

$$NH_3 + H_2O \rightleftharpoons NH_4^+ + OH^-$$
Base   Säure   Säure   Base

So geht es auch. Jetzt ist plötzlich Wasser zur Säure geworden. (In den bisherigen Reaktionen war Wasser die Base.) Man kann also die Stoffe nicht einfach in Säuren und Basen einteilen und hoffen, dass die sich auch an diese Einteilung halten. Ob ein Stoff als Säure oder Base reagiert, kann durchaus von den Umständen (also vor allem vom Reaktionspartner) abhängen *(Siehe auch Abschnitt 7.2.4)*.

Wenn wir die beiden letzten Gleichungen miteinander vergleichen, so sehen wir, dass in beiden Fällen ein Proton seinen Platz gewechselt hat. In der oberen Gleichung wurde dabei ein H_3O^+-Ion (oder meinetwegen ein H^+-Ion) verbraucht, in der unteren Gleichung wurde stattdessen ein OH^--Ion produziert. Wie wir im nächsten Abschnitt sehen werden, ist das in wässrigen Lösungen dasselbe. Da H^+ und OH^- in Wasser im Gleichgewicht miteinander stehen, ist Abnahme von H^+ immer mit Zunahme von OH^- verbunden und umgekehrt.

Formulieren wir die analogen Reaktionen jetzt auch mit der Base OH^-:

$$OH^- \ + \ H^+ \ \rightleftharpoons \ H_2O$$

oder
$$\underset{\text{Base}}{OH^-} \ + \ \underset{\text{Säure}}{H_3O^+} \ \rightleftharpoons \ \underset{\text{Säure}}{H_2O} \ + \ \underset{\text{Base}}{H_2O}$$

bzw.
$$\underset{\text{Base}}{OH^-} \ + \ \underset{\text{Säure}}{H_2O} \ \rightleftharpoons \ \underset{\text{Säure}}{H_2O} \ + \ \underset{\text{Base}}{OH^-}$$

Wenn also die Base OH^- mit Wasser reagiert, entstehen Wasser und wieder die Base OH^-.

Ebenso wie bei den Säuren können Basen ungeladen (als Neutralbasen, z.B. NH_3) oder als positive oder negative Ionen vorkommen.

Säuren und Basen in der chemischen Schreibweise

Es ist wichtig, dass man sofort an der Formel erkennt, ob eine Verbindung eher als Säure oder als Base reagieren möchte. Das mag vielleicht am Anfang schwierig erscheinen, da alle Säuren, aber auch viele Basen Wasserstoffatome enthalten. Wenn man ein Molekül mit der Formel XOH vorliegen hat, wobei X irgendein Element des Periodensystems sein soll, so könnte dieses Molekül entweder in H^+-Ionen oder in OH^--Ionen dissoziieren.

$$\text{saure Reaktion} \quad XOH \ \rightleftharpoons \ XO^- \ + \ H^+$$
$$\text{basische Reaktion} \quad XOH \ \rightleftharpoons \ X^+ \ + \ OH^-$$

Wie das Molekül reagiert, richtet sich nach der Stellung von X im Perioden-system. Beachten Sie, was mit dem Element X bei der Reaktion passiert. Wenn die Elektronegativität von X groß ist, so wird es möglichst die Elek-tronen zu behalten suchen und H^+ abdissoziieren. Zurück bleibt ein Anion; in diesem Fall ist XOH eine Säure. Ist die Elektronegativität klein, so wird X bevorzugt X^+ bilden und OH^- abgeben. Ist X also ein Nichtmetall, wird es eher als Säure reagieren, ist X dagegen ein Metall, wird es eher basisch rea-gieren.

Bei der Entscheidung hilft auch die übliche Formelschreibweise. Sie erinnern sich (Kap. 3.2), wenn X stärker elektronegativ ist als Wasserstoff, so steht in der chemischen Formel der Wasserstoff links. Säuren werden also korrekt HXO geschrieben (oder H_2XO_2, HXO_2, H_2XO_4, ...). Basische Hydroxide schreibt man XOH (oder $X(OH)_2$, $X(OH)_3$, ...).

7.1.2 Korrespondierende Säure- / Base-Paare

Wir wollen noch einmal die Dissoziation einer Säure betrach-ten. Es ist uns im Moment gleichgültig, dass die Säure unbe-dingt eine Base für die Protonenübertragung benötigt (und wenn es nur Wasser ist). Wir betrachten jetzt nur die EINE HÄLFTE der Protolyse-Reaktion. *Es kommt in der Chemie sehr häufig vor, dass man eine korrekte Reaktionsgleichung halbiert und die beiden Teile getrennt behandelt. Man spricht dann von so genannten **Halb-Reaktionen**. Vor allem bei Redox-Vorgän-gen (Kap. 8) ist diese Methode sehr verbreitet.*

$$HA \;\rightleftharpoons\; H^+ + A^-$$

Säure   Base

Je nachdem in welcher Richtung die Reaktion abläuft, ist es entweder die Reaktion der Säure HA (gibt Protonen ab) oder die Reaktion der Base A^- (nimmt Protonen auf). Das gilt un-weigerlich für jede Säure und für jede Base! Jeder Säure ist also eine entsprechende (= **korrespondierende**) Base zugeordnet und jeder Base eine korrespondierende Säure. Diese paarweise Zuordnung bezeichnet man als **korrespondierendes Säure-/Base-Paar**. Es ist leicht einzusehen, dass die korrespondie-rende Base zu einer beliebigen Säure das entsprechende Säure-anion (= Säure-Rest) ist. Säure und Anion bilden also ein kor-respondierendes Säure-/Base-Paar. *Also müssen in der Glei–*

Durch Abgabe von H^+-Ionen werden aus Säuren die entsprechenden korres-pondierenden Basen.

chung einer vollständigen Protolyse immer ZWEI korrespondie-
rende Säure-/Base-Paare stehen. Das haben wir bisher ja auch
jedes Mal so dazugeschrieben.

7.1.3 Säurestärke

Als Nächstes wollen wir die Dissoziation von ganz konkreten
Säuren untersuchen. Nehmen wir als erstes Beispiel die Salpetersäure, und schreiben wir wiederum nur die Halbreaktion
(eine Hälfte der vollständigen Protolyse) auf:

$$HNO_3 \rightleftharpoons H^+ + NO_3^-$$

HNO_3 (Salpetersäure) steht hier im Gleichgewicht mit der kor-
respondierenden Base NO_3^-. Salpetersäure ist eine sehr starke
Säure, ihre Tendenz, H^+-Ionen abzugeben, ist sehr groß, daher
ist das Gleichgewicht der obigen Gleichung weit auf die rechte
Seite verschoben. In einer wässrigen Lösung von Salpetersäure
finden wir fast ausschließlich H^+ und NO_3^- und praktisch kein
HNO_3. *Trotzdem ist Salpetersäure ein potenzieller Elektrolyt:*
In reiner Salpetersäure gibt es also durchaus Moleküle von
Salpetersäure, die erst in wässriger Lösung dissoziieren.

Starke Säure:
ist in wässriger Lösung fast vollständig in Ionen dissoziiert.

Da die rechte Seite der Gleichung so stark dominiert, wird natürlich das Nitrat-Anion (NO_3^-) kaum zurück reagieren. Es
will keine Protonen aufnehmen und wird eher nicht als Base
reagieren. Das Nitrat-Anion ist also eine schwache Base. Diese
Regel gilt für alle korrespondierenden Säure-/Basenpaare.

Eine schwache Säure wird umgekehrt das Proton behalten
wollen, also ist in wässriger Lösung die Säure fast ganz undis-
soziiert, und nur ganz wenige Anionen und H^+-Ionen sind im
Gleichgewicht vorhanden. Das kann man aber auch damit erklären, dass das Anion instabil ist und viel lieber zur Säure
zurück reagiert. Also wird die Tendenz des Anions, ein Proton
aufzunehmen (= als Base zu reagieren), groß sein. Ein solches
Anion ist daher eine starke Base.

Schwache Säure:
in wässriger Lösung nur wenig dissoziiert.

Wir können beliebig viele Beispiele für diese Regel finden.
Blausäure (HCN) ist eine sehr schwache Säure, daher ist das
Cyanid-Anion (CN^-) eine starke Base. OH^- ist eine sehr starke
Base, also ist Wasser eine sehr schwache Säure usw. Immer
das, was „stark" ist, will reagieren und reagiert auch, daher ist
im Gleichgewicht sehr wenig davon vorhanden.

**Das Anion einer (sehr)
starken Säure ist eine
schwache Base. Das
Anion einer (sehr)
schwachen Säure ist eine
starke Base.**

$$HCN \quad \rightleftharpoons \quad H^+ \quad + \quad CN^-$$

schwache Säure   starke Base
viel   wenig

$$H_2O \quad \rightleftharpoons \quad H^+ \quad + \quad OH^-$$

schwache Säure   starke Base
viel   wenig

$$HBr \quad \rightleftharpoons \quad H^+ \quad + \quad Br^-$$

starke Säure   schwache Base
wenig   viel

Im ersten Beispiel haben wir vor allem HCN im Gleichgewicht und wenig H^+ und CN^-. Man sagt in so einem Fall „das Gleichgewicht liegt weit links". (Das ist eine ziemlich schlampige Ausdrucksweise, aber sehr gebräuchlich.) Im zweiten Fall gibt es fast nur H_2O, das Gleichgewicht liegt ebenfalls links. HBr ist dagegen eine starke Säure, also liegt das Gleichgewicht rechts. *(Br^- ist eine schwache Base. Man kann sich merken, dass das Gleichgewicht immer auf der Seite des Schwächeren liegt. Vergleichen Sie mit Kap. 5.5.2. Auch dort lag das Gleichgewicht auf der Seite der Schwächeren, nämlich der Mäuse.)*

Je stärker die Säure, desto schwächer die korrespondierende Base (und umgekehrt).

Ein Problem gibt es bei unserer schönen Regel: In der Chemie werden gerne Säuren als schwach bezeichnet, die zwar schwächer als Salpetersäure sind, doch noch deutlich stärker als die oben angeführten Säuren. Essigsäure wäre eine so genannte schwache Säure; wie jede Hausfrau weiß, ist Essigsäure deutlich stärker saurer als zum Beispiel Wasser. *(Kosten Sie beides, kein Vergleich!)* Das Anion der Essigsäure ist also immer noch eine schwache Base (wenn auch nicht ganz so schwach). Man sollte solche Säuren korrekterweise als mäßig starke Säuren bezeichnen, das tut aber kein Mensch.

Säure korrespon- **Base** dierende	
sehr stark	sehr schwach
mäßig stark = „schwach"	schwach
sehr schwach	sehr stark

Es gibt einige wichtige Fälle, in denen Komplikationen auftreten. Bei der Dissoziation von Kohlensäure (H_2CO_3) liegt im Gleichgewicht ein kleinerer Teil dissoziiert vor. Kohlensäure sollte daher nach unserer Einteilung ebenfalls eine mäßig starke = eine „schwache" Säure sein.

$$H_2CO_3 \quad \rightleftharpoons \quad H^+ \quad + \quad HCO_3^-$$

Unbeständige Säuren: die Säure zerfällt in Wasser und in das Anhydrid.

Trotzdem ist Kohlensäure nur eine sehr schwache Säure. Kohlensäure ist nämlich unbeständig und hat die Neigung, in Kohlendioxid und Wasser zu zerfallen:

$$H_2CO_3 \rightleftharpoons H_2O + CO_2$$

Man kann sich fast alle Säuren als Kombination eines Oxids (wie Kohlendioxid) mit Wasser vorstellen, bzw. kann man aus fast allen Säuren Wasser abspalten, um ein Oxid zu erhalten. Diese Oxide heißen daher die **Anhydride** der entsprechenden Säuren. Kohlendioxid ist also das Anhydrid der Kohlensäure. Bei vielen Säuren ist aber das Gleichgewicht von Säure und Anhydrid weit auf der Seite der Säure, diese Säuren sind beständig. Es gibt aber genug unbeständige Säuren – wie eben die Kohlensäure – und diese müssen auf jeden Fall auch schwache Säuren sein. Die beiden Gleichgewichte sind ja über das Säuremolekül miteinander gekoppelt.

> Unbeständige Säuren sind immer schwach.

$$\underset{\text{viel}}{H_2O} + \underset{\text{viel}}{CO_2} \rightleftharpoons \underset{\text{wenig}}{H_2CO_3} \rightleftharpoons H^+ + \underset{\text{sehr wenig}}{HCO_3^-}$$

In diesem Gleichgewicht liegen mehr als 99 % aller Moleküle als H_2O und CO_2 vor. Gleichgültig, in welchem Verhältnis die übrigen Stoffe stehen – es bleibt kaum noch etwas übrig. Daher ist Kohlensäure eine sehr schwache Säure, sie kann in wässriger Lösung nur wenig Protonen abdissoziieren. Die Hauptmenge liegt in Form von gelöstem CO_2 vor.

7.1.4 Anwendung des Massenwirkungsgesetzes auf Säuren und Basen

Wir haben die Lage des Gleichgewichtes der Säuredissoziation zur Beschreibung der Stärke einer Säure verwendet. Natürlich können wir auf dieses Gleichgewicht das Massenwirkungsgesetz anwenden. Damit haben wir die Möglichkeit, ein Maß für die Stärke einer Säure zu bekommen:

$$HA \rightleftharpoons H^+ + A^- \qquad K_S = \frac{[H^+] \times [A^-]}{[HA]}$$

> K_S:
> Massenwirkungskonstante der Säuredissoziation.

Wir bezeichnen in diesem Fall die Massenwirkungskonstante mit K_S und nennen sie **Dissoziationskonstante**. Wenn die vorliegende Säure stark ist, so ist das Gleichgewicht weit auf der rechten Seite und die Dissoziationskonstante ist groß.

Salzsäure, Salpetersäure und Schwefelsäure sind starke Säuren:

$$HCl \rightleftharpoons H^+ + Cl^- \qquad K_S = 10^5$$

$$HNO_3 \rightleftharpoons H^+ + NO_3^- \qquad K_S = 10^1$$

$$H_2SO_4 \rightleftharpoons 2\,H^+ + SO_4^{2-} \qquad K_S = 10^3$$

Beispiele für schwächere Säuren sind Salpetrige Säure, Essigsäure und Blausäure:

$$HNO_2 \rightleftharpoons H^+ + NO_2^- \qquad K_S = 10^{-4}$$

$$CH_3COOH \rightleftharpoons H^+ + CH_3COO^- \qquad K_S = 10^{-5}$$

$$HCN \rightleftharpoons H^+ + CN^- \qquad K_S = 10^{-10}$$

Analog zur Dissoziationskonstante von Säuren K_S könnte man natürlich auch eine Dissoziationskonstante von Basen K_B definieren. Es ist aber gebräuchlicher, stattdessen die K_S der korrespondierenden Säure anzugeben. Damit kann man das Gleichgewicht genauso gut berechnen und vermeidet die Verwirrung, die zwei verschieden definierte Dissoziationskonstanten verursachen würden.

Es ist in der Chemie sehr oft üblich, Zahlenwerte wie 10^5 oder 10^{-10} in logarithmischer Form anzugeben, und zwar als **negativen dekadischen Logarithmus**. Man gibt auch K_S so an und bezeichnet diesen Wert als pK_S *(das p steht für Potenz; immer wenn es auftaucht bedeutet es „negativer dekadischer Logarithmus von ...").*

$$-\log K_S = pK_S$$

Wenn $K_S = 10^5$, so ist $pK_S = -5$. Ist $K_S = 10^{-10}$ so ist $pK_S = 10$. Leicht zu merken!

Diese logarithmischen Werte haben einige Vorteile, wenn man sich einmal daran gewöhnt hat. Sie sind übersichtlicher, aus allen Multiplikationen werden Additionen und vor allem sind wichtige Größen wie Reaktionsenergien direkt mit dem Logarithmus der Konzentration verbunden (siehe Kap. 9.4). Der Nachteil dabei ist allerdings, dass man damit Studenten quälen kann, indem man sie pausenlos zwischen direkter Größe und negativem Logarithmus hin- und herrechnen lässt. Da SIE aber bereits gut mit den nötigen mathematischen Grundlagen vertraut sind, sind Sie gegen solche Angriffe natürlich immun.

Wir wollen übungshalber den pK_S von Salpetriger Säure berechnen ($K_S = 4.5 \times 10^{-4}$).

Der Logarithmus eines Produktes ist gleich der Summe der Logarithmen der beiden Einzelwerte, daher können wir den Logarithmus von 4.5×10^{-4} aufteilen in $\log 4.5$ plus $\log 10^{-4}$. Diese beiden Werte sind 0.65 *(Tabelle im Anhang)* und -4, gibt zusammen -3.35. Wir wollten aber den negativen Logarithmus, also müssen wir das Ergebnis nochmals negativ nehmen, gibt daher $+3.35$.

$$pK_S = -\log K_S$$
$$= -\log (4.5 \times 10^{-4})$$
$$pK_S = -(\log 4.5 + \log 10^{-4})$$
$$pK_S = -[0.65 + (-4)]$$
$$pK_S = -(-3.35)$$
$$\mathbf{pK_S = 3.35}$$

Es ist natürlich klar, dass jeder bessere Taschenrechner dieses Ergebnis per Knopfdruck liefert. Arbeiten Sie sich dennoch durch diese und die folgenden Rechnungen. Wenn man es einmal verstanden hat, tut man sich viel leichter, weil man dann ein besseres Gefühl für die Zahlenverhältnisse bekommt, als wenn man blind dem Rechner vertrauen muss. Davon abgesehen ist die Eingabe von negativen Logarithmen am Rechner (je nach Modell) nicht immer ganz einfach – und auf verschiedenen Rechnern verschieden – sodass sich hier eine Fehlerquelle öffnet, die man vermeiden kann, wenn man imstande ist, wenigstens überschlagsmäßig im Kopf zu rechnen.

Umgekehrt ist es etwas schwerer. Wir müssen, um aus dem pK_S zurückzurechnen, den negativen Zahlenwert in eine ganze Zahl (positiv oder negativ) und eine POSITIVE Dezimalzahl zerlegen. Die ganze Zahl gibt uns direkt den späteren Exponenten von 10. Weiters müssen wir eine Zahl zwischen 1 und 10 finden, deren Logarithmus die Dezimalzahl ergibt. Rechnen wir die genaue K_S von Blausäure (HCN, $pK_S = 9.4$) aus.

Der negative Logarithmus von K_S ist der pK_S oder auch der (positive) Logarithmus von K_S der negative pK_S. Wir brauchen also den Logarithmus von -9.4. Da wir in üblichen Tabellen nur die Logarithmen zwischen 0 und 1 finden (also nur positive Dezimalzahlen), müssen wir -9.4 in eine positive Dezimalzahl und in eine (positive oder negative) ganze Zahl zerlegen, also in $-10 + 0.6$.

$$-\log K_S = pK_S$$
$$\log K_S = -pK_S$$
$$= -9.4$$
$$= (-10) + (+0.6)$$
$$K_S = 10^{-10} \times 10^{+0.6}$$
$$= 10^{-10} \times 4$$
$$\mathbf{K_S = 4 \times 10^{-10}}$$

Die Zahl, deren Logarithmus 0.6 ist, ist 4, und die Zahl zum Logarithmus von -10 ist natürlich 10^{-10}. Beide Zahlen müssen jetzt noch miteinander multipliziert werden, das Ergebnis ist daher 4×10^{-10}.

7.1.5 Mehrwertige (mehrprotonige) Säuren und Basen

Es gibt Säuren, die mehr als ein Proton abdissoziieren können. Es gibt auch Basen, die mehr als ein Proton aufnehmen können.

Mehrwertige Säuren (Basen):

können mehr als ein Proton abgeben (aufnehmen).

$$H_2SO_4 \rightleftharpoons 2\,H^+ + SO_4^{2-}$$

$$H_2CO_3 \rightleftharpoons 2\,H^+ + CO_3^{2-}$$

$$SO_3^{2-} + 2\,H^+ \rightleftharpoons H_2SO_3$$

Man nennt solche Säuren und Basen **mehrprotonige Säuren (Basen)** oder **mehrwertige Säuren (Basen)**. Kann z.B. eine Säure 2 Protonen abdissoziieren, ist sie eine zweiprotonige Säure. Bei 3 Protonen ist sie dreiprotonig usw. *Oft werden auch noch die altmodischen Ausdrücke „mehrbasige Säuren" und „mehrsäurige Basen" verwendet. Das klingt aber verwirrend und sollte besser vermieden werden.*

Es gibt Säuren, bei denen man nicht ohne weiteres nur die Wasserstoff-Atome im Molekül zählen kann, um festzustellen, ob sie mehrprotonig sind. Vor allem bei organischen Säuren muss man aufpassen.

$$CH_3COOH \rightleftharpoons H^+ + CH_3COO^-$$

Essigsäure ist eine einwertige Säure. Nur ein Wasserstoff kann als Proton leicht abdissoziieren, die übrigen tragen zum Säureverhalten nichts bei (deshalb auch die merkwürdige Formel der Essigsäure, die schon halb eine Strukturformel ist).

Die Protonenabgabe durch mehrwertige Säuren geht ebenso wie die Protonenaufnahme durch mehrwertige Basen nicht gleichzeitig, sondern nacheinander in **Dissoziations-Stufen** vor sich. Man kann daher jede Stufe als eine einzelne Gleichgewichtsreaktion betrachten und jeder Stufe eine eigene Dissoziationskonstante zuweisen. Das bedeutet am Beispiel der Phosphorsäure H_3PO_4:

1.Stufe

Bei mehrwertigen Säuren oder Basen reagieren nicht alle Stufen gleichzeitig.

$$H_3PO_4 \rightleftharpoons H^+ + H_2PO_4^-$$

Säure   Base

$$K_{S1} = \frac{[H^+] \times [H_2PO_4^-]}{[H_3PO_4]}$$

2.Stufe

$$H_2PO_4^- \;\rightleftharpoons\; H^+ + HPO_4^{2-} \qquad K_{S2} \;=\; \frac{[H^+] \times [HPO_4^{2-}]}{[H_2PO_4^-]}$$

Säure   Base

Die Stärke (K_S und pK_S) der einzelnen Dissoziationsstufen ist sehr verschieden.

3.Stufe

$$HPO_4^{2-} \;\rightleftharpoons\; H^+ + PO_4^{3-} \qquad K_{S3} \;=\; \frac{[H^+] \times [PO_4^{3-}]}{[HPO_4^{2-}]}$$

Säure   Base

Die drei Gleichgewichte der Phosphorsäure sind miteinander gekoppelt. Das Anion der ersten Stufe ist ja gleichzeitig die Säure der zweiten Stufe, das Anion der zweiten Stufe ist die Säure der dritten Stufe. Die Anionen sind aber auch die korrespondierenden Basen zu den entsprechenden Säuren. Damit haben wir plötzlich Stoffe, die Säure UND Base sind, weil sie Protonen sowohl abgeben als auch aufnehmen können! (Näheres darüber erfahren Sie in Abschnitt 7.2.4.)

Wir haben also im Fall der Phosphorsäure drei Gleichgewichte. Da das erste Proton bevorzugt abdissoziiert *(sonst wäre es nicht das erste)*, MUSS die Dissoziationskonstante der ersten Stufe am größten sein; die der zweiten Stufe kleiner, aber immer noch größer als die Konstante der dritten Stufe und so fort. Die Unterschiede sind dabei recht groß, für Phosphorsäure gilt:

$$K_{S1} \;=\; 7.5 \times 10^{-3}$$
$$K_{S2} \;=\; 6 \times 10^{-8}$$
$$K_{S3} \;=\; 10^{-12}$$

Am Ende von Abschnitt 7.3 erfahren Sie sogar, dass man für Sauerstoffsäuren eine Regel hat, mit der man die Größe der verschiedenen Dissoziationskonstanten abschätzen kann.

7.2   Dissoziation des Wassers

$$H_2O \;\rightleftharpoons\; H^+ + OH^- \qquad K_S \;=\; \frac{[H^+] \times [OH^-]}{[H_2O]}$$

Wir haben uns mit dieser Reaktion bereits befasst. Diese Dissoziation ist aber so wichtig, dass wir sie genauer betrachten müssen. Jetzt wollen wir einmal ausrechnen, wie viel H^+- und OH^--Ionen in Wasser vorkommen. *Wir schreiben H^+-Ionen und meinen natürlich H_3O^+-Ionen.* Es ist klar, dass in ganz reinem Wasser gleich viel von jeder Ionensorte vorhanden sein muss (wir haben ja zunächst weder Säure noch Base im Wasser, die einen Überschuss von H^+ oder OH^- verursachen würden). Außerdem ist die Dissoziationskonstante so winzig klein, dass das dissoziierte Wasser die Menge an undissoziiertem Wasser praktisch nicht verändern wird. Wir können daher in der Gleichung die Gesamtkonzentration von H_2O in Wasser mit $[H_2O]$ gleichsetzen.

> Wasser ist ein sehr schwacher Elektrolyt, nur ganz wenige Wassermoleküle dissoziieren.

$$H_2O: \ M_r = 18, \ 1 \ mol \ H_2O = 18 \ g \ \ 1 \ l \ Wasser = 1000 \ g$$

$$1 \ l \ H_2O \ \ enthält \ \ (1000 \ / \ 18) \ mol \ \ = \ \ 55.55 \ mol \ / \ l$$

Diesen Wert können wir in das Massenwirkungsgesetz einsetzen, und gleichzeitig berücksichtigen wir, dass $[H^+]$ und $[OH^-]$ gleich sein muss:

$$K_S \ = \ 1.8 \times 10^{-16} \ = \ \frac{[H^+] \times [OH^-]}{[H_2O]} \qquad [H^+] = [OH^-]$$

Und jetzt ist es keine Kunst mehr, $[H^+]$ oder $[OH^-]$ auszurechnen.

$$[H^+]^2 \ = \ 1.8 \times 10^{-16} \ \times \ 55.55 \ = \ 100 \times 10^{-16} \ = \ 10^{-14}$$

$$[H^+] \ = \ 10^{-7} \ mol \ / \ l$$

$$[OH^-] \ = \ 10^{-7} \ mol \ / \ l$$

> Reines Wasser enthält je $10^{-7} \ mol \ / \ l \ H^+$ (eigentlich H_3O^+) und OH^--Ionen.

In reinem Wasser sind also nur 10^{-7} mol/l H^+-Ionen *(eigentlich H_3O^+-Ionen)* vorhanden und auch nur $10^{-7} \ mol \ / \ l \ OH^-$-Ionen.

7.2.1 Ionenprodukt

Viel interessanter als reines Wasser ist die Lösung einer Säure oder Base in Wasser. Das Dissoziationsgleichgewicht und die Dissoziationskonstante müssen natürlich weiterhin gleich bleiben. Solange die Lösung verdünnt genug ist (weniger als $0.1 \ mol \ / \ l$) wird auch der Wert von $[H_2O]$ mit $55.55 \ mol \ / \ l$ im Wesentlichen konstant bleiben.

$$1.8 \times 10^{-16} = \frac{[H^+] \times [OH^-]}{55.55}$$

Und jetzt kommt der ganz große Trick: Wir ziehen die beiden Konstanten zu einer neuen Konstanten zusammen und nennen diese K_w.

$$K_w = 1.8 \times 10^{-16} \times 55.55 = 10^{-14}$$

> **Ionenprodukt des Wassers:**
>
> $$K_w = [H^+] \times [OH^-] = = 10^{-14}$$

K_w ist aber gleich dem Produkt von H^+- und OH^--Ionen und zwar in ALLEN wässrigen Lösungen, gleichgültig, wie viel Säure oder Base dabei ist. Daher nennt man K_w das **Ionenprodukt des Wassers**.

> Die Regel, dass das Produkt von $[H^+]$ und $[OH^-]$ immer 10^{-14} ist, gilt für JEDE wässrige Lösung.

Haben wir Säure in unserer wässrigen Lösung, so gibt es natürlich mehr H^+-Ionen als in reinem Wasser. Dann muss die Konzentration an OH^--Ionen entsprechend geringer sein, damit das Ionenprodukt des Wassers beibehalten wird. Haben wir Base im Wasser, so haben wir weniger H^+-Ionen, also müssen mehr OH^--Ionen vorhanden sein. *Diese Gleichung ist eine der wichtigsten in der ganzen Chemie. Hängen Sie sie am besten gleich neben das Massenwirkungsgesetz an die WC-Tür.*

7.2.2 pH-Wert

In reinem Wasser sind gleichviel H^+- und OH^--Ionen vorhanden. Setzt man eine Säure zu, so tritt plötzlich ein Überschuss von H^+-Ionen auf (beziehungsweise von H_3O^+-Ionen). Daher wird sich das Gleichgewicht der Dissoziation des Wassers verschieben. Ein Teil der überschüssigen H^+-Ionen reagiert mit einigen OH^--Ionen zu Wasser, damit nimmt die OH^--Konzentration ab. Das Ionenprodukt des Wassers bleibt wieder auf seinem konstanten Wert.

Säurezugabe bewirkt also, dass im Wasser mehr H^+- und weniger OH^--Ionen vorhanden sind. Basenzugabe bewirkt, dass mehr OH^--Ionen und weniger H^+-Ionen auftreten. Da die Konzentrationen von H^+ und OH^- durch das Ionenprodukt gekoppelt sind, genügt es, wenn man einen der beiden Werte angibt, der andere kann dann leicht berechnet werden. Damit hat man ein Maß, wie **sauer** oder wie **basisch** eine wässrige Lösung ist (statt basisch wird auch oft der Ausdruck **alkalisch** verwendet).

Man könnte sehr gut die Wasserstoffionen-Konzentration als ein solches Maß verwenden. Doch auch hier bevorzugt man den negativen dekadischen Logarithmus:

$$- \log [H^+] = pH$$

$- \log [H^+] = pH$

pH-Wert:
der negative dekadische Logarithmus der Wasserstoffionen-Konzentration.

Man nimmt daher den negativen dekadischen Logarithmus der Wasserstoffionen-Konzentration und erhält den so genannten **pH-Wert**.

Wir haben gerade eben ausgerechnet, dass in reinem Wasser $[H^+] = 10^{-7}$ mol / l ist. Der negative dekadische Logarithmus von 10^{-7} ist 7. Reines Wasser hat also einen pH = 7. Das Wasser ist dann weder sauer noch basisch, sondern **neutral**.

Der pH-Wert gibt an, wie sauer (oder wie basisch) eine Lösung ist.

Angesäuertes Wasser enthält mehr Wasserstoff-Ionen, der pH-Wert ist also kleiner als 7. Alkalische Lösungen enthalten weniger Wasserstoff-Ionen, also ist der pH-Wert von alkalischen Lösungen größer als 7.

Genauso ist es auch möglich einen pOH-Wert zu definieren:

$$- \log [OH^-] = pOH$$

pH-Wert und pOH-Wert sind mit Hilfe des Ionenproduktes einfach ineinander umrechenbar:

$$[H^+] \times [OH^-] = 10^{-14}$$
$$- \log ([H^+] \times [OH^-]) = - \log 10^{-14}$$
$$- (\log [H^+] + \log [OH^-]) = - \log 10^{-14} = 14$$
$$pH + pOH = 14$$

Die Summe von pH und pOH ist immer 14.

Grundsätzlich wird immer der pH-Wert angegeben. Es gibt Fälle, wo eine Rechenoperation den pOH-Wert ergibt, dann rechnet man aber immer sofort auf den pH um. Am Neutralpunkt ist der pH = 7 und der pOH natürlich ebenfalls 7. pH = 2 bedeutet pOH = 12, pH = 8 bedeutet pOH = 6, pH = 15 bedeutet pOH = −1. *Viele glauben, dass der pH-Wert sich immer nur zwischen 0 und 14 befinden kann! Das liegt zum Teil daran, dass Messgeräte, die den pH-Wert anzeigen (siehe Kapitel 9.6) üblicherweise Skalen für Werte zwischen 0 und 14 besitzen. Selten, aber doch kann der pH-Wert aber darüber hinausgehen (wenn auch nicht sehr viel). pH-Werte von −1 bei sehr starken Säuren oder von 15 bei hoch konzentrierten Basen sind also durchaus möglich!*

Beachten Sie bitte, dass der pH-Wert eine logarithmische Skala ist. pH = 2 ist daher nicht bloß ein bisschen mehr sauer als pH = 3, sondern ZEHNMAL so sauer! Lösungen mit pH-Werten von 3 − 7 sind durchaus harmlos, erst bei weniger als pH = 2 wird es ätzend. Alkalische Lösungen (auch schwach alkalische) sind dagegen wesentlich aggressiver und unphysiologischer. Saure Lösungen schmecken natürlich sauer, alkalische Lösungen schmecken nach Seife. Zum besseren Verständnis eine Liste von pH-Werten verschiedener Lösungen, die man aus dem täglichen Leben kennt:

MATERIAL	pH
Magensaft	1.2 − 3.0
Zitronensaft	2.3
Cola	2.5
Wein	3 − 4 (schwankt stark)
Orangensaft	3.2
Sauermilch	ca. 4.2
Traubensaft	4.3
Bier	ca. 4.4
Harn	5 − 8 (normalerweise ca. 7)
natürlicher Regen	5.6
Kuhmilch	ca. 6.6
reines Wasser	7.0
Meerwasser	7.0 − 7.5
Blut	7.4
Seifenwasser	ca. 10
Kalkwasser	ca. 11

7.2.3 Berechnung von pH-Werten

In reinem Wasser ist $[H^+] = 10^{-7}$ mol / l und $[OH^-] = 10^{-7}$ mol / l. Wir tropfen jetzt Salzsäure HCl dazu, bis deren Konzentration c = 0.01 mol / l ist. Wie groß wird jetzt der pH-Wert sein?

$$HCl \rightleftharpoons H^+ + Cl^- \qquad H^+ + OH^- \rightleftharpoons H_2O$$

Salzsäure ist als starke Säure praktisch vollständig dissoziiert, also ist die Zunahme an H^+-Ionen so groß wie die Zugabe an Salzsäure. Diese überschüssigen H^+-Ionen reagieren so lange mit OH^--Ionen, bis das Ionenprodukt wieder stimmt. Vor der Gleichgewichtseinstellung haben wir also:

$$[H^+] = 10^{-7} \text{ (Wasser)} + 10^{-2} \text{ (HCl)} \sim 10^{-2}$$

$$[OH^-] = 10^{-7}$$

Würden ALLE OH^- mit den H^+ der Säure reagieren (was nicht der Fall ist), so würde deren Konzentration um 10^{-7} mol / l abnehmen, was den Überschusses von 10^{-2} mol / l aber praktisch nicht verändert. Wenn die zugegebene Säure also eine starke Säure ist und in ausreichender Konzentration vorliegt, sodass die geringe Konzentration aus der Wasserdissoziation keine Rolle spielt, kann man auch für die Gleichgewichtseinstellung die Menge der Wasserstoff-Ionen mit der Menge an zugegebenen Säure-Protonen gleichsetzen. Wir erhalten also als Ergebnis:

Bei einwertigen starken Säuren in ausreichend hoher Konzentration kann man die Konzentration der Säure gleich mit $[H^+]$ setzen.

$$[H^+] = 10^{-2} \text{ mol / l} \qquad [OH^-] = \frac{10^{-14}}{[H^+]} = 10^{-12} \text{ mol / l}$$

Und wenn wir daraus pH und pOH berechnen:

$$pH = 2 \qquad pOH = 12 \qquad (pH + pOH = 14, \text{ es stimmt!})$$

Schwieriger wird die Rechnung, wenn wir keine so geradzahlige Konzentration an Säure haben oder wenn wir eine mehrwertige Säure nehmen, die ja pro Mol Säure mehrere Mol Protonen abdissoziieren kann. Als Beispiel rechnen wir den pH von 0.0001 mol / l Schwefelsäure aus :

$$H_2SO_4 \rightleftharpoons 2 H^+ + SO_4^{2-}$$

$[H^+] = 0.0002$ mol / l
$-\log [H^+] = -\log (2 \times 10^{-4})$
$-\log [H^+] =$
$\quad = -(\log 2 + \log 10^{-4})$
$-\log [H^+] = -(0.3 - 4)$
$\quad\quad pH = 3.7$

0.0001 mol / l Schwefelsäure kann 0.0002 mol / l Protonen abdissoziieren. Diese Konzentration rechnen wir in Zehnerpotenzen um (man kann dann viel leichter den Logarithmus berechnen, und es fällt sofort auf, wenn man sich dabei irrt, denn die Hochzahl der Zehnerpotenz -4 muss auf jeden Fall in der Nähe des Endergebnisses liegen). Davon bestimmt man dann den negativen dekadischen Logarithmus.

Wenn wir dagegen den pH-Wert einer alkalischen Lösung berechnen wollen, müssen wir über die OH^--Ionen rechnen. Versuchen wir das mit Natronlauge der Konzentration c = 0.05 mol / l:

Als starker Elektrolyt ist Natronlauge $NaOH$ vollständig dissoziiert in Na^+ und OH^-. Also enthält unsere Lösung 0.05 mol / l OH^--Ionen.

Wir rechnen also wie gewohnt davon den negativen Logarithmus aus und erhalten den pOH-Wert.

Da wir wissen, dass pH und pOH zusammen 14 ergeben, brauchen wir nur unseren gefundenen pOH-Wert von 14 abzuziehen und erhalten den gesuchten pH-Wert.

Natürlich kann es auch passieren, dass man den pH-Wert einer Lösung kennt und die Konzentration daraus berechnen soll. Wir haben zum Beispiel eine Lösung von Bromwasserstoffsäure (starke Säure) mit pH = 1.5.

$$HBr \quad \rightleftharpoons \quad H^+ \; + \; Br^-$$

Also rechnen wir von pH auf die Konzentration der Wasserstoff-Ionen um (das entspricht der Umrechnung von pK_S auf pK aus dem Abschnitt 7.1.4). Wir nehmen den pH-Wert negativ und zerlegen ihn in eine positive Dezimalzahl und in eine (positive oder negative) ganze Zahl, also in unserem Fall in 0.5 und in −2. Dann bestimmen wir die Zahlen, deren Logarithmen −2 und 0.5 sind (10^{-2} und 3.2), das Produkt dieser Zahlen gibt die Konzentration der H^+ an. Die kann man der Konzentration an HBr gleichsetzen, da HBr ja eine starke Säure ist.

Obwohl bei diesen Rechnungen einige Vereinfachungen vorgenommen worden sind (wie absolut vollständige Dissoziation der Elektrolyte, Vernachlässigung der Eigendissoziation von H_2O), stimmen die erhaltenen Ergebnisse recht gut mit den tatsächlichen Verhältnissen überein. Vergleichen Sie errechnete Werte mit den Werten, die tatsächlich gemessen wurden:

$[OH^-]$ = 0.05 mol / l

$- \log [OH^-] =$
$\quad = - \log (5 \times 10^{-2})$

$- \log [OH^-] =$
$\quad = - (\log 5 + 10^{-2})$

$- \log [OH^-] = - (0.7 - 2)$

pOH = 1.3
$\quad$ (pH = 14 − pOH)

pH = 12.7

$- \log [H^+]$ = 1.5

$\log [H^+] = - 1.5 = 0.5 - 2$

$\log [H^+] =$
$\quad = \log 10^{0.5} + \log 10^{-2}$

$\log [H^+] =$
$\quad = \log 3.2 + \log 10^{-2}$

$[H^+] = 3.2 \times 10^{-2}$ mol / l

c_{HBr} = 0.032 mol / l

HCl (mol / l)	pH (berechnet)	pH (gemessen)
1.0000	0.0	0.10
0.1000	1.0	1.07
0.0100	2.0	2.02
0.0010	3.0	3.01
0.0001	4.0	4.01

NaOH (mol / l)	pH (berechnet)	pH (gemessen)
1.0000	14.0	14.05
0.1000	13.0	13.07
0.0100	12.0	12.12
0.0010	11.0	11.13
0.0001	10.0	10.12

7.2.4 Ampholyte

Ampholyte:

Stoffe, die als Säuren oder als Basen reagieren können.

Wie wir inzwischen wissen, ist eine Einteilung in Säuren oder Basen nicht für alle Stoffe möglich. Es gibt zahlreiche Verbindungen, die sowohl als Säure als auch als Base reagieren können. Diese Stoffe bezeichnet man als **amphotere Elektrolyte** oder als **Ampholyte**. Beispiele für Ampholyte sind unter anderem die Anionen mehrwertiger Säuren. Nehmen wir als Beispiel die beiden Halbreaktionen der Kohlensäure:

$$H_2CO_3 \rightleftharpoons H^+ + HCO_3^- \qquad K_{S1} = \frac{[H^+] \times [HCO_3^-]}{[H_2CO_3]}$$

Säure   Base

$$HCO_3^- \rightleftharpoons H^+ + CO_3^{2-} \qquad K_{S2} = \frac{[H^+] \times [CO_3^{2-}]}{[HCO_3^-]}$$

Säure   Base

HCO_3^- reagiert in der ersten Gleichung als Base, in der zweiten als Säure. Wir haben schon gesagt, dass es vom zweiten Partner abhängt, ob so ein Stoff in einer Protolyse-Reaktion als Säure oder Base auftritt. Es geht aber noch viel einfacher.

Ein Stoff wird dann als Säure reagieren, wenn der Reaktionspartner eine starke Base ist. Dann zieht dieser Partner die Protonen an sich, also werden in dieser Lösung wenig H^+- (oder H_3O^+-) Ionen sein. Die Lösung reagiert daher alkalisch, der pH-Wert der Lösung ist hoch. Umgekehrt wird eine starke Säure in der Lösung (viel H_3O^+, niedriger pH-Wert) unseren Ampholyten dazu bewegen, mit diesem Protonenüberschuss als Base zu reagieren. Das Verhalten eines Ampholyten richtet sich also nach dem pH-Wert (nach der Wasserstoffionen-Konzentration) der Lösung. Erhöht man die H^+-Ionenkonzentration, so wird sich in den beiden Gleichungen oben das Gleichgewicht

Ampholyte reagieren in saurer Lösung als Base, in basischer Lösung als Säure.

nach links verschieben. HCO_3^- wird also in der ersten Gleichung als Base reagieren (nimmt Protonen auf) und in der zweiten Gleichung daran gehindert, als Säure zu reagieren (gibt Protonen NICHT ab). Eine Erniedrigung der Wasserstoffionen-Konzentration bewirkt das genaue Gegenteil.

$$HCO_3^- \quad \begin{array}{l} \text{viel } H^+ \\ \longrightarrow \text{nimmt } H^+ \text{ auf, } \quad \text{Base} \\ \text{wenig } OH^- \\ \\ \text{wenig } H^+ \\ \longrightarrow \text{gibt } H^+ \text{ ab,} \qquad \text{Säure} \\ \text{viel } OH^- \end{array}$$

Der wichtigste Ampholyt ist Wasser. Bei der Dissoziation des Wassers gibt ein Molekül ein Proton ab (= Säure), ein anderes nimmt dieses Proton auf (= Base).

$$H_2O \ + \ H_2O \ \rightleftharpoons \ OH^- \ + \ H_3O^+$$

Säure   Base   Base   Säure

7.2.5 Neutralisation

Wenn nun Säuren unbedingt Protonen (H^+-Ionen) abgeben und Basen unbedingt Protonen aufnehmen wollen, so kann man ihnen diesen Gefallen ja tun, indem man Säure und Base miteinander reagieren lässt. Mischt man äquivalente Mengen von Säure und Base miteinander, so gleichen sich die beiden gegenseitig aus, sie neutralisieren einander. Eine derartige Reaktion bezeichnet man als Neutralisation. Man kann eine Neutralisation in drei getrennte Teilreaktionen zerlegen:

$HA \ \rightleftharpoons \ H^+ \ + \ A^-$ $\qquad$ Dissoziation der Säure

$B + H_2O \ \rightleftharpoons \ BH^+ \ + \ OH^-$ $\qquad$ Reaktion der Base mit Wasser (oder Bildung der Base OH^-)

$OH^- \ + \ H^+ \ \rightleftharpoons \ H_2O$ $\qquad$ Neutralisation

Wenn man ein basisches Hydroxid verwendet, das ohnehin in Lösung in Kationen und OH^- dissoziiert ist, so erübrigt sich der zweite Teilschritt. Die treibende Kraft (und damit die eigentliche Neutralisation) ist immer die Vereinigung von OH^-

und H^+ zu Wasser. Das Gleichgewicht dieser Reaktion liegt – wie wir wissen – weit auf der Seite des Wassers.

Nach einer Neutralisation bleiben je ein Kation und ein Anion (X^+ und A^-) übrig. Eine solche Kombination von Kation und Anion ist ein Salz. Bei der Neutralisation entsteht also aus Säure und Base am Ende ein Salz und Wasser. *(Die Chemie kennt viele Möglichkeiten, um auf kostspielige Weise Wasser herzustellen.)*

$$HCl \ + \ Na^+ \ + \ OH^- \ \rightleftharpoons \ Cl^- \ + \ Na^+ \ + \ H_2O$$

$$HNO_3 \ + \ K^+ \ + \ OH^- \ \rightleftharpoons \ NO_3^- \ + \ K^+ \ + \ H_2O$$

$$HJ \ + \ NH_4^+ \ + \ OH^- \ \rightleftharpoons \ J^- \ + \ NH_4^+ \ + \ H_2O$$

Im ersten Fall ist Kochsalz $NaCl$, im zweiten Fall Kaliumnitrat KNO_3, im dritten Ammoniumjodid NH_4J entstanden. *(Wir haben im dritten Beispiel die Reaktion der Base mit Wasser, also von NH_3 mit H_2O zu NH_4^+ und OH^- bereits vorweggenommen.)*

Komplizierter wird die Neutralisation bei mehrwertigen Säuren oder Basen. Diese brauchen nämlich mehr als ein Molekül Säure oder Base, dafür entsteht auch mehr Wasser. Kalziumhydroxid *(Ca(OH)$_2$ geschrieben, aber wir wissen, dass es immer vollständig dissoziiert ist)* enthält zwei OH^--Gruppen; will man mit Salzsäure neutralisieren, braucht man daher zwei Mol Salzsäure für ein Mol Kalziumhydroxid.

$$HCl \ \rightleftharpoons \ Cl^- + H^+ \quad Ca(OH)_2 \text{ ist eigentlich} \quad Ca^{2+} + 2\,OH^-$$

Für 2 OH^--Gruppen brauchen wir doppelt so viel Salzsäure, also:

$$2\,HCl \ \rightleftharpoons \ 2\,Cl^- \ + \ 2\,H^+ \quad \text{und} \quad Ca^{2+} \ + \ 2\,OH^-$$

Wir vereinigen beides in eine Gleichung:

$$2\,HCl \ + \ Ca^{2+} \ + \ 2\,OH^- \ \rightleftharpoons \ 2\,Cl^- \ + \ Ca^{2+} \ + \ 2\,H_2O$$

Oft wird die Tatsache, dass Kalziumhydroxid vollständig dissoziiert ist, nicht extra in der Gleichung angegeben. Daher findet man meistens Gleichungen in der Form:

$$2\,HCl + Ca(OH)_2 \;\rightleftharpoons\; 2\,Cl^- + Ca^{2+} + 2\,H_2O$$

$$H_2SO_4 + 2\,NaOH \;\rightleftharpoons\; SO_4^{2-} + 2\,Na^+ + 2\,H_2O$$

$$2\,H_3PO_4 + 3\,Ba(OH)_2 \;\rightleftharpoons\; 2\,PO_4^{3-} + 3\,Ba^{2+} + 6\,H_2O$$

Man spricht in diesen Fällen von **äquivalenten Mengen** (= gleichwertigen Mengen). 1 Molekül Kalziumhydroxid ist doppelt so viel „wert" wie 1 Molekül Salzsäure. Also ist ein Molekül Kalziumhydroxid 2 Molekülen Salzsäure **äquivalent**. 1 Molekül Schwefelsäure ist ebenfalls 2 Molekülen Natronlauge äquivalent (oder auch 1 Molekül Natronlauge ½ Molekül Schwefelsäure). Komplizierter wird es in unserem dritten Beispiel. Hier sind 2 Moleküle Phosphorsäure 3 Molekülen Bariumhydroxid äquivalent. (Beim Formulieren von solchen Gleichungen helfen Ihnen die Regeln aus Kap. 3.3.)

Will man eine Säure neutralisieren, so gibt man zu der sauren Lösung langsam Base zu (oder umgekehrt). Zunächst hat man noch einen Überschuss an Säure. Wenn man weiter Base zusetzt, kommt irgendwann der Punkt, an dem Säure und Base in äquivalenter Menge vorliegen. Das ist der **Äquivalenzpunkt** (siehe auch Abschnitt 3.5). Geben Sie weiter Base zu, so überschreiten Sie diesen Äquivalenzpunkt und haben neben dem Salz noch einen Überschuss an Base. Die Lösung am Äquivalenzpunkt entspricht einer Lösung des entsprechenden Salzes in Wasser.

Es ist nachträglich nicht mehr feststellbar, ob Sie diese Lösung durch Neutralisation aus Säure und Base oder durch Lösen des Salzes erhalten haben. Analysiert man die Lösung um festzustellen, welche Stoffe in der zu untersuchenden Probe enthalten sind, so werden üblicherweise Kationen und Anionen getrennt bestimmt. Hat man z.B. ein Gemisch aus Na_2SO_4 und K_2CO_3 und löst dieses in Wasser, so enthält die Lösung die Ionen Na^+, K^+, SO_4^{2-} und CO_3^{2-}. Diese Ionen lassen sich einfach nachweisen. Man kann aber nicht mehr erkennen, ob die ursprüngliche Probe aus Na_2SO_4 und K_2CO_3 oder aus K_2SO_4 und Na_2CO_3 oder aus einem Gemisch aller vier Salze bestand. In den meisten Fällen ist das auch bedeutungslos, da die Eigenschaften der Ionen in wässriger Lösung interessieren und nicht, wie diese Lösung entstanden ist. (Schauen Sie sich einmal die Analysenergebnisse auf dem Etikett einer Mineralwasserflasche an!)

Äquivalenzpunkt:

äquivalente Mengen an
Säure und Base

Neutralpunkt:

pH = 7.0

Es kann sein, dass am Äquivalenzpunkt der pH-Wert 7 ist. Das ist der Fall, wenn die Lösung des Salzes neutral reagiert. Bei starken Säuren und starken Basen, die beide in wässriger Lösung vollständig dissoziiert sind, ist das der Fall. Dann entspricht der Äquivalenzpunkt auch dem **Neutralpunkt**. Es kann aber durchaus sein, dass das gebildete Salz sauer oder basisch reagiert, dann fallen Äquivalenzpunkt und Neutralpunkt nicht mehr zusammen. *Verwechseln Sie also die beiden nicht!*

Behandlung von Verletzungen mit Säuren oder Basen

Verätzungen mit Säuren oder Basen kommen im täglichen Leben häufiger vor, als man glauben sollte. *Kinder sind besonders anfällig dafür.* Die wichtigste Vorsichtsmaßnahme ist die Verwendung geeigneter Gefäße: unzerbrechlich, mit kindersicherem Verschluss und deutlich gekennzeichnet. Also bitte nicht die Salzsäure zum Fliesenreinigen in einer Bierflasche aufstellen – ein schneller Schluck und ... Übrigens, wer Gifte oder sonstige gefährliche Stoffe in Lebensmittelflaschen aufbewahrt, macht sich strafbar!!

Sollte einmal doch etwas passiert sein – und alles, was passieren kann, passiert auch irgendwann –, so ist die beste Hilfe die rasche Hilfe. Also die Säure mit einer SCHWACHEN Base neutralisieren, die Base mit einer SCHWACHEN Säure. (Wenn das Gegenmittel zu stark ist, kann es den Schaden vergrößern.)

Schwache Säuren: Borsäure *(aber wer hat die schon zu Hause)*, verdünnter *Essig (ja, einfach Salatessig nehmen, gleichgültig ob Apfelessig, Weinessig oder Balsamico ...)*, verdünnter Zitronensaft, Orangensaft, die üblichen Cola-Getränke, ...

Schwache Basen: sehr verdünnter Ammoniak *(als Salmiakgeist früher in jedem Haushalt vorhanden)*, Soda in verdünnter Lösung, Speisesoda (konzentriert oder als Paste). *Sie haben das alles nicht zur Hand? Nehmen Sie Backpulver, das IST Speisesoda!*

Es kommt natürlich bei der Wahl des Mittels und der Konzentration auch darauf an, ob man sich die Haut, den Mund oder die Augen verätzt hat. Die Haut hält um einiges mehr aus, bei Augenverätzungen nur SEHR schwache Lösungen oder reines Wasser verwenden.

Diese Mittel helfen auch gegen Insektenstiche. Die meisten Insektengifte sind Säuren und können durch Basen neutralisiert werden, also einen Tropfen verdünnten Ammoniak auf den Bienenstich – hilft sofort (gilt auch für Ameisen, Mücken usw.). Nur Wespen haben ein alkalisches Gift, Wespenstiche daher also mit Essig behandeln!

Auch die Nesselzellen von Quallen enthalten saures Gift. Kommt man mit so einem Tierchen beim Schwimmen in Berührung, hilft ebenfalls Soda oder verdünnter Ammoniak. *Meiner Meinung nach sollten z.B. alle Segler auf dem Meer immer verdünnten Ammoniak in der Bordapotheke haben.* Wenn Ihnen allerdings an einem einsamen Meeresstrand so ein Fall vorkommt und Sie nur Ihre Badehose dabei haben, müssen Sie sich etwas anderes einfallen lassen. Ein Tipp: Auch eine etwa neutrale Pufferlösung hilft. Sie haben keine neutrale Pufferlösung in Ihrer Badehose? Aber doch, Urin ist ein solcher Puffer! Pinkeln Sie auf die betroffenen Stelle! *Wer das unappetitlich findet, ist noch nie richtig genesselt worden. Das tut sooo weh, dass man im Moment keine anderen Sorgen hat ...*

7.3 Salze

In fester Form bilden Salze ein Kristallgitter, an dessen Gitterpunkten sich abwechselnd Kationen und Anionen befinden. In wässriger Lösung sind Salze (fast) immer vollständig in Ionen dissoziiert, es sind daher echte Elektrolyte. Grundsätzlich lässt sich der Aufbau eines Salzes durch die Formel X^+A^- beschreiben. Das Kation X^+ ist dabei meist ein Metall-Kation oder das NH_4^+-Kation, A^- ist das Anion einer Säure.

Salze:

sind echte Elektrolyte. Sie bilden auch in fester Form Ionen.

Bei Salzen aus mehrwertigen Säuren oder Basen gibt es mehrere Möglichkeiten der Salzbildung. Eine mehrprotonige Säure hat mehrere Anionen, für jede Dissoziationsstufe eines.

$$H_2SO_3 \rightleftharpoons H^+ + HSO_3^-$$
$$HSO_3^- \rightleftharpoons H^+ + SO_3^{2-}$$

Jedes dieser Anionen kann z.B. mit Natrium ein Salz bilden.

$$NaOH + H_2SO_3 \rightleftharpoons NaHSO_3 + H_2O$$
$$2\,NaOH + H_2SO_3 \rightleftharpoons Na_2SO_3 + 2\,H_2O$$

Wenn wir Natronlauge zu schwefeliger Säure (H_2SO_3) zugeben, haben wir 2 Äquivalenzpunkte, einen für jede Dissoziationsstufe. Man spricht dabei auch von **primären** und **sekundären Salzen**. Dabei ist zu beachten, dass primäre Salze wie $NaHSO_3$ durchaus in wässriger Lösung noch H^+-Ionen abdissoziieren können.

$$Na^+ + HSO_3^- \rightleftharpoons Na^+ + H^+ + SO_3^{2-}$$

Saure Salze:

enthalten noch H^+, die abdissoziieren können.

Ein solches Salz, das auch noch als Säure reagieren kann, wird **saures Salz** genannt. Dreiwertige Säuren haben entsprechend verschiedene Salze. Phosphorsäure H_3PO_4 kann primäre, sekundäre und **tertiäre Salze** bilden (z.B. NaH_2PO_4, Na_2HPO_4, Na_3PO_4). Die ersten beiden sind saure Salze, nur das dritte ist ein **neutrales Salz**. Neutrale Salze sind solche, in denen alle Wasserstoff-Atome der Säure abdissoziiert und durch Kationen ersetzt sind, beziehungsweise bei Basen alle Hydroxid-Gruppen der Base durch Säureanionen ersetzt sind.

Basische Salze:

enthalten basische Gruppen, z.B. OH^-.

Neutrale Salze:

können weder sauer noch basisch reagieren.

Ist in einem basischen Hydroxid nur ein Teil der OH^--Gruppen ersetzt, so liegt ein basisches Salz vor, z.B. $Cu(OH)Cl$.

Achtung! Die Bezeichnungen saures, neutrales und basisches Salz beziehen sich nur auf die Fähigkeit der Salze, noch weitere Protonen abzudissoziieren oder aufzunehmen. Auf den pH-Wert einer wässrigen Lösung des betreffenden Salzes kann damit noch nicht ohne weiteres geschlossen werden (Abschnitt 7.3.3). Es gibt saure Salze, die in wässriger Lösung neutral oder sogar alkalisch reagieren und umgekehrt.

7.3.1 Namen von Salzen, Kationen und Anionen

Na^+: Natrium-Ion

NH_4^+: Ammonium-Ion

Fe^{2+}: Eisen(II)-Ion

Fe^{3+}: Eisen(III)-Ion

Der Name eines Salzes setzt sich aus den Namen der Ionen, die das Salz aufbauen, zusammen. Dabei wird immer zuerst das Kation, dann das Anion genannt. Metall-Kationen haben den gleichen Namen wie das Metall. Nur wenn das Metall in verschiedenen Oxidationszahlen vorkommt, gibt man die Oxidationszahl wirklich an (siehe Kap. 8.4). Den Namen für NH_4^+ muss man sich zusätzlich merken.

$NaOH$: Natriumhydroxid

$Fe(OH)_2$: Eisen(II)hydroxid (oder Eisen-dihydroxid

Hydroxide werden genau nach dem in Kap. 3.2 beschriebenen System bezeichnet.

Säuren haben Eigennamen, die man sich merken muss. Das gilt auch für die Namen der dazugehörigen Anionen. Einige Regeln helfen dabei wesentlich. So haben alle Anionen, die nur aus einem Atom bestehen, die Endung -id (*Chlorid, Bromid, Sulfid*

usw.). Säuren eines Elementes, die auch noch Sauerstoff enthalten, werden **Sauerstoffsäuren** genannt. Die jeweils stabilste
(und häufigste) Sauerstoffsäure jedes Elementes heißt direkt
nach dem Element (*Schwefelsäure, Kohlensäure* usw.), die
Anionen dieser Säuren enden mit der Silbe -at (*Sulfat, Carbo-
nat, ...*). Sauerstoffsäuren mit einem Sauerstoff weniger als die
stabilste Form werden „...ige Säuren" genannt (z.B. Schwefelige Säure), deren Anionen enden auf die Silbe -it. Die Namen
von Salzen werden durch Vereinigung der Namen der Kationen
mit denen der Anionen gebildet. Die folgenden beiden Tabellen
geben Ihnen Namen von Säuren und Anionen an, die Sie sich
merken sollen (!). Daneben steht noch jeweils ein Beispiel für
ein Salz dieser Säuren.

$Fe(OH)_3$: Eisen(III)hydro-
xid (oder Eisen-tri-
hydroxid

NH_4OH: Ammonium-
hydroxid

SÄURE	pK_S	ANION	BEISPIEL FÜR EIN SALZ
HCl, Salzsäure	–5	Cl^-, Chlorid	LiCl, Lithiumchlorid
HBr, Bromwasserstoffsäure	–6	Br^-, Bromid	NaBr, Natriumbromid
HJ, Jodwasserstoffsäure	–7	J^-, Jodid	CaJ_2, Calciumjodid
H_2S, Schwefelwasserstoffsäure	7, 14	S^{2-}, Sulfid	K_2S, Kaliumsulfid
H_2SO_4, Schwefelsäure	–3, 2	SO_4^{2-}, Sulfat	$BaSO_4$, Bariumsulfat
H_2SO_3, Schwefelige Säure	2, 7	SO_3^{2-}, Sulfit	Na_2SO_3, Natriumsulfit
HNO_3, Salpetersäure	–1	NO_3^-, Nitrat	$Sr(NO_3)_2$, Strontiumnitrat
HNO_2, Salpetrige Säure	3	NO_2^-, Nitrit	NH_4NO_2. Ammoniumnitrit
H_2CO_3, Kohlensäure	6, 10	CO_3^{2-}, Carbonat	Li_2CO_3, Lithiumcarbonat
H_3PO_4, Phosphorsäure	2, 7, 12	PO_4^{3-}, Phosphat	Na_3PO_4, Natriumphosphat
CH_3COOH, Essigsäure	5	CH_3COO^-, Acetat	CH_3COOK, Kaliumacetat

Namen der Anionen der ersten Dissoziationsstufe von mehrwertigen Säuren werden gebildet, indem man vor den Anionen-
namen die Silbe **Hydrogen-** und gegebenenfalls noch die Anzahl der im Anion enthaltenen dissoziierbaren Wasserstoffatome dazufügt. Die Salze können dann aus diesen Anionen-
Namen gebildet werden, oder man bezeichnet sie als primäre,
sekundäre usw. Salze.

ANION	NAME	BEISPIEL FÜR EIN SALZ	NAME
HS^-	Hydrogensulfid	KHS	Kaliumhydrogensulfid primäres Kaliumsulfid
HSO_3^-	Hydrogensulfit	NH_4HSO_3	Ammoniumhydrogensulfit primäres Ammoniumsulfit Ammoniumbisulfit
HCO_3^-	Hydrogencarbonat	$Ca(HCO_3)_2$	Kalziumhydrogencarbonat primäres Kalziumcarbonat Kalziumbicarbonat
$H_2PO_4^-$	Dihydrogenphosphat	NaH_2PO_4	Natriumdihydrogenphosphat primäres Natriumphosphat
HPO_4^{2-}	Hydrogenphosphat	Na_2HPO_4	Natriumhydrogenphosphat di-Natriumhydrogenphosphat sekundäres Natriumphosphat
PO_4^{3-}	Phosphat	Na_3PO_4	Natriumphosphat tertiäres Natriumphosphat

7.3.2 Entstehung von Salzen

Salze können durch Neutralisation entstehen, das wissen wir bereits:

$$Ca(OH)_2 + H_2SO_4 \rightleftharpoons Ca^{2+} + SO_4^{2-} + 2\,H_2O$$

Salze können durch Neutralisation entstehen oder auch, indem man ein Metall in einer Säure löst.

Es gibt aber auch noch andere Möglichkeiten. Davon ist die Reaktion von Säure mit einem Metall besonders wichtig. Metalle lösen sich in Säuren unter Bildung des entsprechenden Salzes und unter Freisetzung von Wasserstoff-Gas.

$$Fe + H_2SO_4 \rightleftharpoons FeSO_4 + H_2$$

genauer $Fe + 2\,H^+ + SO_4^{2-} \rightleftharpoons Fe^{2+} + SO_4^{2-} + H_2$

Da das Sulfat-Ion unbeteiligt bleibt, ist die eigentliche Reaktion:

$$Fe + 2\,H^+ \rightleftharpoons Fe^{2+} + H_2$$

Was ist hier passiert? Im Wesentlichen sind 2 Elektronen von Eisen auf den Wasserstoff übergegangen. *Solche Übergänge von Elektronen werden uns im Kap. 8 noch stark beschäftigen.*

7.3.3 pH-Werte von Salzlösungen

Die Anionen und Kationen werden durch die Moleküle des Lösungsmittels stabilisiert. Die Moleküle umgeben das Ion in Form einer mehrschichtigen Hülle. Die Ionen sind **solvatisiert** oder (wenn das Lösungsmittel Wasser ist) **hydratisiert**. Der Vorgang der Auflösung von Molekülen in Lösungsmitteln heißt daher auch **Solvatation** oder (in Wasser) **Hydratation**.

Wenn wir ein Salz wie z.B. Kochsalz in Wasser lösen, so haben wir in der Lösung gleiche Mengen von Na^+- und Cl^--Ionen. Es entstehen weder H^+- noch OH^--Ionen, die den pH-Wert des Wassers beeinflussen könnten. Kochsalz ist ein **neutrales Salz**. Auch wollen weder die Natrium-, noch die Chlorid-Ionen mit den Ionen des Wassers reagieren. So eine Salzlösung reagiert daher neutral.

> Es gibt neutrale, saure und basische Salze. Davon wird natürlich der pH-Wert der Salzlösung beeinflusst.

Anders ist es bei **sauren Salzen**. Die Anionen in der Lösung können weitere Protonen abgeben, der pH-Wert müsste also niedriger sein als in reinem Wasser. Es ist daher anzunehmen, dass die Lösung sauer reagieren wird.

$$Na^+ + H_2PO_4^- \rightleftharpoons Na^+ + H^+ + HPO_4^{2-}$$

Saure Salze kann man sich zur Hälfte aus neutralem Salz und zur Hälfte aus Säure bestehend denken.

Analog zu sauren Salzen können **basische Salze** noch H^+ aufnehmen, was zur alkalischen Reaktion der Lösung führen würde.

ABER: Diese Verhältnisse sind bei Salzen aus schwachen Säuren und Basen komplizierter. Nehmen wir als Beispiel Natriumacetat. Es sollte in wässriger Lösung vollständig dissoziiert vorliegen:

$$CH_3COO^- + Na^+$$

Acetat-Ionen sind aber ein bisschen basisch (Anionen einer schwachen Säure) und daher imstande, aus dem Wasser H^+-Ionen aufzunehmen. Das Dissoziationsgleichgewicht ist weit auf der Seite der Essigsäure.

$$H^+ \; + \; CH_3COO^- \; \rightleftharpoons \; CH_3COOH$$

In unserer Salzlösung wird sich daher mit den Ionen aus der Eigendissoziation des Wassers Folgendes abspielen:

$$CH_3COO^- + Na^+ + H^+ + OH^- \rightleftharpoons CH_3COOH + Na^+ + OH^-$$

Das Acetat-Ion entfernt Wasserstoff-Ionen aus der wässrigen Lösung. Damit das Ionenprodukt des Wassers konstant bleibt, muss also Wasser nachdissoziieren:

$$H_2O \; \rightleftharpoons \; H^+ \; + \; OH^-$$

Das Anion einer schwachen Säure reagiert basisch, daher wird auch die Lösung seines Salzes basisch reagieren.

Dabei entstehen neue H^+ und OH^--Ionen, von diesen werden wieder viele Protonen von den Acetat-Ionen aufgefangen, Wasser dissoziiert weiter, dabei sammeln sich in der Lösung immer mehr OH^--Ionen an. Das geht so lange weiter, bis sich ein neues Gleichgewicht zwischen CH_3COO^-, CH_3COOH, H^+ und OH^- eingestellt hat. Es sind dann aber deutlich mehr OH^--Ionen als H^+-Ionen vorhanden, die Lösung reagiert alkalisch. *Klar, das Anion einer schwachen Säure ist eine schwache (oder sogar eine starke) Base. Wenn also das Salz eine Base enthält, wird es basisch reagieren.*

Da dabei etwas Wasser in Ionen aufgespalten wurde, nennt man diesen Prozess **Hydrolyse** (Wasserspaltung) oder auch **Salzhydrolyse**. Das neu eingestellte Gleichgewicht muss den Gleichgewichtsbedingungen der Dissoziation von Essigsäure UND dem Ionenprodukt des Wassers genügen. *Wie weiß man aber, welche Säure wie stark (oder wie schwach) ist? Da kann man in der Tabelle in Abschnitt 7.3.1 nachsehen, oder aber Sie schauen an das Ende dieses Abschnittes, da werden einige Regeln für die Säurestärke angegeben.*

Viele Hydroxide reagieren schwach basisch, weil sie nur wenig OH^- freisetzen.

Analog reagiert ein Salz, das aus dem Kation einer schwachen Base gebildet wurde (z.B. Ammoniumchlorid NH_4Cl).

$$NH_4^+ \; + \; Cl^- \; + \; H^+ \; + \; OH^- \; \rightleftharpoons \; NH_3 \; + \; H_2O \; + \; Cl^- \; + \; H^+$$

Hier werden H^+-Ionen auf die OH^--Ionen des Wassers übertragen (bzw. werden OH^--Ionen abgefangen), das Wasser dissoziiert natürlich ebenfalls weiter nach. Es sammeln sich H^+-Ionen an und die Lösung reagiert daher sauer.

Lösungen von Salzen, die Anionen schwacher Säuren enthalten, reagieren basisch; solche, die Kationen schwacher Basen enthalten, reagieren sauer. *Bei Lösungen von Salzen aus Anionen schwacher Säuren UND Kationen schwacher Basen kommt es darauf an, wer der weniger schwache Partner ist.*

Durch Hydrolyse können auch so genannte neutrale Salze basisch oder sauer reagieren.

Wir haben also zwei Effekte, die den pH-Wert einer Salzlösung verursachen: auf der einen Seite die Unterscheidung in neutrale, saure und basische Salze, auf der anderen Seite die Zusammensetzung des Salzes. Wenn sich die beiden Effekte gegenseitig aufheben, kann man a priori keine Voraussagen treffen, wie die Salzlösung reagieren wird. *Man kann den pH-Wert allerdings aus den verschiedenen Gleichgewichtskonstanten der beteiligten Säuren und Basen und aus den Salzkonzentrationen berechnen. So kompliziert wollen wir aber hier nicht werden.* Es gibt aber trotzdem genug Fälle, in denen eine Voraussage möglich ist:

ZUSAMMEN-SETZUNG AUS	starker Säure starker Base oder stark basischem Hydroxid	schwacher Säure starker Base oder stark basischem Hydroxid	starker Säure schwacher Base oder schwach basischem Hydroxid	schwacher Säure schwacher Base oder schwach basischem Hydroxid
saure Salze	SAUER	???	SAUER	???
neutrale Salze	NEUTRAL	BASISCH	SAUER	???
basische Salze	BASISCH	BASISCH	???	???

Bei Salzen aus Kationen starker Basen und Anionen starker Säuren sind die Überlegungen einfach. Hier kommt es nur darauf an, ob es neutrale, saure oder basische Salze sind. Ebenso einfach sind neutrale Salze. Es kommt bei ihnen nur auf die Zusammensetzung an. Saure Salze, die außerdem noch Anionen schwacher Basen enthalten, müssen sicher sauer reagieren, da sich hier ja beide Effekte verstärken. Aus genau dem gleichen Grund reagieren Lösungen basischer Salze mit Anionen schwacher Säuren sicher alkalisch.

Für alle übrigen Kombinationen können wir nicht so ohne weiteres (ohne genaue Berechnung) Angaben über den zu erwartenden pH-Wert machen. *Diese Verhältnisse sind in der oben stehenden Tabelle zusammengestellt, lernen Sie das aber NICHT auswendig, versuchen Sie es zu verstehen!*

7.3.4 Löslichkeit, Löslichkeitsprodukt

Wenn wir Salz in Wasser schütten, werden die einzelnen Ionen hydratisiert. Das kann aber nicht unbegrenzt so weitergehen. Irgendwann werden die Wassermoleküle keine weiteren Salz-Ionen mehr stabilisieren können. Das Zuviel an Salz sinkt zu Boden und bildet dort den **Bodenkörper**. Wir haben in unserem Gefäß also zwei Phasen, die Lösung und den Bodenkörper.

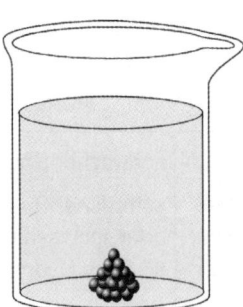

Die überstehende Lösung hat die maximale Menge Salz, die möglich ist, aufgenommen. Es liegt eine **gesättigte Lösung** vor. Manche Salze lösen sich sehr gut in Wasser, andere schlechter oder sehr schlecht. Die Angabe, welche Menge Salz sich in einer bestimmten Menge Lösungsmittel löst, ist für viele Zwecke sehr wichtig. Man kann dazu die Konzentration der gesättigten Lösung in mol / l oder g / l angeben. Dieser Wert ist für ein gegebenes Salz bei einer bestimmten Temperatur konstant. Es gibt jedoch noch eine andere Möglichkeit, die wesentlich interessanter ist.

Bodenkörper und gesättigte Lösung stehen in einem dynamischen Gleichgewicht. Ständig gehen einzelne Ionen aus dem Bodenkörper in Lösung und ständig lagern sich ebenso viele Ionen aus der Lösung im Bodenkörper ab. Man kann dieses System wie ein chemisches Gleichgewicht behandeln und analog zum Massenwirkungsgesetz quantitativ formulieren.

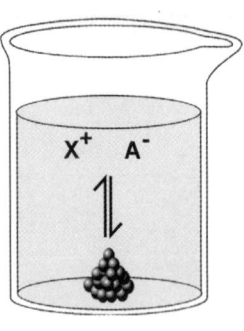

$$X^+A^- \;\rightleftharpoons\; X^+ \;+\; A^-$$

Bodenkörper   gelöstes Salz

$$K \;=\; \frac{[X^+] \times [A^-]}{[X^+A^-]}$$

Wie sollen wir aber die Konzentration des Bodenkörpers einsetzen? Bei einem festen Stoff kann man schwer mol / l angeben. Außerdem haben wir gesagt, dass die Konzentration der gesättigten Lösung konstant ist, also unabhängig von der Menge des Bodenkörpers. *Die Lösung hat die maximale Stoffmenge aufgenommen. Sie kann nicht mehr aufnehmen, auch wenn man noch so viel Bodenkörper dazuschaufelt.* Bei Stoffen, deren Konzentration oder Menge für das Gleichgewicht keine Rolle spielt, kann man stattdessen eine Konstante einsetzen und zwar am einfachsten die Zahl 1. Das ist ein ganz wichtiges Prinzip. Wir werden noch andere Anwendungen des Massenwirkungsgesetzes kennenlernen, bei denen die Konzentration eines der beteiligten Partner unwesentlich ist (Kap. 9.4, 9.5). Immer dann wird statt der Konzentration dieses Partners einfach 1 eingesetzt, was alle Formeln wesentlich vereinfacht. Wenn im Nenner 1 steht, können wir uns auch den Bruchstrich sparen und erhalten die folgende Gleichung:

$$K_L = [X^+] \times [A^-]$$

K_L hat den Namen **Löslichkeitsprodukt**, es ist für jedes Salz bei einer bestimmten Temperatur konstant. Je kleiner K_L ist, umso weniger Salz löst sich (= umso schwerer ist das Salz löslich). Etwas komplizierter wird die Formel für das Löslichkeitsprodukt, wenn das Salz aus mehreren Ionen besteht.

> Die Löslichkeit von Salzen wird durch das Löslichkeitsprodukt festgelegt.

$$Na_2SO_4 \rightleftharpoons 2\,Na^+ + SO_4^{2-}$$
$$K_L = [Na^+] \times [Na^+] \times [SO_4^{2-}]$$
$$K_L = [Na^+]^2 \times [SO_4^{2-}]$$

Wie wir das beim Massenwirkungsgesetz gewohnt sind, treten mehrfach vorkommende Ionen im Löslichkeitsprodukt als Potenzen in Erscheinung. Allgemein formuliert lautet das Löslichkeitsprodukt für ein Salz X_mA_n:

$$K_L = [X]^m \times [A]^n$$

$$\boxed{K_L = [X]^m \times [A]^n}$$

Um zu sehen, wie das funktioniert, wollen wir gleich ein Beispiel rechnen. Das Löslichkeitsprodukt von Silberjodid $K_L = 10^{-16}$. (Silberjodid ist also ein sehr schwer lösliches Salz.) Wir wollen die Konzentration einer gesättigten Lösung in Wasser berechnen. Wenn wir nur Silberjodid in Wasser haben, müssen natürlich gleich viele Jodid- wie Silber-Ionen vorhanden sein.

$$[Ag^+] \times [J^-] = 10^{-16}$$
$$[Ag^+] = [J^-]$$
$$[Ag^+] \times [Ag^+] = 10^{-16}$$
$$[Ag^+]^2 = 10^{-16}$$
$$\mathbf{[Ag^+] = 10^{-8}\ mol\,/\,l}$$

Also können wir in unserer Gleichung die eine Unbekannte $[J^-]$ durch die andere $[Ag^+]$ ersetzen. Dann müssen wir nur mehr die Wurzel ziehen und erhalten die Konzentration von Ag^+-Ionen. Die Konzentration von J^--Ionen ist natürlich genauso groß.

Wir haben also je 10^{-8} mol / l Silber- und Jodid-Ionen in der Lösung. *(Die Gesamtionen-Konzentration wäre also* 2×10^{-8}

mol / l *Ionen!)* Wir können daher 10^{-8} mol / l AgJ lösen. Aus Bequemlichkeitsgründen wird in Tabellen das Löslichkeitsprodukt immer als Zahl ohne Einheit angegeben. *In Wirklichkeit müsste es natürlich die entsprechende Einheit haben, im Fall AgJ also* mol^2 / l^2. *Niemand schreibt diese Einheit aber dazu.*

$$K_L = [Mg^{2+}] \times [F^-]^2 = 10^{-8}$$

$$2 \times [Mg^{2+}] = [F^-]$$

$$2^2 \times [Mg^{2+}]^2 = [F^-]^2$$

$$[Mg^{2+}] \times 4 \times [Mg^{2+}]^2 = 10^{-8}$$

$$4 \times [Mg^{2+}]^3 = 10^{-8}$$

$$[Mg^{2+}]^3 = 2.5 \times 10^{-9}$$

$$\mathbf{[Mg^{2+}] = 1.4 \times 10^{-3}\ mol/l}$$

$$\mathbf{[F^-] = 2.8 \times 10^{-3}\ mol / l}$$

Bei komplizierten Salzen wird es etwas schwieriger. Wir wollen ausrechnen, wie viel Magnesiumfluorid in einer gesättigten Lösung vorhanden ist. $K_L = 10^{-8}$. Wenn wir MgF_2 lösen, haben wir natürlich je Mol gelöstes Salz 1 Mol Mg^{2+}, aber 2 Mol F^- in der Lösung. Die Konzentration der Fluorid-Ionen in der Lösung ist also doppelt so groß. *Also müssen wir die Magnesium-Konzentration mit zwei multiplizieren, um die Fluorid-Konzentration zu erhalten.*

Man muss die Tatsache, dass zwei Fluorid-Ionen im Salz sind daher DOPPELT beachten, einerseits beim Gleichsetzen der Konzentrationen, andererseits beim Aufschreiben des Löslichkeitsproduktes *(das wird oft übersehen!)*. Jetzt können wir für $[F^-]$ $(2 \times [Mg^{2+}])$ einsetzen, also müssen wir für $[F^-]^2$ natürlich $(2 \times [Mg^{2+}])^2$, das sind $4 \times [Mg^{2+}]^2$, einsetzen.

Jetzt formen wir die Gleichung nach $[Mg^{2+}]^3$ um und ziehen die dritte Wurzel, dann erhalten wir als Ergebnis 1.4×10^{-3} mol / l für die Magnesium-Ionen. Die Konzentration der Fluorid-Ionen ist natürlich doppelt so groß.

Es haben sich also 1.4×10^{-3} mol / l MgF_2 gelöst. *Es mag zunächst unlogisch erscheinen, warum man so etwas kompliziertes wie das Löslichkeitsprodukt definiert, um dann erst wieder die Sättigungskonzentration zu berechnen. Man könnte ja gleich die Konzentration an Stelle des Löslichkeitsproduktes in Tabellen sammeln.*

Tatsächlich braucht man die Konzentration der gesättigten Lösung aber selten. Viel wichtiger ist die Löslichkeit eines Salzes in einer Lösung, in der noch andere Ionen vorhanden sind. Wenn diese Ionen mit dem Salz nichts zu tun haben, ändert sich nichts. Wenn aber eines der Ionen auch im Salz vorkommt, wird dessen Löslichkeit davon erheblich beeinflusst. Kehren wir wieder zu unserem Beispiel mit dem Silberjodid AgJ zurück. Wir wollen feststellen, wieviel davon sich in einer Salzlösung von 0.1 mol / l NaJ löst. Natriumjodid ist sehr gut löslich. Um dessen Löslichkeitsprodukt brauchen wir uns nicht zu kümmern. In der Lösung sind jetzt aber viel mehr J^--Ionen,

Der Zusatz von weiteren Ionen kann die Löslichkeit verändern.

und zwar 0.1 mol / l aus dem Natriumjodid und dazu noch die wenigen aus dem Silberjodid. Die Silber-Ionen müssen aber mit ALLEN Jodid-Ionen im Gleichgewicht stehen, die Gesamtkonzentration an J^- ist praktisch gleich der Konzentration an Natriumjodid.

$$[J^-] = 0.1 \text{ mol / l}$$
$$[Ag^+] \times [J^-] = 10^{-16}$$
$$[Ag^+] \times 0.1 = 10^{-16}$$
$$\mathbf{[Ag^+] = 10^{-15} \text{ mol / l}}$$

Wir müssen also im Löslichkeitsprodukt jetzt diese Gesamt-Konzentration der Jodid-Ionen einsetzen, und daraus ergibt sich eine wesentlich andere – niedrigere – Konzentration von Silber-Ionen.

Es lösen sich also nur mehr 10^{-15} mol / l AgJ, viel weniger als in reinem Wasser. *(Da waren es 10^{-8} mol / l)* Die Zugabe von **gleichen Ionen** setzt also die Löslichkeit eines Salzes herab. *Dieser Effekt ist sehr wichtig. Nur aus diesem Grund ist es möglich, (teure) Stoffe aus Lösungen nahezu vollständig auszufällen und damit zu verwerten.*

Gleichioniger Zusatz (Zusatz von einem der Ionen, aus denen das Salz besteht) vermindert die Löslichkeit des Salzes.

7.3.5 Einfluss des pH-Wertes auf die Löslichkeit

Natürlich kann es auch passieren, dass Ionen eines Salzes mit anderen Stoffen in der Lösung reagieren und sich auf diese Weise die Löslichkeit des Salzes ändert. Besonders wichtig ist in diesem Zusammenhang der Einfluss von Wasserstoff-Ionen auf die Salz-Anionen. Anionen einer schwachen Säure nehmen Protonen auf und bilden undissoziierte Säure *(das wissen wir ja schon)*. Eisensulfid ist schwer löslich. In Wasser haben wir daher das meiste **FeS** als Bodenkörper und nur ganz wenige Fe^{2+}- und S^{2-}-Ionen. Geben wir jetzt Schwefelsäure (oder irgendeine andere starke Säure) dazu, so werden die H^+-Ionen der Schwefelsäure, die vollständig dissoziiert ist, mit den S^{2-}-Ionen reagieren und H_2S bilden. Auf diese Weise werden die S^{2-}-Ionen aus der Lösung entfernt. Dadurch wird das Löslichkeitsprodukt unterschritten, also löst sich etwas Bodenkörper auf. Es werden wieder S^{2-}-Ionen nachgeliefert, die aber ebenfalls wieder mit den H^+-Ionen der Schwefelsäure reagieren. Das geht so immer weiter und weiter.

Fremdioniger Zusatz (Zusatz von Ionen, die im Salz nicht vorkommen) beeinflusst die Löslichkeit, wenn es zu einer Reaktion mit den Salz-Ionen kommt.

$$Fe^{2+} + S^{2-} + 2\,H^+ + SO_4^{2-} \rightleftharpoons H_2S + Fe^{2+} + SO_4^{2-}$$

Schließlich ist alles Sulfid zu Schwefelwasserstoff geworden. Dieser entweicht als stinkendes Gas, und in der Lösung bleibt gut lösliches Eisensulfat zurück. Wir haben soeben einen in Wasser unlöslichen Stoff durch Zugabe einer Säure gelöst. *Früher hätte man gesagt: „Die stärkere Säure hat die schwächere aus ihrem Salz verdrängt."*

Ähnlich funktioniert die Reaktion, wenn man Anionen einer unbeständigen Säure mit Wasserstoff-Ionen reagieren lässt. Es bildet sich dann zunächst die Säure. Diese zerfällt sofort in Anhydrid und Wasser. Wieder werden daher die Anionen aus dem Gleichgewicht entfernt und das Salz geht in Lösung.

$$Ca^{2+} + CO_3^{2-} + 2\,H^+ + 2\,Cl^- \;\rightleftharpoons\; Ca^{2+} + 2\,Cl^- + H_2CO_3$$

$$H_2CO_3 \;\rightleftharpoons\; CO_2 + H_2O$$

$CaCO_3$ (Kalziumkarbonat, Kalk) ist ein schwerlösliches Salz. *(Gott sei Dank! Anderenfalls würden unsere Berge bei jedem Gewitter ein Stück kleiner werden. Schrecklicher Gedanke für Skifahrer und Bergsteiger!)* Es ist aber nur in alkalischer oder neutraler Lösung beständig. Bei Säurezugabe löst es sich unter CO_2-Entwicklung auf. *Schütten Sie also keine Säure über die Berge, Sie schädigen sonst den Fremdenverkehr.* Jetzt wissen Sie, warum so viele Stoffe von starken Säuren aufgelöst werden. Schuld daran sind die von der Säure abdissoziierenden H^+-Ionen. Da Lösungen starker Säuren viele freie H^+ enthalten, sind starke Säuren besonders aggressiv und lösen andere Stoffe schnell auf.

Einige Regeln für die Eigenschaften von Säuren und ihren Anionen

Wenn man nicht auswendig lernen will, welche Säuren wie stark sind *(wer will das schon)*, sind die folgenden Überlegungen hilfreich:

$$HA \;\rightleftharpoons\; H^+ + A^-$$

In der Dissoziationsgleichung kommen Säure und Anion vor, die Dissoziation der Säure ist daher auch die wichtigste Reaktion des entsprechenden Anions. Die Lage dieses Gleichgewichtes bestimmt das Verhalten von Salzen dieses Anions in wässriger Lösung. Dafür sind vor allem 3 Prinzipien von Bedeutung:

a) Elektronegativität:

H^+ wird aus der Bindung HA umso leichter abdissoziiert, je polarer diese Bindung bereits im Molekül ist. Ist A also z.B. ein stark elektronegatives Element, so trägt es schon eine negative Partialladung:

$$H^{\delta+} - A^{\delta-} \quad \rightleftharpoons \quad H^+ + A^-$$

Die vollständige Ladungstrennung ist also sehr leicht.

Die Säure HA ist umso stärker, je elektronegativer A ist. Die Elemente mit der höchsten Elektronegativität befinden sich auf der rechten Seite des Periodensystems. Daher sind HCl, HBr und HJ alle starke Säuren. *(HF ist die Ausnahme, damit es nicht gar zu einfach wird. HF ist nämlich leider nur eine schwache Säure.)* Geht man im Periodensystem nach links, so findet man, dass H_2S bereits eine sehr schwache Säure ist, und NH_3, PH_3, CH_4 usw. können überhaupt nicht mehr als Säuren angesehen werden.

Dass weniger stark elektronegative Elemente wie Phosphor oder Stickstoff trotzdem Säuren bilden können, liegt daran, dass die Wasserstoffatome an Sauerstoff (der ist genug elektronegativ) gebunden sind und die Sauerstoffatome weiter an Phosphor oder Stickstoff. Das sieht z.B. für Schwefelsäure vereinfacht so aus:

Die Schwefelsäure ist also eigentlich keine Säure des Schwefels, sondern eine Säure des Sauerstoffs in einer Verbindung mit Schwefel. Solche Säuren werden daher auch Sauerstoffsäuren genannt. Die meisten Säuren sind Sauerstoffsäuren.

b) Stabilität

Bei der Reaktion

$$HA \quad \rightleftharpoons \quad H^+ + A^-$$

hängt die Lage des Gleichgewichtes vor allem von der Stabilität von HA und A^- ab. Ist HA besonders stabil oder A^- besonders instabil, so wird das Gleichgewicht weit links liegen (= schwache Säure). Ist HA besonders instabil oder A^- besonders stabil, so wird die Säure stark sein. Vor allem die Eigenschaften des Anions A^- spielen dabei eine entscheidende Rolle. Es kommt darauf an, wie das Anion es fertig bringt, seine negative Überschussladung energetisch günstig zu verteilen.

So ist im Sulfat-Ion $SO_4{}^{2-}$ der Schwefel von 4 Sauerstoffatomen völlig symmetrisch umgeben und man kann nicht festlegen, welches Sauerstoffatom früher mit Wasserstoff verbunden war. Die negativen Ladungen verteilen sich daher gleichmäßig auf ALLE Sauerstoffatome. Das ist natürlich viel günstiger, als wenn nur ein Sauerstoff allein mit der negativen Ladung fertig werden müsste. Diese Konfiguration ist sehr stabil.

Man erklärt das gerne so, dass man sich mehrere mögliche Strukturen denkt, in denen die negative Ladung bald an einem, bald an dem anderen Sauerstoff lokalisiert ist. Die Kombination all dieser Strukturen ergibt die tatsächliche Situation, und die ist umso stabiler, aus je mehr Strukturen sie sich zusammensetzt – das nennt man Resonanzstabilisierung. Das Sulfat-Anion hat also nur ein geringes Bestreben H^+ aufzunehmen und ist daher eine sehr schwache Base. Man könnte sagen, dass die Schwefelsäure vor allem deshalb eine starke Säure ist, weil die korrespondierende Base schwach (= stabil) ist.

Es gibt eine Faustregel, mit deren Hilfe man abschätzen kann, ob eine Sauerstoffsäure stark oder schwach ist: Wenn im Molekül gleich viele abdissoziierbare Wasserstoffatome wie Sauerstoffatome vorhanden sind, so ist die Säure sehr schwach ($K_S \sim 10^{-7}$): z.B. Borsäure H_3BO_3, Hypochlorige Säure $HClO$. *Ein Sauerstoff, an dem noch Wasserstoff gebunden ist, kann keinen Beitrag zur Stabilisierung der Ladung leisten. Daher ist hier im Anion jedes Sauerstoffatom mit seiner Ladung allein.*

Ist ein Sauerstoffatom mehr vorhanden, so ist die Säure weniger schwach ($K_S \sim 10^{-2}$): Phosphorsäure H_3PO_4, Salpetrige Säure HNO_2, Kohlensäure H_2CO_3, Schwefelige Säure H_2SO_3. *Das überzählige Sauerstoffatom hilft, die erste verbleibende negative Ladung zu ertragen. Wird noch ein zweiter Wasserstoff abdissoziiert – also in der zweiten Stufe –, geht das natürlich nicht mehr, daher ist die Säure in der zweiten Stufe deutlich schwächer.*

Sind 2 Sauerstoffatome mehr vorhanden, so ist die Säure stark ($K_S \sim 10^3$): Schwefelsäure H_2SO_4, Salpetersäure HNO_3.

Sind gar 3 Sauerstoffe mehr vorhanden, so ist die Säure sehr stark ($K_S \sim 10^8$): Perchlorsäure $HClO_4$, Permangansäure $HMnO_4$.

Man kann sich merken, dass sich die K_S-Werte zwischen den einzelnen Gruppen wie $1 / 10^5$ verhalten *(also sich in ihren Hochzahlen um jeweils 5 unterscheiden)*. Vergleichen Sie mit der Tabelle in Abschnitt 7.3.1.

Die Regel gilt natürlich nur für die jeweils ERSTE Dissoziationsstufe. Selbstverständlich muss die Säure in der zweiten Stufe schwächer sein, da dann eine weitere negative Ladung getragen werden muss (und nur ein einziger zusätzlicher Sauerstoff mithilft). Freundlicherweise gilt dasselbe Zahlenverhältnis (1 / 10^5) auch zwischen den K_S-Werten verschiedener **Dissoziationsstufen von mehrbasigen Sauerstoffsäuren**. Also bei

$$H_3PO_4 \quad \rightleftharpoons \quad H^+ + H_2PO_4^- \qquad K_{S1}$$

$$H_2PO_4^- \quad \rightleftharpoons \quad H^+ + HPO_4^{2-} \qquad K_{S2}$$

$$HPO_4^{2-} \quad \rightleftharpoons \quad H^+ + PO_4^{3-} \qquad K_{S3}$$

sollte sich $K_{S1} : K_{S2} : K_{S3}$ wie $10^{-2} : 10^{-7} : 10^{-12}$ verhalten. *Die genauen Werte sind 7.5 x 10^{-3}, 6 x 10^{-8} und 10^{-12}. Die Regel stimmt also recht gut.*

c) Beständigkeit

Wenn einer der Partner im Dissoziationsgleichgewicht noch auf andere Art reagieren kann, so werden die Konzentrationen beider Partner verändert. Wenn neben der Reaktion

$$HA \quad \rightleftharpoons \quad H^+ + A^-$$

auch noch die Reaktion

$$HA \quad \rightleftharpoons \quad XY$$

stattfindet, so wird für jedes entstehende XY ein HA verbraucht *(XY steht einfach für irgendein Reaktionsprodukt)*. Daher werden nach der ersten Gleichung auch H^+ und A^- abnehmen.

Der klassische Fall dafür ist die Kohlensäure H_2CO_3, welche dazu neigt, in CO_2 und Wasser zu zerfallen. Wir haben also 3 Gleichgewichte vorliegen.

$$CO_2 + H_2O \quad \rightleftharpoons \quad H_2CO_3 \qquad \text{Zerfall / Bildung}$$

$$H_2CO_3 \quad \rightleftharpoons \quad H^+ + HCO_3^- \qquad \text{1. Dissoziationsstufe}$$

$$HCO_3^- \quad \rightleftharpoons \quad H^+ + CO_3^{2-} \qquad \text{2. Dissoziationsstufe}$$

Das Gleichgewicht der ersten Reaktion liegt zu mehr als 99% auf der linken Seite. Im Sodawasser sind also mehr als 99% des eingeleiteten Kohlendioxids physikalisch gelöst, weniger als 1% liegt als H_2CO_3 vor, noch viel weniger als HCO_3^- und ganz, ganz wenig als CO_3^{2-}.

Würde man nur die 1. Dissoziation betrachten, so wäre

$$K_{S1} = \frac{[H^+] \times [HCO_3^-]}{[H_2CO_3]} \qquad K_{S1} = 2 \times 10^{-4}$$

Praktisch ist es aber sinnvoller, die Gesamtmenge von H_2CO_3 und CO_2 in das Massenwirkungsgesetz einzubeziehen, dann wird die Dissoziationskonstante entsprechend kleiner.

$$K_{S1} = \frac{[H^+] \times [HCO_3^-]}{[H_2CO_3 + CO_2]} \qquad K_{S1} = 4 \times 10^{-7}$$

Die Kohlensäure ist also deutlich schwächer, als es unserer Faustregel von Punkt *b)* entspricht, weil sie zusätzlich noch unbeständig ist. In der Reaktion

$$H_2CO_3 \rightleftharpoons CO_2 + H_2O$$

zerfällt Kohlensäure in Wasser und Kohlendioxid, beziehungsweise kann sie aus Wasser und Kohlendioxid gebildet werden. Man sagt, das Kohlendioxid ist das **Anhydrid** der Kohlensäure (an – hydrid = ohne Wasser). Grundsätzlich haben alle Sauerstoffsäuren Anhydride, die Lage des Gleichgewichtes der entsprechenden Reaktion kann aber sehr verschieden sein. Das Anhydrid kann sich immer nur aus der Säure bilden, nie aus dem Anion. Also werden starke Säuren, die praktisch vollständig dissoziiert sind, niemals unbeständig sein, da ja die Säure selbst in einer wässrigen Lösung praktisch nicht vorliegt. So wird Schwefelsäure zwar aus SO_3 und Wasser hergestellt,

$$SO_3 + H_2O \rightleftharpoons H_2SO_4$$

in einer Schwefelsäure-Lösung ist aber praktisch kein SO_3 nachweisbar. Dagegen ist in einer Lösung von Schwefeliger Säure (= schwache Säure) immer SO_2 im Gleichgewicht vorhanden.

$$H_2SO_3 \rightleftharpoons SO_2 + H_2O$$

Komplizierter wird es, wenn eine ungerade Anzahl (1 oder 3) H-Atome im Säuremolekül vorkommen, dann müssen 2 Moleküle Säure reagieren, um alle H-Atome als Wasser abzuspalten. So gilt z.B. für salpetrige Säure:

$$2\,HNO_2 \rightleftharpoons N_2O_3 + H_2O$$

N_2O_3 ist aber unbeständig *(es wird deswegen auch als „formales" Anhydrid bezeichnet)* und zerfällt sofort weiter:

$$N_2O_3 \rightleftharpoons NO + NO_2$$

Diese Reaktion ist recht interessant. Betrachten wir die auftretenden Oxidationszahlen für Stickstoff, so finden wir +III (N_2O_3), +II (NO) und +IV (NO_2) (siehe Kap. 8.4). Eine solche Reaktion, bei der ein Stoff eine ihm unangenehme Oxidationszahl verlässt, indem er sich selbst gleichzeitig oxidiert und reduziert, nennt man **Disproportionierung**.

Sie sollten jetzt in der Lage sein, übungshalber auch die Anhydride von Salpetersäure und Phosphorsäure formulieren zu können!

7.4 Puffer

Wir haben schon gesehen, dass das Verhalten eines Ampholyten vom pH-Wert der umgebenden Lösung abhängig ist. Es gibt aber noch viel mehr Verbindungen, deren Verhalten vom pH-Wert kontrolliert wird, nämlich alle **schwachen Elektrolyte**! Überlegen wir uns nochmals den Zusammenhang – nach dem Massenwirkungsgesetz – zwischen [H^+] und der dissoziierten bzw. undissoziierten Form des Elektrolyten.

$$HA \rightleftharpoons H^+ + A^-$$
Säure   Base

$$K_S = \frac{[H^+] \times [A^-]}{[HA]}$$

Wenn HA eine schwache Säure ist, also ein Stoff, der nur wenig dissoziiert, so beeinflusst die Konzentration an H^+–Ionen weitgehend die Lage des Gleichgewichtes. *Salzsäure, als starke Säure, dissoziiert fast vollständig und kümmert sich nicht darum ob H^+–Ionen vorhanden sind oder nicht. Eine schwache Säure wie Essigsäure oder eine Aminosäure dagegen richtet ihr Verhalten nach den H^+–Ionen aus.* Wenn man das Massenwirkungsgesetz etwas verändert aufschreibt, sieht man sofort den direkten Zusammenhang von Dissoziation (also dem Verhältnis [A^-] gegen [HA]), H^+–Ionen und dem K_S–Wert. Wenn wir diese Gleichung wie nebenstehend gezeigt etwas umformen und logarithmieren (dann wird $-\log [H^+]$ zu pH und $-\log K_S$ wird pK_S) erhalten wir:

$$K_S = [H^+] \times \frac{[A^-]}{[HA]}$$

$$[H^+] = K_S \times ([HA] / [A^-])$$

$$-\log [H^+] =$$
$$= -\log \{K_S \times ([HA] / [A^-])\}$$

$$-\log [H^+] =$$
$$= -\log K_S - \log ([HA] / [A^-])$$

$$pH = pK_S - \log ([HA] / [A^-])$$

Das ist die Gleichung von **Henderson-Hasselbalch**. Sie besagt, dass der Logarithmus des Verhältnisses Säure / Base davon abhängt, wie weit der pH-Wert der Lösung (zahlenmäßig) vom pK_S abweicht. *Für Mathematikmuffel: Der Logarithmus von 1 ist Null, also log 1 = 0, log 10 = 1, log 100 = 2, log 0.1 = – 1, log 0.01 = – 2, usw.* Wenn also pH und pK_S übereinstimmen, ist die Differenz Null und das Verhältnis 1

$$pH = pK_S - \log \frac{[HA]}{[A^-]}$$

HA ist Säure
oder **Protonendonator**

A⁻ ist Base
oder **Protonenakzeptor**

(oder 1 : 1), ist der pH um eins kleiner (die Lösung also saurer) ist die Differenz 1 und das Verhältnis 10 : 1 (logisch, dann ist mehr Säure vorhanden), ist der pH um zwei kleiner, ist das Verhältnis 100 : 1, ist der pH um eins größer, so ist die Differenz minus eins und das Verhältnis 1 : 10 (mehr Base), ist er um zwei größer, ist das Verhältnis 1 : 100, und immer so weiter. Weil dieses Verhalten so wichtig ist, fassen wir es nochmals als Tabelle zusammen:

u.s.w.	pH = $pK_S - 3$	pH = $pK_S - 2$	pH = $pK_S - 1$	pH = pK_S	pH = $pK_S + 1$	pH = $pK_S + 2$	pH = $pK_S + 3$	u.s.w.
...	**Säure** / Base 1000 / 1	Säure / Base 100 / 1	Säure / Base 10 / 1	Säure / Base 1 / 1	Säure / Base 1 / 10	Säure / Base 1 / 100	Säure / **Base** 1 / 1000	...

Das sieht wie eine Spielerei aus, ist aber echt wichtig. Da Chemie zum Anfang immer an Beispielen wie Salzsäure und Natriumhydroxid erklärt wird, setzt sich in uns leicht die (falsche) Vorstellung durch, dass schwache Elektrolyte eher exotische Ausnahmen sind. Das Gegenteil ist richtig, die Welt wird von schwachen Elektrolyten regiert! In der organischen Chemie und erst recht in der Biochemie kommen starke Elektrolyte kaum vor – und wenn, dann sitzen sie still und vollständig dissoziiert in ihrer Ecke und beteiligen sich nur wenig am Verhalten des jeweiligen Systems.

Die Gleichung nach Henderson-Hasselbalch gibt an:

welches Verhältnis von Donator / Akzeptor bei einem bestimmten pH-Wert besteht,

oder

welcher pH-Wert bei einem bestimmten Verhältnis von Donator/Akzeptor auftritt.

Diesen Zusammenhang zwischen pH und Verhältnis Säure / Base eines korrespondierenden Basenpaares kann man natürlich umgekehrt genau so verwenden: Wenn man das Verhältnis zwischen Säure und Base festlegt, ergibt sich automatisch daraus der pH der Lösung. Wie man so etwas festlegen kann? Nun, ich nehme zum Beispiel Essigsäure – die ist schwach dissoziiert, also praktisch nur Säure – und mische sie mit einer bestimmten Menge von Acetat-Ionen. Diese bekomme ich am einfachsten von einem Salz der Essigsäure, z.B. von Natrium-Acetat, das immer – in Lösung wie als Feststoff – aus Na^+-Ionen und Acetat-Ionen besteht. *Die Natrium-Ionen die ich gratis dazu bekomme, spielen nicht mit und beeinflussen den pH-Wert nicht, die müssen wir nicht weiter beachten.* Je nachdem, wie man die beiden mischt, kann man den erhaltenen pH-Wert aussuchen, zumindest für einen pH-Bereich der sich rund um den pK_S-Wert der Essigsäure bewegt. Sind wir es zu weit vom pK_S-Wert weg, wird die Sache ungenau. Als Faustregel nimmt man an, dass sich pH und pK_S um nicht mehr als 1 unterscheiden sollen, dass also das Verhältnis Säure / Base zwischen 10 : 1 und 1 : 10 bleiben soll.

So eine Mischung, die den pH-Wert einer Lösung festlegt, heißt **Puffer.** Und das Schönste: So ein Puffer versucht seinen pH-Wert möglichst zu behalten! Wenn jetzt von irgendwoher H^+-Ionen dazu kommen, so wird etwas von unserer Base mit diesen Ionen reagieren und zur Säure werden. Dabei ändert sich der pH-Wert nur geringfügig – viel weniger, als das bei einer ungepufferten Lösung der Fall wäre, in die H^+-Ionen geraten sind. Nimmt man umgekehrt H^+-Ionen weg, so dissoziiert etwas Säure nach und ergänzt wieder die fehlenden H^+.

> **Puffer:**
>
> haben die Fähigkeit, den pH-Wert ihrer Lösung konstant zu halten.

Man kann also einen Puffer aus einer **schwachen Säure** und **deren Salz** mischen – oder auch aus einer schwachen Base und deren Salz (etwa aus Ammoniak und Ammoniumchlorid). Und es funktioniert am besten, wenn der gewünschte pH-Wert möglichst nahe am pK_S des verwendeten Elektrolyten liegt. Für andere pH-Werte wählt man sich eben besser einen anderen Elektrolyten. Es gibt genug davon um für jeden pH-Wert etwas Passendes zu finden. *Es ist logisch, dass es nur mit schwachen Elektrolyten mit positiven pK_S-Werten geht, würde ich dasselbe mit Salzsäure und Natriumchlorid versuchen, bekäme ich – der pK_S von Salzsäure ist minus 5 – nur einen Puffer für den pH-Bereich zwischen minus 4 und minus 6, und der ist unter Normalbedingungen nicht erreichbar.*

> **Puffer:**
>
> Mischungen einer schwachen Säure oder Base mit ihrem Salz.

Nun entsteht ja ein Salz bekanntlich bei der Neutralisation von Säure mit Base. Wird daher eine schwache Säure mit Base nur teilweise (!) neutralisiert, dann bildet die restliche Säure mit dem soeben gebildeten Salz ebenfalls den gewünschten Puffer. Das kann man verwenden, wenn man das Salz gerade nicht zur Hand hat. Es bedeutet aber auch, dass sich in Mischungen schwacher Elektrolyte (Säuren oder Basen) immer unerwartet Puffersysteme bilden, die man berücksichtigen muss.

> Wenn man eine schwache Säure oder Base teilweise (!) neutralisiert, erhält man das entsprechende Salz und die Mischung ist ebenfalls ein Puffer.

7.4.1 Berechnung des pH-Wertes

Ein Puffer hat nur Sinn, wenn man auch weiß, welchen pH-Wert er konstant hält. Das kann man mit der Henderson-Hasselbalch Gleichung – die deshalb auch **Puffergleichung** heißt – ausrechnen.

$$pH = pK_S - \log \frac{[HA]}{[A^-]}$$

Der pH-Wert eines Puffers hängt also ab:

- vom pK_S-Wert der Säure (des Protonen-Donators). Das ist eine Konstante, die man aus Tabellen entnehmen kann oder aus dem K_S-Wert berechnet.

- vom Mischungsverhältnis Protonendonator / Protonenakzeptor. Da in unserem Beispiel fast alles HA aus der Säure und alles A^- aus dem Salz kommt, kann man stattdessen auch das Verhältnis der Konzentrationen Säure / Salz einsetzen. Wäre der Puffer aus einer Base und deren Salz gemischt worden, müsste man natürlich Salz / Base einsetzen, da ja hier die Salz-Kationen der Protonendonator sind.

$$pH = pK_S - \log([HA] / [A^-])$$

oder

$$pH = pK_S + \log([A^-] / [HA])$$

oder noch besser

$$pK_S - pH = \log([HA] / [A^-])$$

$$pH = pK_S - \log \frac{[HA]}{[A^-]}$$

$pH = pK_S - \log([HA]/[A^-])$

$[HA] = 0.1 \text{ mol} / \text{l}$

$[A^-] = 0.1 \text{ mol} / \text{l}$

$pH = pK_S - \log(0.1/0.1)$

$pH = pK_S - \log 1$

$pH = pK_S - 0$

$pH = 4.7$

Rechnen wir als Beispiel den pH-Wert eines Essigsäure / Acetat-Puffers aus. Probieren wir es zunächst mit einer Lösung von 0.1 mol / l Natriumacetat und 0.1 mol / l Essigsäure. Der pK_S-Wert von Essigsäure ist 4.7.

Wir setzen also die Konzentrationen der beiden Stoffe in die Gleichung ein (da es sich um ein Verhältnis handelt, könnten wir auch z.B. Mengen einsetzen), und da das Verhältnis 1:1 ist, bekommen wir den Logarithmus von 1, der ist natürlich Null, sodass der pH den Wert des pK_S annimmt.

wenn $[HA] = [A^-]$

dann ist $pH = pK_S$

Das hatten wir ja schon – ist aber WICHTIG! Wenn gleich viel Protonendonator wie Protonenakzeptor vorhanden ist, so ist der pH-Wert des Puffers gleich dem pK_S der Säure!

Versuchen wir ein anderes Beispiel. Wir haben eine Lösung, die 0.1 mol / l NH_3 und 0.02 mol / l NH_4Cl enthält. Der pK_S-Wert der Säure NH_4^+ ist 9.2.

Das Verhältnis von Ammonium zu Ammoniak ist daher 0.2, der Logarithmus davon ist −0.7. Also muss sich der pH-Wert um 0.7 Einheiten vom pK_S unterscheiden. Da wir mehr Akzeptor (NH_3) als Donator (NH_4^+) haben (also mehr Base als Säure), muss der pH-Wert basischer, also höher sein. Wir müssen also zu $pK_S = 9.2$ noch die 0.7 dazurechnen.

Ein Tipp unter Fachleuten: Statt die Puffergleichung komplett auswendig zu lernen, ist es vernünftiger sich zu merken, dass pH = pK_S bei einem Verhältnis von 1 / 1 ist. Der pH weicht davon ab, wenn sich das Verhältnis ändert. Die Lösung wird natürlich saurer mit mehr Donator (Säure), alkalischer mit mehr Akzeptor(Base). Die Abweichung des pH-Wertes ist ± 1 bei einem Verhältnis von 1 / 10 oder 10 / 1, sie ist ± 2 bei einem Verhältnis von 1 / 100 oder 100 / 1.

Der pH-Wert weicht also um den Logarithmus des Bruches ab. Wenn man das weiß, kann man den pH-Wert eines Puffers locker im Kopf ausrechnen. In dem Beispiel oben (dem mit Ammoniak und Ammonchlorid) war das Verhältnis 0.02 zu 0.1, also soviel wie 1 / 5 oder 0.2. Der Logarithmus davon ist − 0.7 und jetzt VERGESSEN Sie bitte das Vorzeichen! Sie müssen den pK_S um 0.7 verändern, um den pH zu erhalten. Aber in welche Richtung?

Ein Puffer, der mehr Donator als Akzeptor enthält, ist saurer als sein pK_S-Wert, ein Puffer der mehr Akzeptor als Donator enthält ist basischer. Da unser Puffer oben mehr Akzeptor enthält, ist er basischer, daher muss man die 0.7 dazurechnen, sodass ein pH von 9.9 herauskommt (9.2 + 0.7 = 9.9). Diese Überlegung ersetzt das umständliche Hantieren mit den Vorzeichen und man kann sich dabei kaum irren. Vorzeichen vergisst oder verwechselt man häufig

$$pH =$$
$$= pK_s - \log ([NH_4^+]/[NH_3])$$
$$pH = 9.2 - \log (0.02/0.1)$$
$$pH = 9.2 - \log 0.2$$
$$pH = 9.2 - (- 0.7)$$
$$pH = 9.2 + 0.7$$
$$\mathbf{pH = 9.9}$$

$$pK_S - pH = \log ([HA] / [A^-])$$
$$\text{Differenz} = \log (\text{Verhältnis})$$

Der pH-Wert des Puffers weicht um einen Betrag vom pK_S ab, welcher dem dekadischen Logarithmus des Verhältnisses Donator / Akzeptor entspricht.

7.4.2 Pufferkapazität und Pufferbereich

Kehren wir wieder zu unserem Essigsäure / Acetatpuffer zurück. (0.1 mol / l Essigsäure, 0.1 mol / l Acetat). Was passiert, wenn wir HCl zugießen, und zwar so viel, dass schließlich 0.01 mol / l HCl in der Lösung sind?

Wir haben also H^+ und Cl^- zugesetzt. Die Chlorid-Ionen sind friedfertig und stören weiter nicht. Die Protonen reagieren aber mit dem Acetat zu Essigsäure. Wenn wir H^+ bis 0.01 mol / l zusetzen, haben wir am Ende in unserem Puffer um 0.01 mol / l weniger Acetat und um 0.01 mol / l mehr Essigsäure.

vorher	$[A^-]$ = 0.1 mol / l	[HA] = 0.1 mol / l
nach HCl-Zugabe	$[A^-]$ = 0.09 mol / l	[HA] = 0.11 mol / l

$pH =$
$= pK_S - \log (0.11 / 0.09)$
$= 4.7 - \log 1.22$
$= 4.7 - 0.09$
$\mathbf{pH = 4.61}$

Wir setzen die neuen Werte in die Puffergleichung ein und erhalten einen pH-Wert von 4.61. Der Salzsäurezusatz hat also den pH-Wert unseres Puffers um 0.09 Einheiten verändert. *Wäre die Lösung nicht gepuffert gewesen, so würde der pH-Wert auf 2 gesunken sein, nachdem die Salzsäure zugegeben wurde. Unser Puffer ist also recht tüchtig!* Es können natürlich nicht mehr H^+-Ionen gepuffert werden, als Acetat-Ionen im Puffer vorhanden sind. Würde man HCl bis 0.2 mol / l zusetzen, würde die Kapazität des Puffers überschritten werden. Die **Pufferkapazität** ist die Fähigkeit eines Puffers, überschüssige H^+- und OH^--Ionen abzufangen, also die Menge an Säure und Base, die er abfangen und puffern kann. Die Pufferkapazität ist umso größer, je **konzentrierter** der Puffer ist.

$pH =$
$= pK_S - \log (0.01/0.1)$
$= 4.7 - \log 0.1$
$= 4.7 - (-1)$
$\mathbf{pH = 5.7}$

Versuchen wir ein anderes Puffergemisch. Wir nehmen nur 0.01 mol / l Essigsäure, aber weiter 0.1 mol / l Acetat. Der pH-Wert dieses Puffers ist 5.7 *(das können wir bereits im Kopf berechnen – oder doch noch nicht?).* Wir wollen wieder HCl bis 0.01 mol / l zusetzen. Da die Konzentration der Acetat-Ionen dieselbe ist, sollten wir erwarten, dass auch die pH-Veränderung dieselbe sein wird.

vorher	$[A^-] = 0.1$ mol / l	$[HA] = 0.01$ mol / l
nach HCl-Zugabe	$[A^-] = 0.09$ mol / l	$[HA] = 0.02$ mol / l

$pH =$
$= pK_S - \log (0.02/0.09)$
$= 4.7 - \log 0.22$
$= 4.7 - \log (2.2 \times 10^{-1})$
$= 4.7 - (0.35 - 1)$
$\mathbf{pH = 5.35}$

Hoppla! Jetzt hat sich der pH-Wert gegenüber dem ursprünglichen um 0.35 Einheiten verändert! Die Pufferkapazität ist also geringer! Sie könnten das jetzt mit vielen möglichen Mischungen durchspielen und würden dabei feststellen, dass der Puffer mit der größten Kapazität jener ist, bei dem die Mischung von Donator / Akzeptor = 1 / 1 ist.

Pufferkapazität:

gibt an, wie viel Säure oder Base gepuffert werden kann. Sie ist umso größer,

1) je konzentrierter der Puffer ist und

2) je näher pH-Wert und pK_S zusammenliegen

Die Pufferkapazität ist also von der Konzentration und vom Mischungsverhältnis der Komponenten abhängig. Die 1 / 1 Mischung bezeichnet man als Punkt der **optimalen Pufferwirkung**.

Es hat keinen Sinn, einen Puffer zu mischen, dessen Mischungsverhältnis sehr weit weg vom idealen Wert 1 / 1 liegt. Dann ist es günstiger, einen anderen Puffer zu wählen. Wir wissen, dass bei der optimalen Pufferwirkung pH = pK_S ist. Man muss nur nach einer schwachen Säure (oder Base) suchen, deren pK_S dem gewünschten pH-Wert möglichst nahe kommt.

In der Praxis verwendet man nur Puffer, welche ein Mischungsverhältnis zwischen 1 / 10 bis 10 / 1 haben. Man kann sich also vom pK_S-Wert um je eine pH-Einheit in beiden Richtungen entfernen. Diesen Bereich nennt man den **Pufferbereich**.

Einen Essigsäure / Acetatpuffer wird man also für pH-Werte von 3.7 − 5.7 anwenden können, einen NH_4^+ / NH_3–Puffer im pH-Bereich von 8.2 − 10.2.

Es gibt genügend schwache Säuren und Basen, sodass man für jeden benötigten pH-Wert zwischen einigen möglichen Puffertypen wählen kann.

> Am besten wirkt ein Puffer mit einem pH-Wert, der möglichst nahe dem pK_S-Wert der puffernden Säure liegt.

> **Pufferbereich:**
>
> $$pH = pK_S \pm 1$$

7.4.3 Puffertypen, praktische Herstellung

Wir haben bisher immer nur den pH-Wert von fertigen Puffern berechnet. Normalerweise macht man es natürlich umgekehrt. Man will einen Puffer mit einem bestimmten pH-Wert und einer bestimmten Konzentration und überlegt sich daher, wie man ihn herstellen kann.

Wie können wir zum Beispiel *(schon wieder)* einen Essigsäure / Acetatpuffer mit der Konzentration c = 0.1 mol / l und pH = 5.0 herstellen?

Nun, wir wollen einen pH-Wert, der um 0.3 Einheiten vom pK_S entfernt liegt. Dem Logarithmus 0.3 entspricht die Zahl 2, also müssen wir doppelt so viel von einer der beiden Komponenten haben wie von der anderen. Von welcher? Unser Puffer soll basischer sein als der pK_S-Wert, also brauchen wir mehr Base, mehr Akzeptor.

Wir müssen also doppelt so viel Acetat wie Essigsäure in unserem Puffer haben. Die Konzentration soll 0.1 mol / l sein. Konzentration eines Puffers bedeutet die Gesamtkonzentration an Protonendonator und Protonenakzeptor, also an Acetat + Essigsäure. Logischerweise brauchen wir daher 0.033 mol / l Essigsäure und 0.066 mol / l Acetat, damit sind alle Anforderungen an unseren Puffer erfüllt.

Man könnte diesen Puffer bereiten, indem man 0.033 mol Essigsäure und 0.066 mol Natriumacetat in Wasser löst, sodass ein Gesamtvolumen von 1 l entsteht. Üblicherweise mischt man

> **Achtung:** als Konzentration eines Puffers wird die Summe der Konzentrationen von Donator und Akzeptor angegeben.

> $$pH = pK_S - \log([HA]/[A^-])$$
> $$5.0 = 4.7 - \log([HA]/[A^-])$$
> $$\log([HA]/[A^-]) = -0.3$$
> $$\log([HA]/[A^-]) = +0.7 - 1$$
> $$([HA]/[A^-]) = 5 \times 10^{-1}$$
> $$= 0.5$$
> $$= 1/2$$

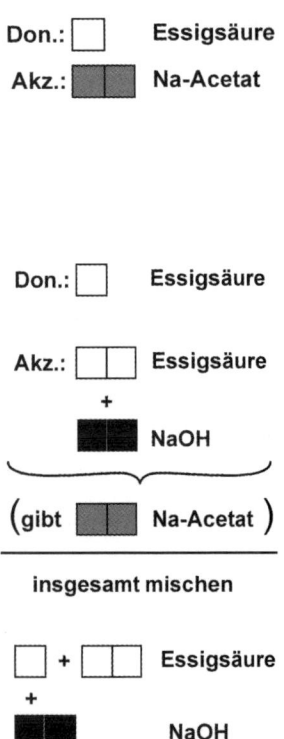

Puffer jedoch aus Stammlösungen. Man stellt eine Essigsäure-lösung der Konzentration $c = 0.1$ mol / l und eine Natriumace-tatlösung der Konzentration $c = 0.1$ mol / l her. Die beiden Lösungen kann man nun in jedem gewünschten Verhältnis mi-schen (in unserem Beispiel eben 1 Teil und 2 Teile), um belie-bige pH-Werte zu erhalten. Wenn die Konzentration der beiden Ausgangslösungen je 0.1 mol / l ist, so hat natürlich auch jeder daraus gemischte Puffer diese Gesamtkonzentration!

Es gibt aber noch eine andere Möglichkeit. Man kann auch Essigsäure mit einer entsprechenden Menge Natronlauge mi-schen, dann entsteht – durch Neutralisation – Natriumacetat. War die Essigsäure im Überschuss, so bleibt auch weiter noch welche in der Lösung und wir haben unseren Puffer. Die Be-rechnung ist aber anders. Die Essigsäure wird sowohl als Do-nator (= Essigsäure) gebraucht wie auch als Bestandteil des Akzeptors (Essigsäure + NaOH, ergibt Salz). Addiert man die notwendigen Mengen von Donator und Akzeptor, erhält man die benötigte Menge Essigsäure. Da die Natronlauge ziemlich quantitativ mit Essigsäure zu Natriumacetat reagiert, kann man die Menge Akzeptor der Menge NaOH gleichsetzen. Was von der Essigsäure übrigbleibt, fungiert als Donator.

Natronlauge	=	Menge Akzeptor (z.B. 2 Teile)
Essigsäure	=	Menge Akzeptor + Donator (z.B. 3 Teile)
Menge Donator	=	Differenz der Mengen von Essigsäure und Natronlauge (3 Teile – 2 Teile = 1 Teil)

Um unseren Puffer pH = 5.0 zu erhalten, müssen wir 1 Teil Donator mit 2 Teilen Akzeptor mischen. Für 2 Teile Akzeptor brauchen wir je 2 Teile Natronlauge und Essigsäure (gibt 2 Teile Natriumacetat), für 1 Teil Donator brauchen wir noch 1 Teil Essigsäure (insgesamt 3 Teile Essigsäure). Essigsäure und Natronlauge müssen also im Verhältnis 3 / 2 gemischt werden! Macht man das mit Lösungen der Konzentration $c = 0.1$ mol / l, so stimmt die Gesamtkonzentration des fertigen Puffers damit nicht mehr überein, da ja die Natronlauge nichts zur Konzentration von Donator / Akzeptor beiträgt. Bezogen auf $HA + A^-$ werden 3 Teile Essigsäure auf 5 Teile Gesamtvolu-men verdünnt, der Puffer hat also eine Gesamtkonzentration von $c = 0.06$ mol / l.

Eines der am häufigsten verwendeten Puffersysteme ist der Phosphatpuffer. Phosphorsäure ist eine schwache dreibasige Säure, hat also 3 pK$_S$-Werte.

$$H_3PO_4 \rightleftharpoons H^+ + H_2PO_4^- \qquad pK_{S1} = 2.1$$

$$H_2PO_4^- \rightleftharpoons H^+ + HPO_4^{2-} \qquad pK_{S2} = 7.2$$

$$HPO_4^{2-} \rightleftharpoons H^+ + PO_4^{3-} \qquad pK_{S3} = 12$$

Man hat also 3 verschiedene Puffersysteme, je nachdem, ob man H_3PO_4 / $H_2PO_4^-$ oder $H_2PO_4^-$ / HPO_4^{2-} oder HPO_4^{2-} / PO_4^{3-} verwendet. Wichtig ist vor allem der Puffer der zweiten Dissoziationsstufe, da dessen Pufferbereich (pH = 6.2 – 8.2) gerade die physiologisch wichtigen pH-Werte erfasst. Üblicherweise wird so ein Phosphatpuffer aus 2 Stammlösungen von primärem und sekundärem Kalium- oder Natriumphosphat gemischt. Selten verwendet man Phosphorsäure oder Natronlauge bzw. Kalilauge.

Ebenfalls im physiologischen Bereich liegt der sogenannte **TRIS-Puffer**. *TRIS ist die Abkürzung für Tris-hydroxymethylaminomethan. Da den Chemikern die Namen, die sie selbst erfunden haben, auf die Dauer zu umständlich geworden sind, haben sie Abkürzungen eingeführt, die aus den Anfangsbuchstaben einiger Silben des systematischen Namens bestehen. Vor allem in der Biochemie sind solche Bezeichnungen häufig wie ATP, NAD, EDTA etc.* TRIS ist eine schwache Base mit einem $pK_S = 8.3$. Diese Puffer mischt man aus Stammlösungen von TRIS und Salzsäure. Dann ist TRIS der Akzeptor und das Salz (TRIS.H^+–Cl^-) der Donator. Die Vorgangsweise entspricht daher einer Umkehrung des Prinzips der Mischung von Essigsäure und Natronlauge. TRIS (= die Base) gibt sowohl Akzeptor wie auch, gemeinsam mit HCl, den Donator. Die Menge HCl entspricht der Menge Donator. Der Akzeptor ist die TRIS-Menge, die übrig bleibt, nachdem ein Teil mit HCl reagiert hat. Man muss also dabei wieder auf die Konzentration aufpassen.

Wir wollen schließlich noch den **Glycin / NaOH-Puffer** erwähnen. Glycin ist eine Aminosäure und daher SOWOHL schwache Säure als auch schwache Base. In dem erwähnten Puffer wirkt Glycin als schwache Säure mit einem $pK_S = 9.7$.

Auch hier werden wieder Stammlösungen von Glycin und Natronlauge vereinigt, daraus entsteht das Salz als Akzeptor (so wie aus Essigsäure und NaOH Natriumacetat entsteht). Die Berechnung erfolgt analog wie im Fall der Mischung von Essigsäure mit Natronlauge.

Einige Puffertypen

Acetatpuffer:

pK_S (Essigsäure) = 4.7
Donator: Essigsäure
Akzeptor: (Natrium)-acetat

oder

Donator: Essigsäure
Akzeptor: Essigsäure + NaOH

Phosphatpuffer:

pK_S ($H_2PO_4^-$) = 7.2
Donator: NaH_2PO_4
Akzeptor: Na_2HPO_4

TRIS-Puffer:

pK_S (TRIS.H^+) = 8.3
Donator: TRIS + HCl
Akzeptor: TRIS

Ammoniak-Puffer:

pK_S (NH_4^+) = 9.2
Donator: NH_4Cl
Akzeptor: NH_3

Glycin-Puffer:

pK_S (Glycin) = 9.7
Donator: Glycin
Akzeptor: Glycin + NaOH

Ein wichtiger Nachtrag: Sie würden auch einen Puffer erhalten, wenn Sie (wenig) starke Säure mit dem Salz einer schwachen Base mischen. Dann reagiert nämlich die Säure mit dem Salz. Sie erhalten das Salz der starken Säure und schwache Säure wird frei. Ist dann noch etwas ursprüngliches Salz übrig, haben Sie einen Puffer. Auch wenn das kein Mensch machen würde, um einen Puffer herzustellen, die Mischung kommt häufig vor und man darf nicht überrascht sein, wenn die so erhaltene Lösung plötzlich puffert.

7.5   Volumetrie

Stellen Sie sich vor, Sie haben ein Gefäß mit Säure. Sie wollen wissen, wie groß die Menge an Säure in diesem Gefäß ist. Sie haben aber auch noch ein zweites Gefäß, in dem sich eine Base befindet, und Sie wissen genau, wie groß die Konzentration der Base ist. Wenn Sie diese Base in die Säure schütten und dabei feststellen, dass genau Neutralisation eingetreten ist, also die gesamte Säure mit Base reagiert hat, dann können Sie aus der bekannten Menge Base die unbekannte Säuremenge leicht ausrechnen. *(Wohlgemerkt, es darf nach der Neutralisation weder Säure noch Base übriggeblieben sein.)* Dieses Verfahren, mit dem man die Menge eines Stoffes bestimmt, indem man ihn mit einer abgemessenen Menge eines anderen Stoffes reagieren lässt, nennt man **Maßanalyse**.

Bei der Volumetrie wird eine unbekannte Stoffmenge mit einem gelösten Stoff von genau bekannter Konzentration umgesetzt.

Die Tätigkeit des Vergleichens wird als **Titrieren** bezeichnet. Bei diesen **Titrationen** wird normalerweise das Volumen einer Lösung mit bekannter Konzentration ermittelt, welches ausreicht, um mit der unbekannten Stoffmenge vollständig zu reagieren. Daher nennt man diese Methode auch **Volumetrie**.

Die Reaktion, die dabei benützt wird, muss nicht unbedingt eine Neutralisation sein. Auch andere chemische Umsetzungen sind verwendbar. Einige wichtige Voraussetzungen müssen aber erfüllt sein:

• Die Reaktion muss genau definiert sein und **stöchiometrisch** (d.h. in genau festgelegten Mengenverhältnissen) ablaufen. Es darf keine Nebenreaktion geben.

- Die Umsetzung muss praktisch **vollständig** sein, d.h. das Gleichgewicht muss möglichst weit auf einer Seite liegen.
- Es muss **erkennbar** sein, wann die Reaktion gerade vollständig ist (= der Äquivalenzpunkt muss erkennbar sein).

Beispiel einer Titration:

Wie wird nun Volumetrie tatsächlich durchgeführt? Nehmen wir an, wir wollen eine unbekannte Menge Salzsäure mit Hilfe einer bekannte Menge Natronlauge titrieren:

$$HCl + NaOH \rightleftharpoons Na^+ + Cl^- + H_2O$$

Bei dieser Neutralisation entsteht am Ende Wasser und Kochsalz. Wie wir wissen (Kap. 7.3.3), reagiert eine solche Lösung neutral. Wir müssen also genau so viel $NaOH$ zugeben, dass die Lösung $pH = 7$ erreicht.

Praktisch stellt man dafür eine Natronlauge mit genau bekannter Konzentration her und bestimmt, wie groß das für die Neutralisation benötigte Volumen ist. Aus dem Volumen der Natronlauge und ihrer Konzentration lässt sich leicht die Menge an Natronlauge ausrechnen. So eine Lösung genau bekannter Konzentration nennt man **Maßlösung**.

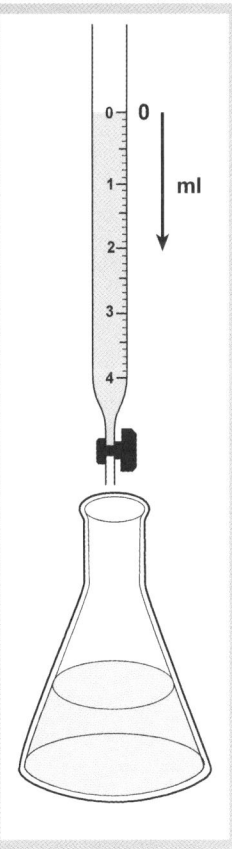

Die Natronlauge wird in ein Gerät gefüllt, das im Wesentlichen ein langes Glasrohr ist, an dem viele Markierungen das Volumen angeben. Man füllt bis zur obersten Marke auf (diese hat die Markierung 0). Das Glasrohr hat unten einen Hahn, mit dem man die Lösung (in unserem Fall Natronlauge) langsam in die Salzsäure tropfen lassen kann. Das ganze Gerät wird **Bürette** genannt. *(Eine Bürette ist eigentlich eine Pipette, mit der man zuerst pipettiert und dann schaut, wie viel es war.)* Jetzt braucht man noch eine Methode, um zu erkennen, wann die Lösung $pH = 7$ erreicht. Glücklicherweise gibt es Farbstoffe, die bei bestimmten pH-Werten bestimmte Farben annehmen. Solche Farbstoffe nennt man **Indikatoren**. Der bekannteste davon ist Lackmus. Er ist in saurer Lösung rot, in alkalischer blau und hat bei $pH = 7$ eine violette Mischfarbe.

Man gibt also eine geringe Menge Lackmus in die Salzsäure und setzt dann unter Schütteln aus der Bürette tropfenweise Natronlauge zu, solange die Lösung noch rot gefärbt ist. Wird die Lösung violett, stoppt man die Zugabe von Lauge und liest auf der Skala der Bürette ab, wie viel ml an Volumen verbraucht wurde. Aus diesem gemessenen Volumen, dem **Verbrauch,** kann man nun die aufgewendete Menge Natronlauge und daraus die Menge an ursprünglich vorhandener Salzsäure berechnen.

Wie wir bereits aus Kap. 3.5 wissen, nennt man die Mengen, die miteinander reagieren, **äquivalente Mengen**. *Das gilt nicht nur für Neutralisationen, sondern für alle Arten von Reaktionen.* Für die Berechnung aller Titrationen ist es unbedingt notwendig zu wissen, welche unbekannte Menge des zu bestimmenden Stoffes welcher Menge des bekannten Stoffes äquivalent ist. Dazu braucht man die entsprechende Reaktionsgleichung.

$$HCl + NaOH \;\rightleftharpoons\; H^+ + Cl^- + H_2O$$

$$H_2SO_4 + 2\,KOH \;\rightleftharpoons\; 2\,K^+ + SO_4^{2-} + 2\,H_2O$$

$$2\,HNO_3 + Ba(OH)_2 \;\rightleftharpoons\; Ba^{2+} + 2\,NO_3^- + 2\,H_2O$$

1 mol HCl ist also 1 mol NaOH äquivalent. Dagegen ist 1 mol H_2SO_4 aber 2 mol KOH äquivalent und 2 mol HNO_3 sind 1 mol $Ba(OH)_2$ äquivalent. Wenn wir titrieren und langsam unsere bekannte Lösung zutropfen, erreichen wir irgendwann den Moment, an dem äquivalente Mengen beider Stoffe vorhanden sind. Wir nennen diesen Punkt daher **Äquivalenzpunkt**. Damit ist der Endpunkt unserer Titration erreicht.

Bei einer Neutralisation ist am Äquivalenzpunkt nur noch Salz vorhanden. Das muss aber nicht unbedingt bedeuten, dass die Lösung neutral reagiert. Denken Sie an unsere Regeln aus Kap. 7.3.3: Je nachdem, welches Salz am Äquivalenzpunkt vorliegt, reagiert die Lösung sauer oder basisch oder neutral. Wie bereits erwähnt ist der Äquivalenzpunkt also nicht unbedingt identisch mit dem Neutralpunkt.

7.5.1 Titrationskurven starker Elektrolyte

Wir haben uns überlegt, dass man bei einer Neutralisation die Titration beenden könnte, wenn der pH-Wert des Äquivalenzpunktes erreicht ist. Ist dieses Verfahren aber genau genug? Wir wollen uns überlegen, wie sich der pH-Wert während einer Titration verändert:

$$H^+ + Cl^- + Na^+ + OH^- \rightleftharpoons Na^+ + Cl^- + H_2O$$

Wir nehmen an, dass wir 10 ml einer Lösung von 0.1 mol / l HCl titrieren. Diese Lösung hat pH = 1 *(rechnen Sie nach!)*. Wir geben jetzt schrittweise eine Lösung mit 0.1 mol / l NaOH zu *(siehe Tabelle)*. Wenn wir 1 ml NaOH zugegeben haben, so wurde 1 / 10 der Salzsäure neutralisiert. Wir haben also entsprechend weniger H^+-Ionen und dafür neu gebildetes Kochsalz.

Eigentlich müssten wir dabei berücksichtigen, dass das Gesamtvolumen jetzt 11 ml beträgt (10 ml HCl + 1 ml NaOH). Das macht die Rechnerei aber fürchterlich kompliziert. Wir wollen die Volumenzunahme vernachlässigen und so tun, als ob das Volumen ständig 10 ml bleiben würde. Wir nehmen eben einfach an, dass wir – als Anfänger – so langsam und ungeschickt titrieren, dass genauso viel Wasser verdunstet, wie wir Flüssigkeit zugeben.

Wem das aber zu ungenau ist, dem steht es natürlich frei, die ganze Rechnung mit den korrekten Volumina zu wiederholen. Sie werden bemerken (falls Sie wirklich rechnen), dass sich dabei fast nichts ändert, weil der pH-Wert als logarithmische Größe relativ unempfindlich gegenüber Volumenänderungen ist. Das Prinzip, auf das es bei dieser Berechnung ankommt, bleibt erhalten.

Da die Wasserstoffionen-Konzentration nur mehr 0.09 mol / l beträgt, hat die Lösung einen pH-Wert von ungefähr 1.05. Da sich so wenig geändert hat, fassen wir Mut und geben weiter Natronlauge zu. In der Tabelle unten sehen wir, dass erst nach 9 ml NaOH der pH-Wert stärker zu steigen beginnt. Danach geht es aber immer schneller, die Zugabe von weiteren 0.9 ml

NaOH bewirkt eine gleich große pH-Änderung wie die ersten 9 ml. In unmittelbarer Nähe des Äquivalenzpunktes ändert sich der pH am stärksten. Auch wenn dieser Punkt überschritten wird, bewirkt bereits ein ganz geringer Überschuss an Natronlauge, dass die Lösung zunächst sehr rasch alkalisch wird. Die Lösung kann natürlich niemals basischer als die zugegebene Natronlauge werden. Selbst um deren Wert zu erreichen, müsste man unendlich viel Base zusetzen. Der pH-Wert wird sich also jenseits des Äquivalenzpunktes asymptotisch dem Wert der zugegebenen Lösung annähern.

Zugabe von NaOH (ml)	Äquivalente NaOH	mol / l NaCl	mol / l H$^+$	mol / l OH$^-$	pH
0	0	0	0.10		1
1	0.1	0.01	0.09		1.05
5	0.5	0.05	0.05		1.3
9	0.9	0.09	0.01		2
9.9	0.99	0.099	0.001		3
9.99	0.999	0.0999	0.0001		4
10	1	0.1	10^{-7}	10^{-7}	7
10.01	1.001	0.1		0.0001	10
10.1	1.01	0.1		0.001	11
11	1.1	0.1		0.01	12
20	2	0.1		< 0.1	< 13

Da diese Tabelle relativ unübersichtlich ist, wollen wir unser Ergebnis in Form einer **Titrationskurve** *(siehe nächste Abbildung)* zusammenfassen. Wir zeichnen also ein Diagramm und tragen dazu auf der Abszisse *(Sie wissen doch, wo die Abszisse ist? X-Achse)* die äquivalente Menge zugegebener Natronlauge auf (zwischen 0 und mehr als 1 oder zwischen 0 % und mehr als 100 %) und auf der Ordinate *(Y-Achse)* den pH-Wert. Nun tragen Sie die errechneten Werte aus der Tabelle an den entsprechenden Punkten des Koordinatensystems ein und verbinden diese Punkte durch eine Kurve.

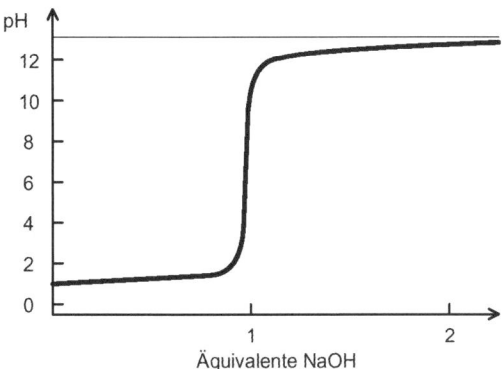

Wie wir sehen, gibt es am Äquivalenzpunkt eine ganz starke pH-Änderung, man spricht von einem **pH-Sprung**. Natürlich ist so eine dramatische Veränderung leicht festzustellen. Man braucht nur einen Indikator, der seine Farbe irgendwo zwischen pH = 4 und pH = 10 ändert, um den Äquivalenzpunkt mit ausreichender Genauigkeit erfassen zu können.

Man hätte natürlich auch die Natronlauge mit der Salzsäure titrieren können. Dann hätte unsere Titration bei pH = 13 begonnen, hätte in Form eines pH-Sprunges den Äquivalenzpunkt bei pH = 7 passiert und würde sich asymptotisch dem Wert der Salzsäurelösung pH = 1 nähern. Die Kurve sieht analog so aus:

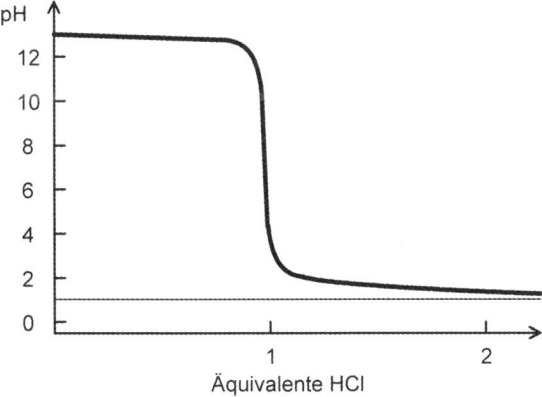

Es ist eigentlich dieselbe Kurve. Man kann sie erhalten, indem man sich vorstellt, dass man eine waagrechte Achse bei pH = 7 in die obere Abbildung legt und die Kurve dann um 180° um diese Achse dreht.

7.5.2 Titrationskurven schwacher Elektrolyte

Etwas komplizierter sind Titrationskurven, wenn man schwache Säuren oder schwache Basen titriert. Wir wissen, dass wir dabei auf jeden Fall eine Neutralisation durchführen, dass also immer mehr und mehr Salz entsteht, bis endlich am Äquivalenzpunkt eine reine Salzlösung vorhanden ist. Bevor der Äquivalenzpunkt erreicht wird, hat man eine Salzlösung mit überschüssiger Säure. Überschreitet man den Äquivalenzpunkt, hat man eine Salzlösung mit überschüssiger Base.

Wenn wir also z.B. Essigsäure mit Natronlauge titrieren, haben wir während der Titration ständig ein Gemisch von Essigsäure und dem gebildeten Natriumacetat. Das heißt, wir haben einen **Puffer**. Dieser Puffer ist am stärksten bei 50% Neutralisation – auf halbem Weg zum Äquivalenzpunkt. Tatsächlich werden ja viele Puffer so hergestellt, indem man z.B. eine schwache Säure mit einer Base auf den gewünschten pH einstellt. Für unsere Titration bedeutet das, dass die Titrationskurve nicht so einfach und übersichtlich ist wie bei der Titration von starken Säuren und Basen.

Man könnte die Titrationskurve jetzt Punkt für Punkt mit der Puffergleichung nach Henderson-Hasselbalch berechnen:

$$pH = pK_S - \log [HA] / [A^-]$$

Versuchen Sie es ruhig! Jenseits des Äquivalenzpunktes setzen Sie einfach die Konzentration der überschüssigen Base gleich [OH$^-$] und rechnen den pH über das Ionenprodukt des Wassers aus.

Passen Sie dabei auf. Sie müssen für A$^-$ die Konzentration von jeweils zugefügter Base in der Mischung einsetzen, da jedes Molekül Base zu einem Molekül Salz geworden ist, für HA dagegen die Konzentration der Säure MINUS der Konzentration der zugefügten Base, da jedes entstandene Salzmolekül ein Säuremolekül verbraucht hat. Einfacher ist die Rechnung, wenn Sie statt der Konzentration die absoluten Mengen in mol einsetzen. Die Mengen müssen in ein und derselben Lösung notwendigerweise im gleichen Verhältnis vorhanden sein wie die Konzentrationen. Nur dieses Verhältnis wird in der obigen Gleichung benötigt.

Schwierig ist dabei nur die Berechnung der pH-Werte der reinen Säure (am Beginn) und des reinen Salzes (am Äquivalenzpunkt). In die Henderson-Hasselbalchsche-Gleichung dürfen Sie nicht einsetzen, da der Logarithmus von [HA] / 0 oder von 0 / [A⁻] nicht definiert ist. Falls Sie Lust oder Interesse daran haben, können Sie die entsprechenden Berechnungen im folgenden Abschnitt lernen. Wenn nicht, lesen Sie gleich unten nach der Box weiter.

---

pH-Wert einer schwachen Säure

Der pH-Wert der reinen Säure (z.B. Essigsäure, $c = 0.1$ mol / l, $K_S = 1.8 \times 10^{-5}$) kann relativ leicht aus dem Massenwirkungsgesetz berechnet werden:

$$HA \rightleftharpoons H^+ + A^- \qquad K_S = \frac{[H^+] \times [A^-]}{[HA]}$$

Da genau gleich viel H^+ und A^- gebildet werden (die H^+ aus der Eigendissoziation des Wassers sind so wenige, dass man sie vernachlässigen kann. Preisfrage: Ab welcher Essigsäurekonzentration kann man sie nicht mehr vernachlässigen?), gilt $[H^+] = [A^-]$ und daher weiter $K_S = [H^+]^2 / [HA]$. Da die Essigsäure nur wenig dissoziiert, kann man die Konzentration der undissoziierten Essigsäure [HA] gleichsetzen mit der Gesamtkonzentration (also $c = 0.1$ mol / l)

$$K_S = \frac{[H^+]^2}{0.1} \qquad \text{und da} \qquad K_S = 1.8 \times 10^{-5}$$

$$1.8 \times 10^{-5} = \frac{[H^+]^2}{0.1} \qquad \text{oder} \qquad 1.8 \times 10^{-6} = [H^+]^2$$

$$\text{also} \qquad [H^+] = \sqrt{1.8 \times 10^{-6}} = 1.34 \times 10^{-3}$$

$$pH = 2.87$$

---

pH-Wert eines hydrolisierenden Salzes

Komplizierter wird die Berechnung der reinen Salzlösung (z.B. Natriumacetat, $c = 0.1$ mol / l). Das Acetat-Ion ist eine Base (nicht stark, aber auch nicht ganz schwach) und nimmt aus dem Wasser H^+-Ionen auf.

$$A^- + H^+ \rightleftharpoons HA$$

Das ist unsere gewohnte Reaktion, nur die Seiten sind vertauscht. Für die Lage des Gleichgewichtes gilt natürlich immer noch:

$$K_S = \frac{[H^+] \times [A^-]}{[HA]}$$

Aber jetzt kann man $[H^+]$ nicht mit $[A^-]$ gleichsetzen, da $[A^-]$ unserer Salzkonzentration von 0.1 mol / l näherungsweise entspricht:

$$[A^-] = 0.1 \qquad \text{und} \qquad K_S = 1.8 \times 10^{-5} = \frac{[H^+] \times 0.1}{[HA]}$$

H^+ dagegen kommt aus dem vorhandenen H_2O. Wird H^+ verbraucht, so dissoziiert Wasser nach:

$$H_2O \rightleftharpoons H^+ + OH^-$$

$$[H^+] \times [OH^-] = 10^{-14}$$

Man kann sagen, dass für jedes entstandene Molekül HA ein Molekül Wasser dissoziiert und dass daher je ein OH^--Ion entstanden ist. Daher ist

$$[HA] = [OH^-]$$

Diese Vereinfachung scheint sehr grob. Man sollte annehmen, dass man die OH^--Ionen, die im Wasser zusätzlich vorhanden sind, zu den neu gebildeten dazuzählen müsste, also

$$[OH^-] = [HA] + 10^{-7}$$

Wenn Sie damit weiterrechnen, kommen Sie auf eine quadratische Gleichung und deren Lösung gibt für Salzkonzentrationen um 0.1 mol / l kein wesentlich anderes Resultat als die hier gezeigte Rechnung.

Es entstehen aber doch sehr wenig Moleküle HA im Vergleich zu der ursprünglich vorhandenen Menge an A^-. Man kann daher getrost immer noch die Konzentration $[A^-]$ der ursprünglichen Salzkonzentration (= 0.1 mol / l) gleichsetzen.

Wir können nun das erhaltene Gleichungssystem wie folgt lösen:

$$\frac{[H^+] \times 0.1}{[HA]} = 1.8 \times 10^{-5} \qquad [OH^-] = \frac{10^{-14}}{[H^+]} = [HA]$$

$$\frac{[H^+]^2 \times 0.1}{10^{-14}} = 1.8 \times 10^{-5}$$

$$[H^+]^2 = 1.8 \times 10^{-5} \times 10^{-14} \times 10^1$$

$$[H^+]^2 = 1.8 \times 10^{-18}$$

$$[H^+] = \sqrt{1.8 \times 10^{-18}} = 1.34 \times 10^{-9}$$

$$pH = 8.87$$

Probieren Sie, ob sie es fertig bringen, die Rechnung mit allgemeinen Ausdrücken abzuleiten. Man kommt dann auf den Ausdruck *(nicht auswendig lernen!)*:

$$[H^+] = \sqrt{\frac{K_S \times K_w}{[Acetat]}}$$

Seien Sie nicht überrascht, wenn Sie einmal den pH-Wert einer Natriumacetatlösung messen sollten und einen andern Wert erhalten! Da eine reine Salzlösung nicht gepuffert ist, genügen schon Spuren von Verunreinigungen – auch CO_2 aus der Luft –, um den pH-Wert zu verändern. Erinnern Sie sich, wie steil die Titrationskurve an diesem Punkt ist!

Wenn Sie lange genug rechnen, erhalten Sie alle nötigen Punkte, um die Titrationskurve (oder Pufferkurve) zeichnen zu können. Viel schneller geht es aber, wenn man sich überlegt, wo die Hauptpunkte liegen, und danach den restlichen Kurvenverlauf schätzt. Konstruieren wir auf diese Weise die Titrationskurve von Essigsäure (0.1 mol / l), die mit $NaOH$ (0.1 mol / l) titriert wird. Nehmen Sie ein Blatt Papier *(kariert oder Millimeterpapier)*. Zeichnen Sie das Koordinatensystem mit der äquivalenten Menge $NaOH$ auf der Abszisse und dem pH-Wert auf der Ordinate. *Man muss nicht unbedingt von pH 0 - 14 zeichnen, 2 - 13 genügt auch.* Nun tragen Sie Ihre Punkte wie folgt ein (siehe Diagramm auf der übernächsten Seite):

a) Den pH-Wert der **reinen Essigsäure**, entweder gemessen *(?)* oder gerechnet ($pH = 2.87$, *siehe oben*) oder einfach grob geschätzt ($pH = 3$). *Wieso 3? Nun, wenn die Essigsäure vollständig dissoziieren würde, hätte sie pH = 1. Wenn man sie zur Hälfte neutralisiert, so ist pH = pK_S* *also 4.7. Der Ausgangswert der reinen Essigsäure MUSS irgendwo dazwischen liegen, also nehmen wir einfach den Mittelwert.*

b)   Sie wissen, dass in einem Puffer pH = pK_S ist, wenn gleich viel HA wie A⁻ vorhanden ist. Das ist der Fall, wenn 0.5 Äquivalente Natronlauge zugesetzt worden sind ($K_S = 1.8 \times 10^{-5}$, daher pK = pH = 4.7; rechnen Sie nach!).

c)   Sie wissen auch, dass die verwendete NaOH den pH = 13 hat. Wenn wir also den Äquivalenzpunkt wesentlich überschreiten, haben wir mehr und mehr annähernd **reine NaOH** vorliegen, deren Konzentration sich 0.1 mol / l nähert. Die Kurve wird asymptotisch gegen pH = 13 gehen, ohne diesen Wert aber zu erreichen oder gar zu überschreiten. Wenn Sie nur um 10% übertitrieren (also bei 1.1 Äquivalenten NaOH), sind Sie noch etwa 1 Einheit von pH = 13 entfernt. *Praktisch verläuft die Kurve nach dem Äquivalenzpunkt gleich wie vorhin die Titrationskurve einer starken Säure.*

d)   Am Äquivalenzpunkt liegt nur **Natriumacetat** vor. Sie können den pH-Wert dieser Lösung messen (?) oder berechnen wie zuvor (gibt etwa pH = 8.7). *Bedenken Sie, dass bei einer Mischung von 0.1 mol / l Essigsäure und 0.1 mol / l Natronlauge die Endkonzentration des erhaltenen Salzes NICHT 0.1 mol / l ist sondern ...* Es genügt aber völlig, wenn man den Mittelwert zwischen dem Punkt des optimalen Puffers (pH = 4.7) und dem Wert der reinen Titratorlösung (0.1 mol / l, pH = 13) nimmt. Das gibt dann etwa pH = 9.

Das Resultat unserer Bemühungen sieht noch unvollständig aus, obwohl man mit etwas Gefühl schon die Titrationskurve zeichnen könnte. Wir spielen uns aber noch weiter:

e)   Am **Äquivalenzpunkt** ist die Kurve sehr steil. Wir ziehen also noch einen (beinahe) senkrechten Strich in der Gegend um den Äquivalenzpunkt.

f)   Im **Pufferbereich** ist die Kurve sehr flach. Wir ziehen also einen (beinahe) waagrechten Strich in diesem Bereich.

g) Wir haben gelernt, dass der pH-Wert eines Puffers um eine Einheit größer oder kleiner ist als der pK_S-Wert, wenn das Verhältnis [HA] / [A$^-$] = 1 / 10 oder 10 / 1 ist. Das ist etwa bei 10% bzw. 90% Neutralisation der Fall. Man kann also noch 2 weitere Punkte bei pH = 3.7 und pH =5.7 eintragen.

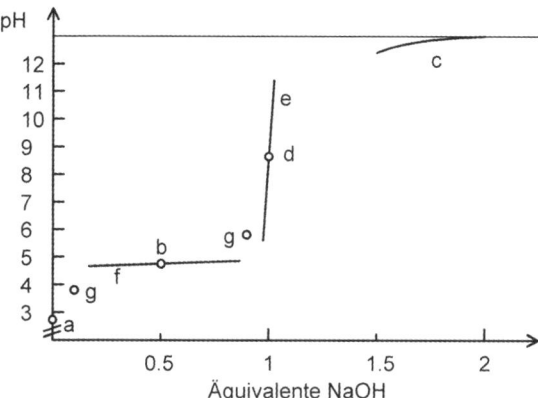

Jetzt sieht das Diagramm schon recht vollständig aus und es ist keine besondere Kunst mehr, an alle diese Punkte und Linien eine schöne Kurve anzupassen:

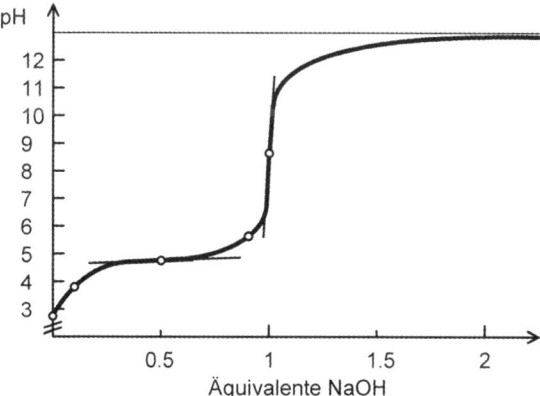

Haben Sie das alles verstanden? Es geht hier sicher nicht darum, dass Sie massenhaft Titrationskurven zeichnen müssen. Sie sollen vor allem die wesentlichsten Punkte der Kurve ken-nenlernen und dann imstande sein, auch die unübersichtliche-

*ren Titrationskurven von mehrbasigen Säuren zu verstehen –
und wenn man die Titrationskurven verstanden hat, dann ka-
piert man auch das chemische Verhalten dieser Stoffe, und nur
darum geht es.*

Sie können aus dieser Kurve nicht nur ablesen, was passiert,
wenn Sie diese schwache Säure titrieren, sondern auch, welchen pH-Wert Sie von einem bestimmten Acetat-Puffer zu
erwarten haben und wie stabil dieser ist. Zu erwähnen wäre
noch, dass alle diese Grundsätze natürlich auch für die Titration
einer schwachen Base und deren Puffer gelten. *Das ergibt eine
ähnliche Kurve. Sie müssten nur um eine waagrechte Achse im
Neutralbereich spiegeln.*

Uns fällt auf, dass der pH-Sprung bei der Titrationskurve einer
schwachen Säure kleiner ist als bei einer starken Säure und
auch der Kurvenverlauf um den Äquivalenzpunkt nicht mehr so
steil ist wie bei starken Säuren. Daher ist diese Titration etwas
weniger genau als die Titration eines starken Elektrolyten.
Außerdem fallen Neutralpunkt und Äquivalenzpunkt nicht
mehr zusammen! Ein Indikator, der seine Farbe bei pH = 7
ändert, würde den Äquivalenzpunkt nicht mehr richtig anzeigen. Bei diesen Titrationen spielt die **Indikatorwahl** eine große
Rolle (siehe Abschnitt 7.5.5).

7.5.3 Titrationskurven mehrwertiger Säuren

Betrachten wir eine mehrwertige Säure, z.B. das System

$$H_3PO_4 \rightleftharpoons H^+ + H_2PO_4^- \quad K_{S1} = 7.5 \times 10^{-3}, \; pK_{S1} = 2.1$$

$$H_2PO_4^- \rightleftharpoons H^+ + HPO_4^{2-} \quad K_{S2} = 6 \times 10^{-8}, \quad pK_{S2} = 7.2$$

$$HPO_4^{2-} \rightleftharpoons H^+ + PO_4^{3-} \quad K_{S3} = 10^{-12}, \quad pK_{S3} = 12.0$$

Wir können so etwas auffassen, als ob 3 Säuren unterschiedlicher Stärke in unserer Lösung gemischt sind. Wir müssen also
eine Titrationskurve erhalten, welche 3 Pufferbereiche und 3
Äquivalenzpunkte enthält. Immer wenn eine Säure neutralisiert
ist, ist das am Äquivalenzpunkt vorhandene Salz gleichzeitig
die reine Säure am Beginn der nächsten Titrationsstufe.
$H_2PO_4^-$ ist sowohl das Anion des Salzes der ersten Stufe als

auch die Säure der zweiten Stufe. Der Äquivalenzpunkt ist also gleichzeitig der Anfang der nächsten Titration.

Wir können uns daher die Titrationskurve aus 3 Einzelkurven zusammengesetzt denken.

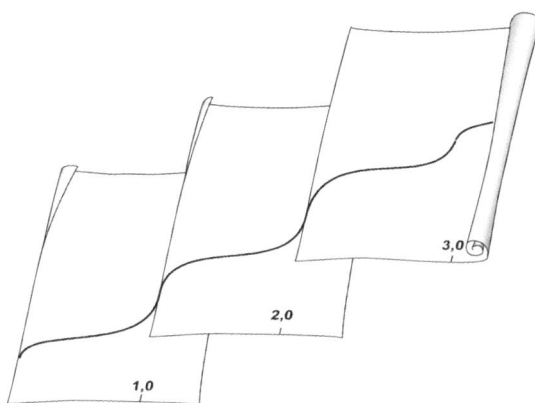

Um die ungefähre Kurve zu erhalten, können wir wie vorhin einige charakteristische Punkte in ein Koordinatensystem eintragen. *Stellen wir uns vor, wir titrieren 0.1 mol / l Phosphorsäure, wiederum mit 0.1 mol / l NaOH*:

a) Zuerst die **Punkte der optimalen Pufferwirkung** (pH = pK_S) bei 0.5, 1.5 und 2.5 Äquivalenten Natronlauge. An diesen Punkten ist die Kurve flach.

b) Jenseits der 3 Äquivalente Natronlauge nähert sich die Kurve wieder asymptotisch dem **pH-Wert der reinen NaOH**.

c) Schätzen oder berechnen Sie den pH-Wert der reinen Phosphorsäure am **Titrationsbeginn**.

d) Sie könnten auch den pH-Wert der Äquivalenzpunkte berechnen. Für unsere Zwecke genügt es aber, wenn Sie einfach die Mitte zwischen den beiden benachbarten Fixpunkten nehmen (also für 1.0 Äquivalent Natronlauge den Mittelwert der pH-Werte für 0.5 und 1.5 Äquivalente). An diesen Punkten ist die Kurve steil.

Sie haben inzwischen so viel Erfahrung mit Titrationskurven, dass Sie durch die so bestimmten Punkte die Kurve zeichnen können.

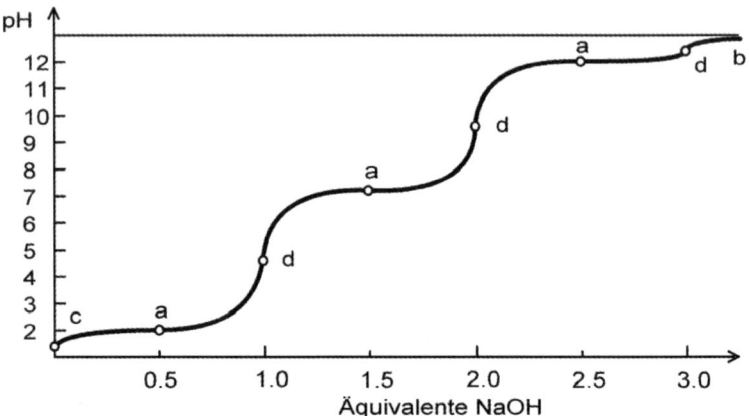

Schauen Sie sich die Kurve an und vergleichen Sie mit dem Gleichungssystem der Phosphorsäure. Überlegen Sie, an welchem Abschnitt der Kurve welche Ionen auftreten. (Wo ist fast nur H_3PO_4, $H_2PO_4^-$, HPO_4^{2-}, PO_4^{3-} vorhanden, wo eine Mischung mehrerer Stoffe, und welche Mischung ist wo?).

Es fällt auf, dass wir mit Phosphorsäure grundsätzlich 3 verschiedene Puffer mischen können. Dazwischen befinden sich Bereiche ohne Pufferwirkung. In Medizin und Biologie wird vor allem der mittlere Pufferbereich (also das System $H_2PO_4^-$ / HPO_4^{2-}) verwendet. Wir sehen weiter, dass wir für die quantitative Bestimmung von Phosphorsäure mehrere Äquivalenzpunkte zur Auswahl haben. Der pH-Sprung am dritten Äquivalenzpunkt ist allerdings so niedrig, dass er für eine Titration in der Praxis nicht mehr ausreicht. Wenn wir also Phosphorsäure bestimmen wollen, müssen wir entweder mit einem Indikator arbeiten, der bei pH = 5 umschlägt, dann titrieren wir die erste Stufe (1 mol Phosphorsäure entspricht 1 mol Natronlauge), oder wir suchen einen Indikator für den Bereich um pH = 10 (wir titrieren beide Stufen, 1 mol Phosphorsäure entspricht dann 2 mol Natronlauge). Mit letzterem Indikator kann man auch NaH_2PO_4 titrieren. Dann entspricht allerdings wieder 1 mol Salz 1 mol NaOH.

Preisfrage: Wie würden Sie Na_2HPO_4 titrieren (Hinweis: Na_2HPO_4 ist ein Ampholyt)?

7.5.4 Berechnungen

Der Zweck der gesamten Volumetrie ist die Bestimmung der unbekannten Menge eines Stoffes. Hat man titriert und den **Verbrauch** an Maßlösung bestimmt, so will man daraus diese Menge berechnen.

Nehmen wir an, wir hätten eine unbekannte HCl-Lösung zu titrieren. Wir pipettieren 10.0 ml davon in einen Kolben, titrieren mit Natronlauge (c = 0.1000 mol / l) und erhalten einen Verbrauch von 17.0 ml.

Wir müssen also zunächst ausrechnen, wie viel mol NaOH für die Neutralisation verbraucht worden sind. Dabei hilft uns die Dreiecksregel aus Kap. 3.5.2.

Aufpassen! Wenn wir die Konzentration in mol / l rechnen, müssen wir natürlich das Volumen ebenfalls von ml in l umrechnen. Alternativ könnten wir auch die Konzentration mit mmol / ml annehmen, dann erhalten wir als Ergebnis aber mmol.

Wir wissen, dass 1 mol NaOH und 1 mol HCl einander äquivalent sind. Wenn wir also 0.00170 mol NaOH verbraucht haben, so waren in unserem Kolben ursprünglich 0.00170 mol HCl. Das wäre jetzt schon das Ergebnis. Sehr oft interessiert uns aber nicht die Menge des Stoffes in unserem Kolben, die wir titrieren, sondern dessen Konzentration. Da wir 10.0 ml HCl-Lösung verwendet haben, können wir leicht daraus die Konzentration berechnen.

Obwohl man in der Maßanalyse genau genommen immer die Menge des Stoffes bestimmt *(es hätte keine Rolle gespielt, wenn wir zu unseren 10.0 ml Salzsäure noch etwas Wasser dazugeschüttet hätten!),* will man meistens die Konzentration einer unbekannten Lösung ermitteln.

Dann kann man sich aber die Berechnung der Menge sparen und direkt aus dem Verbrauch, der Konzentration der Maßlösung und dem Volumen der zu bestimmenden Lösung ihre Konzentration errechnen:

> Bei einer Titration bestimmen wir immer nur die Menge (in Mol) des gesuchten Stoffes.

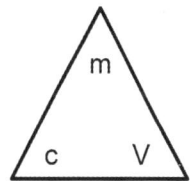

> m = c x V
> m = 0.0170 l x 0.1000 mol/l
> **m = 0.00170 mol**

> c = m / V
> c = 0.00170 / 0.0100
> **c = 0.170 mol / l**

> Nur weil wir auch das Volumen des gesuchten Stoffes wissen, können wir aus Menge und Volumen die Konzentration berechnen.

$$m_1 = c_1 \times V_1 \qquad \text{Maßlösung}$$

$$m_2 = c_2 \times V_2 \qquad \text{unbekannte Lösung}$$

$$\boxed{c_1 \times V_1 = c_2 \times V_2}$$

$$m_1 = m_2 \qquad \begin{array}{l}\text{wenn die Mengen einander}\\ \text{äquivalent sind}\end{array}$$

$$c_1 \times V_1 = c_2 \times V_2$$
$$c_2 = (c_1 \times V_1) / V_2$$

$$c_2 = \frac{0.1000\ \text{mol/l} \times 17.0\ \text{ml}}{10\ \text{ml}}$$

$$c_2 = 0.170\ \text{mol} / \text{l}$$

$$c_1 \times V_1 = m_1 = m_2 = c_2 \times V_2$$

$$c_1 \times V_1 = c_2 \times V_2$$

Beachten Sie, dass wir uns jetzt die Umrechnung von ml in l sparen konnten. Man kann diese Gleichung nämlich auch so schreiben:

$$c_1 / c_2 = V_2 / V_1$$

Da es sich dabei um den Vergleich des Verhältnisses zweier Konzentrationen mit dem Verhältnis zweier Volumina handelt (Verhältnisse haben immer die Dimension 1), spielt es keine Rolle, wenn man verschiedene Einheiten verwendet, solange auf JEDER SEITE die gleichen Einheiten benützt werden (also zum Beispiel ALLE Konzentrationen in mol / l und ALLE Volumina in ml).

Bei der Anwendung dieser Gleichung *(die übrigens genauso aussieht wie die Gleichung für die Berechnung von Mischungen, Kap. 3.5.3)* muss man jedoch aufpassen, sobald bei einer Titration das Verhältnis der äquivalenten Mengen nicht mehr $1 : 1$ ist.

Wenn wir in unserem Beispiel statt Salzsäure als unbekannte Lösung Schwefelsäure titriert hätten (bei sonst gleichen Angaben), so würde die Berechnung etwas anders aussehen. 1 mol H_2SO_4 ist natürlich 2 mol NaOH äquivalent (oder ½ mol H_2SO_4 ist äquivalent 1 mol NaOH). Der Verbrauch von 0.00170 mol NaOH entspricht daher 0.00085 mol H_2SO_4. Wenn wir daraus die Konzentration berechnen, erhalten wir 0.085 mol / l.

$$\boxed{z_1 \times c_1 \times V_1 = z_2 \times c_2 \times V_2}$$

Wir können diese Konzentration auch mit unserer Gleichung berechnen, wenn wir Indices z_1 und z_2 einführen. (Bei einer Neutralisation entsprechen sie der Zahl der Protonen, die von einem Partner aufgenommen oder abgegeben werden können.)

VORSICHT! Es gibt mit dieser Gleichung immer wieder Probleme. Sie sehen, dass der Faktor 2 auf der Seite der Schwefelsäure steht (also auf der Seite des Stärkeren). Wenn Sie dagegen mit der Reaktionsgleichung vergleichen, steht dort der Faktor 2 vor der Natronlauge:

$$H_2SO_4 + 2\,NaOH \quad \rightleftharpoons \quad 2\,Na^+ + SO_4^{2-} + 2\,H_2O$$

Das führt immer wieder zu Irrtümern. Da man bei komplizierten Titrationen von der Reaktionsgleichung ausgeht, kommt es immer wieder vor, dass man diese Indices bei der Rechnung dann auf die falsche Seite schreibt.

Natronlauge Schwefelsäure

$$z_1 \times c_1 \times V_1 = z_2 \times c_2 \times V_2$$

$$1 \times 0.1000 \times 17.0 =$$
$$= 2 \times c_2 \times 10.0$$

$$c_2 = \frac{0.1000 \times 17.0}{2 \times 10.0}$$

$$c_2 = 0.085 \text{ mol / l}$$

Andere Beispiele für Titrationen

Die Titrationen, mit denen wir uns bisher ausführlich befasst haben, waren alle sogenannte **Neutralisationstitrationen**. Je nachdem, ob dabei mit einer Säure oder einer Base titriert wird, nennt man diese Art der Maßanalyse **Acidimetrie** oder **Alkalimetrie**.

Man kann auch andere Reaktionen verwenden, z.B. Redox-Prozesse (siehe Kap. 8) und nennt dann diese Verfahren **Oxidimetrie**. Eine der häufigsten oxidimetrischen Methoden ist die **Manganometrie**, bei der Permanganat (MnO_4^-) den zu bestimmenden Stoff oxidiert:

$$MnO_4^- + 8\,H^+ + 5\,e^- \quad \rightleftharpoons \quad Mn^{2+} + 4\,H_2O$$

Damit kann man z.B. Oxalsäure ($C_2O_4H_2$) titrieren. Diese wird dabei zu CO_2 oxidiert.

$$HOOC\text{-}COOH \quad \rightleftharpoons \quad 2\,CO_2 + 2\,e^- + 2H^+$$

Diese Reaktion geht nur in der Hitze gut. Außerdem erkennt man aus der ersten der beiden Reaktionsgleichungen, dass das Permanganat viele H^+-Ionen für die Reaktion benötigt. Bedenken Sie, dass $[H^+]$ mit der achten Potenz im Massenwirkungsgesetz auftritt! Man muss also die Oxalsäure-Lösung vor der Titration ansäuern und erhitzen. Die Erkennung des Äquivalenzpunktes ist einfach. Permanganat-Ionen sind intensiv violett gefärbt. Solange noch Oxalsäure vorhanden ist, wird das zugetropfte Permanganat reduziert und daher entfärbt. Der erste Tropfen überschüssiges Permanganat aber färbt die

Lösung violett-rosa und daran erkennt man den Endpunkt. Hier wirkt also einer der Reaktionspartner auch gleich als Indikator.

Die Berechnung ist natürlich komplizierter. Sie können entweder die beiden Gleichungen zu einer vereinigen, wie das im Kapitel 8 beschrieben ist. Sie erkennen dann, dass 2 mol $KMnO_4$ zu 5 mol Oxalsäure äquivalent sind. Oder Sie verwenden die Gleichung

$$z_1 \times c_1 \times V_1 = z_2 \times c_2 \times V_2$$

Hier müssen Sie beachten, dass z_1 und z_2 die Zahlen der jeweils umgesetzten Elektronen sind (statt der Protonen wie bei der Neutralisationstitration). Also 5 auf der Seite von $KMnO_4$, 2 auf der Seite der Oxalsäure.

Die Oxidimetrie ist eine alte Analysenmethode. Die Bestimmung von Oxalsäure war an sich nicht so wichtig, denn man kann Oxalsäure auch mit Natronlauge titrieren. Aber damit war es möglich, mit einer einzigen Maßlösung (z.B. Salzsäure-Lösung) die Konzentration vieler anderer Lösungen zu bestimmen, welche dann ihrerseits wieder als Maßlösung verwendet werden konnten: Mit Salzsäure wurde Natronlauge bestimmt, mit dieser dann Oxalsäure, mit dieser dann eine Lösung von Kaliumpermanganat und so weiter. Hatte man eine Kaliumpermanganat-Maßlösung, so konnte man damit Metalle, die in mehreren Oxidationsstufen vorkommen (z.B. Fe, Cr, Cu), titrieren. Heute stellt niemand mehr seine Maßlösung selbst her, sondern kauft sie. Ebenso werden Metall-Ionen nicht mehr oxidimetrisch bestimmt. Es gibt dafür ein moderneres Verfahren, die Komplexometrie.

Die Grundlage der **Komplexometrie** ist eine Verbindung, die man $EDTA$ nennt (= Ethylen / di-amino / tetra / acetat).

$$^-OOC-CH_2 \diagdown \atop ^-OOC-CH_2 \diagup N-CH_2-CH_2-N {\diagup CH_2-COO^- \atop \diagdown CH_2-COO^-}$$

Erinnern Sie sich an die Komplexe zurück (Kap. 2.6). Dieses $EDTA$ ist ein mehrzähniger Ligand. Es kann bis zu 6 freie Elektronenpaare zur Verfügung stellen, je eines aus den beiden Stickstoffatomen und vier aus den Sauerstoffatomen der vier Carboxylat-Gruppen (COO^-). Daher bildet sich mit einem Metall ein sehr stabiler Komplex aus. Dabei wird das Metall-Ion von allen Seiten wie von einer Klaue umschlossen. Die Methode der Titration mit solchen Verbindungen wird auch **Chelatometrie** genannt (Chele, griechisch = Hummerschere) und solche Komplexe **Chelatkomplexe**.

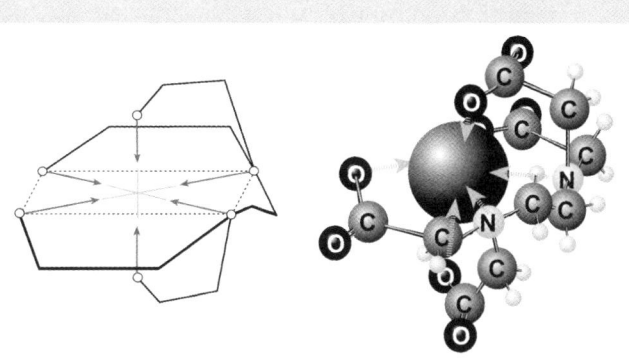

Man kann damit die Ionen der meisten mehrwertigen Metalle wie Fe, Co, Ni, Mn, Pb, Ca, Mg usw. titrieren. Besonders angenehm ist dabei die Stöchiometrie dieser Reaktion. Es reagiert jedes Metall immer nur mit einem EDTA-Molekül. Also ist 1 mol Metall immer äquivalent 1 mol EDTA, was alle Berechnungen sehr einfach macht.

Problematischer ist die Erkennung des Äquivalenzpunktes. Wenn man z.B. Ca^{++} titriert, so sind Ca^{++}, EDTA und der Ca^{++}-EDTA-Komplex alle farblos. Man hilft sich mit Farbstoffen, die ebenfalls Komplexe mit Kalzium-Ionen bilden, wobei diese Komplexe aber schwächer sind als der entsprechende EDTA-Komplex. Der organische Farbstoff Calcon bildet mit Kalzium einen roten Komplex, der freie Indikator hat eine blaue Farbe. Solange die Titration unvollständig ist, ist der Indikator an Ca^{++} gebunden und rot. Erst wenn alles Ca^{++} mit EDTA reagiert hat (am Äquivalenzpunkt), sieht man plötzlich die blaue Farbe des freien Indikators.

7.5.5 Indikatoren

Jetzt wollen wir noch wissen, wie so ein Indikator funktioniert. Als Beispiel nehmen wir Säure-/Basenindikatoren, wie sie bei Neutralisations-Titrationen vorkommen. Diese Indikatoren sind meist schwache organische Säuren, bei denen Säure und Säure-Anion verschiedene Farben haben (eines der beiden kann auch farblos sein).

Indikatoren:

sind z.B. bei Neutralisationen schwache Elektrolyte, die bei verschiedenen pH-Werten unterschiedliche Farben haben.

$$HA \;\rightleftharpoons\; H^+ + A^-$$

Die Lage des Gleichgewichtes ist also an der Farbe der Lösung erkennbar. Wir können leicht berechnen, bei welcher Wasserstoffionen-Konzentration (= bei welchem pH-Wert) Säure oder Base (= Anion) überwiegt. Natürlich brauchen wir dazu das Massenwirkungsgesetz:

$$K_S = \frac{[H^+] \times [A^-]}{[HA]}$$

$$[H^+] = K_S \times ([HA] / [A^-])$$

und umgeformt

$$pH = pK_S - \log ([HA] / [A^-])$$

Das ist natürlich wieder die uns wohlbekannte Henderson-Hasselbalch-Gleichung, die wir auf einen Indikator genau wie auf einen Puffer anwenden können (siehe Abschnitt 7.4.1). *Eigentlich klar, die Gleichung beschreibt den Zusammenhang zwischen pH-Wert und der Dissoziation eines schwachen Elektrolyten, ob dieser Elektrolyt jetzt als Puffer, als Indikator oder als sonst etwas verwendet wird, ist gleichgültig.* Nehmen wir an, dass bei unserem Indikator die saure Form rot und die basische Form blau gefärbt ist, so ist der **Umschlagspunkt** der pH-Wert, an dem gleich viel Säure wie Base vorhanden ist. Der Indikator zeigt an diesem Punkt eine Mischfarbe (hier: violett). Wir wissen aber, dass gleich viel Säure wie Base bedeutet:

Umschlagspunkt:	$[HA] / [A^-] = 1$
$pH = pK_S$	$\log ([HA] / [A^-]) = 0$
	daher $\qquad pH = pK_S$

Ist der pH-Wert saurer, haben wir mehr saure Form (also mehr rote Farbe), ist er alkalischer, haben wir mehr basische Form (also blaue Farbe). Es gibt einen Bereich, in dem sich die Farbe ändert, den sogenannten **Umschlagsbereich**. Unser Auge ist jedoch für Farbmischungen nicht empfindlich genug. Wenn wir 10 Teile rote Farbe mit einem Teil blauer Farbe mischen, so sind wir gerade noch imstande, den blauen Farbton zu bemerken. Eine Mischung von 100 / 1 würden wir als reines Rot empfinden.

Umschlagsbereich:

$pH = pK_S \pm 1$

Der sichtbare Umschlagsbereich reicht also vom Mischungsverhältnis 10 / 1 bis 1 / 10. Das bedeutet aber, wie wir in Analogie zum Puffer wissen (nochmals Abschnitt 7.4), eine Abweichung von +1 oder –1 vom pK_S-Wert.

Sie verstehen jetzt natürlich auch, wieso ein Indikator den Äquivalenzpunkt so genau erkennen kann. Der pH-Sprung aller Titrationen ist ja wesentlich größer als der Umschlagsbereich des Indikators. Man muss nur aufpassen, dass dieser Umschlagsbereich in den pH-Sprung fällt. Es gibt viele Indikatoren mit unterschiedlichen Farben und unterschiedlichen pK_S-Werten. Es ist also kein Problem, für jede Titration einen geeigneten Indikator zu finden. Der pK_S-Wert des Indikators sollte möglichst ähnlich dem pH-Wert des Äquivalenzpunktes sein (also dem pH-Wert der Salzlösung). Machen wir uns das am Beispiel dreier Indikatoren mit den pK_S-Werten 4.0, 7.0 und 10.0 klar:

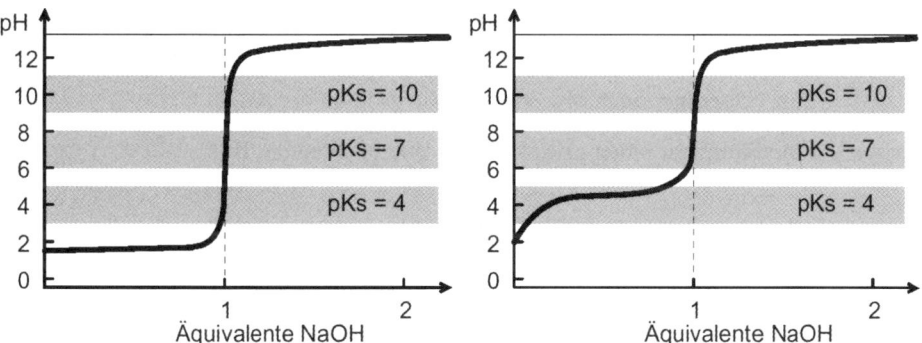

Die linke Titrationskurve ist die einer starken Säure. Hier ist es ziemlich gleichgültig, welcher Indikator verwendet wird. Dagegen kann man die Titration einer schwachen Säure (rechts) nur mit einem Indikator durchführen, dessen Umschlagsbereich im schwach alkalischen Milieu liegt. Die anderen Indikatoren geben falsche Werte oder lassen überhaupt keine Titration zu.

Alle diese Regeln beziehen sich auf Säure-/Basenindikatoren. Indikatoren, die bei anderen Titrationen Verwendung finden, folgen aber ähnlichen Gesetzen.

Übungen zu Kapitel 7.1

7.10.   Was ist die korrespondierende Säure zu:

$$H_2O, \quad OH^-, \quad NH_3, \quad Br^-, \quad HSO_4^-$$

7.11.   Was ist die korrespondierende Base zu:

$$H_2O, \quad H_3O^+, \quad HSO_4^-, \quad H_2SO_4$$

7.12.   Ordnen Sie nach korrespondierenden Säure- / Basenpaaren und bestimmen Sie, was eine Säure und was eine Base ist:

Cl^-	ClO_4^-	CO_3^{2-}	HCl	$HClO_4$
HCO_3^-	H_2CO_3	HNO_2	HNO_3	HPO_4^{2-}
$H_2PO_4^-$	H_3PO_4	HS^-	H_2S	N_2H_4
$N_2H_5^+$	NO_2^-	S^{2-}	NO_3^-	PO_4^{3-}

7.13.   a)   Eine Säure hat den $K_S = 5 \times 10^{-9}$. Wie groß ist der pK_S?

   b)   Eine Säure hat einen $pK_S = 6.7$. Wie groß ist der K_S?

   c)   Eine Säure hat einen $pK_S = -0.7$. Wie groß ist der K_S?

Übungen zu Kapitel 7.2

7.20.   Welche der in Übung 7.12. angegebenen Stoffe sind Ampholyte?

7.21*. $$NH_4^+ \quad \rightleftharpoons \quad NH_3 + H^+$$

Die Dissoziationskonstante dieser Reaktion ist $K_S = 10^{-9}$. Wie groß ist die Massenwirkungskonstante der folgenden Reaktion?

$$NH_3 + H_2O \quad \rightleftharpoons \quad NH_4^+ + OH^-$$

(Hinweis: Überlegen Sie, ob Sie noch eine Reaktion kennen, in der einige dieser Reaktionspartner vorkommen und deren Gleichgewichtskonstante bekannt ist.)

7.22.   Wie groß sind die pH-Werte der angegebenen Lösungen unter der Annahme, dass alle beteiligten Stoffe vollständig dissoziiert sind? (Vorsicht! Bedenken Sie, dass es auch negative pH-Werte geben kann und dass Wasser selbst ebenfalls dissoziiert ist.)

a)   HBr $c = 5 \times 10^{-3}$ mol / l

b)   KOH $c = 2 \times 10^{-5}$ mol / l

c)   NaOH $c = 2$ mol / l

d) H_2SO_4 $c = 1$ mol / l

e)   HCl $c = 10^{-8}$ mol / l

7.23.   Von den folgenden Lösungen ist nur der pH-Wert bekannt. Berechnen Sie die Konzentrationen:

a) H_2SO_4 pH = 3.3

b)   NaOH   pH = 10.3

c) $Ba(OH)_2$ pH = 10.3

7.24*.   Sie haben H_2S in einer wässrigen Lösung. Die Gesamtkonzentration ist 10^{-3} mol / l. Wie groß ist die Konzentration von H_2S, HS^- und S^{2-}, wenn diese Lösung einen pH = 7 hat? (Verwenden Sie dazu die Dissoziationskonstanten in der Tabelle aus Abschnitt 7.3.1.)

Wie groß sind die Konzentrationen, wenn die Lösung einen pH = 2 hat?

7.25.   Kombinieren Sie die unten angegebenen Verbindungspaare zu kompletten Neutralisationsreaktionen:

HNO_3 mit $Ba(OH)_2$ H_3PO_4 mit   KOH

HJ   mit $Fe(OH)_2$ H_2SO_4 mit $Al(OH)_3$

7.26*. $NH_3 + HCl \rightleftharpoons NH_4Cl$

Die angegebene Reaktion kann in der Gasphase ablaufen. Formulieren Sie die entsprechende Reaktion als Neutralisation in einer wässrigen Lösung.

Übungen zu Kapitel 7.3

7.30.   Sie haben je eine wässrige Lösung der unten angegebenen Salze. Welche Lösungen reagieren wie (sauer, neutral, alkalisch, oder kann man keine Angabe machen)?

KJ	Na_2S	Li_2SO_3
Na_2HPO_4	NH_4NO_3	KNO_2
$KHSO_4$	$NaHCO_3$	NH_4Br

7.31*. Das Löslichkeitsprodukt von Silbercarbonat (Ag_2CO_3) ist $K_L = 10^{-11}$. Wie groß ist die Konzentration einer gesättigten Lösung?

7.32. Das Löslichkeitsprodukt von Bariumsulfat ($BaSO_4$) ist $K_L = 10^{-10}$.

Wie groß ist die Konzentration einer gesättigten Lösung?

Wie groß ist die Konzentration von Bariumsulfat in Schwefelsäure der Konzentration $c = 10^{-3}$ mol / l?

7.33*. Sie lösen Quecksilbersulfid in Wasser. $K_L = 1.6 \times 10^{-54}$. Wie viel Wasser bräuchten Sie, um ein EINZIGES Molekül HgS zu lösen?

7.34. Formulieren Sie die Reaktionsgleichung für die Bildung der Anhydride von Salpetersäure und Phosphorsäure.

Übungen zu Kapitel 7.4

7.40. Aus welchen der angegebenen Mischungen können Puffer hergestellt werden?

a) HNO_3 / KNO_3

b) NH_4OH / NH_4Cl

c) $NaCl$ / Na_2CO_3

d) H_2CO_3 / $NaHCO_3$

e) $NaHCO_3$ / Na_2CO_3

f) CH_3COONa / CH_3COONH_4

7.41. Geben Sie den Pufferbereich der unter 7.40. erhaltenen Puffer an. Schlagen Sie die benötigten pK_S-Werte in Abschnitt 7.3.1, 7.3.5 und 7.4.1 nach.

7.42. Man mischt oft Puffer mit Hilfe einer schwachen Säure oder einer schwachen Base. Ammoniumacetat ist ein Salz einer schwachen Säure UND einer schwachen Base. Kann man auch damit einen Puffer herstellen? Wenn ja, womit muss man mischen?

7.43. Sie haben 0.10 mol / l NH_3 und 0.25 mol / l NH_4Cl gemeinsam gelöst. Welchen pH-Wert hat die Mischung?

7.44. Sie geben zu der Lösung von Übung 7.43. so viel HCl zu, dass eine Endkonzentration von 0.05 mol / l HCl erreicht wird. Welchen pH-Wert hat die Mischung?

7.45.   Sie geben zu der Lösung von Übung 7.43. so viel NaOH, dass eine Endkonzentration von 0.05 mol / l NaOH erreicht wird. Welchen pH-Wert hat die Mischung?

7.46.   Sie sollen aus Essigsäure (c = 0.1 mol / l) und Natronlauge (c = 0.1 mol / l) einen Puffer mit pH = 4.7 herstellen. In welchem Verhältnis mischen Sie?

7.47.   Sie sollen aus NaH_2PO_4-Lösung (c = 0.1 mol / l) und Na_2HPO_4-Lösung (c = 0.1 mol / l) einen Puffer mit pH = 7.4 herstellen. In welchem Verhältnis mischen Sie?

7.48.   Sie sollen aus TRIS-Lösung (c = 0.1 mol / l) und HCl (c = 0.1 mol / l) einen Puffer mit pH = 7.4 herstellen. In welchem Verhältnis mischen Sie?

7.49.   Sie sollen aus Glycin-Lösung (c = 0.1 mol / l) und NaOH-Lösung (c = 0.1 mol / l) einen Puffer mit pH = 9.0 herstellen. In welchem Verhältnis mischen Sie?

Übungen zu Kapitel 7.5

7.50. NH_3 ist eine schwache Base (der pK_S-Wert für NH_4^+ ist 9.2). Sie titrieren eine NH_3-Lösung (c = 0.1000 mol / l) mit einer HCl-Lösung (c = 0.1000 mol / l). Zeichnen Sie die Titrationskurve!

7.51.   Sie haben in einem Gefäß eine unbekannte Menge Natronlauge gelöst. Sie titrieren und verbrauchen dafür 28.0 ml HCl (c = 0.1000 mol / l). Wie viel NaOH haben Sie gehabt?

7.52. a)   Von einer Salzsäure (c = 0.36 mol / l) pipettieren Sie 10.0 ml in einen Kolben. Sie titrieren mit NaOH-Lösung (c = 0.1000 mol / l). Wie groß wird Ihr Verbrauch sein?

   b)   Von derselben Salzsäure pipettieren Sie wieder 10.0 ml und mischen mit 20.0 ml Wasser. Wie groß ist die Konzentration dieser Mischung? Sie titrieren mit derselben NaOH-Lösung. Wie groß wird Ihr Verbrauch sein?

7.53.   Sie haben eine Bariumhydroxid-Lösung unbekannter Konzentration. Sie titrieren 10.0 ml mit HCl (c = 0.1000 mol / l) und erhalten einen Verbrauch von 48.2 ml. Wie groß ist die Konzentration der $Ba(OH)_2$-Lösung?

7.54.   Sie titrieren 10.0 ml einer unbekannten Phosphorsäure-Lösung mit einem Indikator, dessen pK_S = 10.0 beträgt. Der Verbrauch von NaOH (c = 0.1000 mol / l) beträgt 17.6 ml. Wie groß ist die Konzentration der Phosphorsäure?

7.55*.   Sie haben ein unbekanntes Pulver, von dem Sie wissen, dass es eine einwertige
           Säure ist. 1.000 g von diesem Stoff lösen Sie in 1.000 l H_2O. Davon pipettieren
           Sie 100 ml in einen Kolben und titrieren mit NaOH (c = 0.1000 mol / l). Der
           Verbrauch ist 11.36 ml. Wie groß ist die relative Molekülmasse der Säure?

7.56. a)   Schlagen Sie die Titrationskurve in Abschnitt 7.5.2 auf. Wo ist hier der Neutral-
           punkt? Was passiert, wenn Sie mit einem Indikator pK_S = 7 titrieren? Welchen
           pK_S sollte der Indikator Ihrer Ansicht nach haben?

      b)   Schlagen Sie die Titrationskurve in Abschnitt 7.5.3 auf. Wo ist hier der Neutral-
           punkt? Was passiert, wenn Sie mit einem Indikator pK_S = 7 titrieren? Welche
           pK_S-Werte sollten Indikatoren Ihrer Ansicht nach haben, um eine einwandfreie
           Titration von Phosphorsäure zu ermöglichen?

8 OXIDATION UND REDUKTION

Unsere Paradebeispiele bei der Untersuchung der chemischen Bindung (Kap. 2) waren Chlorgas und metallisches Natrium. Wir haben gesehen, wie sich in beiden Stoffen die Elektronen anordnen, um Edelgaskonfiguration zu erreichen. Mischt man jedoch Na und Cl_2, so werden die Atome ihren alten Bindungen untreu und es entsteht Kochsalz. *(Probieren Sie bitte diese Reaktion nicht zu Hause in der Küche, falls Ihnen gerade das Salz ausgegangen sein sollte. Die Reaktion ist sehr heftig und es könnte leicht sein, dass Sie danach keine Küche mehr haben.)*

Paart die Liebe sich mit Geld, ist es mit der Liebe aus, wenn kein Geld mehr ist im Haus.

aus Kin-Ku Ki-Kuan, dem ‚Chinesischen Dekameron‘ (geschrieben 1621-1624)

$$2\,Na \;+\; Cl_2 \;\rightleftharpoons\; 2\,NaCl$$

Wir haben jetzt im Kochsalz eine ionische Bindung. Dabei hat jedes Natrium-Atom ein Elektron abgegeben, es wurde **oxidiert**. Jedes Chlor-Atom hat ein Elektron aufgenommen, es wurde **reduziert**.

Oxidation: Abgabe von e^- (häufig auch Abgabe von Wasserstoff, häufig Aufnahme von Sauerstoff). **Reduktion:** Aufnahme von e^- (häufig Aufnahme von Wasserstoff, häufig Abgabe von Sauerstoff). *Diese Namen stammen aus früheren Zeiten. Metall wurde durch Zusatz von Sauerstoff in sein Oxid umgewandelt, also „oxidiert", bzw. wurde das Oxid in das reine Metall zurückgeführt (reduziert). Auch wurde die Aufnahme von Wasserstoff (Wasserstoff ist H_2, NICHT H^+ !) durch eine Verbindung als Reduktion bezeichnet, die Abgabe von Wasserstoff als Oxidation. Das ist auch nach den heutigen Vorstellungen richtig. Es ist aber viel einfacher und praktischer, diese Prozesse nur über die beteiligten Elektronen zu definieren.*

Oxidation:

Abgabe von Elektronen

Reduktion:

Aufnahme von Elektronen

Freie Elektronen sind nicht beständig, sie suchen sofort irgendein Atom auf. Die bei der Oxidation abgegebenen Elektronen gehen also immer auf einen anderen Stoff über. Ebenso müssen die bei der Reduktion aufgenommenen Elektronen von einem anderen Stoff kommen. Deswegen ist jede Oxidation eines Stoffes mit der Reduktion eines anderen verbunden und umgekehrt. Man spricht daher von **Redox-Prozessen**.

Reduktion und Oxidation sind immer zu einem Redox-Prozess gekoppelt.

8.1 Korrespondierende Redox-Paare

Es ist in vielen Fällen sehr praktisch, einen Redox-Prozess in
zwei Teile zu zerlegen:

$$Na \;\rightleftharpoons\; Na^+ + e^-$$

$$2\,Cl^- \;\rightleftharpoons\; Cl_2 + 2\,e^-$$

Redox-Paare:

reduzierte   oxidierte
Seite   Seite

$$X \rightleftharpoons X^+ + e^-$$
$$Y^- \rightleftharpoons Y + e^-$$

Das sind wieder unvollständige Reaktionen (es wird nicht angegeben, wo die Elektronen hin- bzw. herkommen), also die
Hälfte einer kompletten Reaktion. In diesen Halbreaktionen
steht jeweils eine oxidierte Form einer reduzierten Form gegenüber (die oxidierte Form ist immer die Gleichungsseite, wo
sich auch die Elektronen befinden). Na^+ und Cl_2 sind also
oxidierte Formen, Na und Cl^- sind reduzierte Formen. Die
oxidierte und die reduzierte Form bilden ein **Redox-Paar**
*(analog zu korrespondierenden Säure-/Basepaaren, siehe Kap.
7.1.2).* Die beiden Partner eines Redox-Paares stehen
miteinander im Gleichgewicht. Je nachdem, in welche Richtung
die Reaktion abläuft, ist es eine Oxidation oder eine Reduktion.

$$Na \quad \overset{\text{Oxidation}}{\underset{\text{Reduktion}}{\rightleftharpoons}} \quad Na^+ + e^-$$

$$X \quad \overset{\text{Oxidation}}{\underset{\text{Reduktion}}{\rightleftharpoons}} \quad X^+ + e^-$$

$$Y^- \quad \overset{\text{Oxidation}}{\underset{\text{Reduktion}}{\rightleftharpoons}} \quad Y + e^-$$

An einer vollständigen Redox-Reaktion sind ZWEI Redox-Paare
beteiligt (genau wie an einer Protolyse auch zwei Säure-
/Basepaare beteiligt sind). Man muss die beiden Teilreaktionen
so miteinander kombinieren, dass auf beiden Seiten gleich viele
Elektronen stehen (die man dann wegstreichen kann). *Also
zuerst die beiden Halbreaktionen so aufschreiben, dass in
beiden gleich viele Elektronen vorkommen; dazu muss man in
der Natrium-Gleichung alles mit zwei multiplizieren.*

$$2\,Na \;\rightleftharpoons\; 2\,Na^+ + 2\,e^-$$

$$2\,Cl^- \;\rightleftharpoons\; Cl_2 + 2\,e^-$$

*Dann muss man dafür sorgen, dass die Elektronen einmal links
und einmal rechts stehen, meist muss man eine Gleichung umdrehen:*

$$2\,Na \quad \rightleftharpoons \quad 2\,Na^+ + 2\,e^-$$

$$Cl_2 + 2\,e^- \quad \rightleftharpoons \quad 2\,Cl^-$$

Wenn man jetzt die beiden Gleichungen addiert (links zu links, rechts zu rechts), so erhält man eine vollständige Redox-Gleichung, in der links und rechts gleich viele Elektronen stehen, sodass man sie wegstreichen kann.

$$2\,Na + Cl_2 + \cancel{2\,e^-} \quad \rightleftharpoons \quad 2\,Na^+ + 2\,Cl^- + \cancel{2\,e^-}$$

8.2 Oxidationsmittel, Reduktionsmittel

In unserer Reaktion wurde Natrium durch die Zugabe von Chlorgas oxidiert. Daher ist Chlor ein **Oxidationsmittel**, weil es den Partner oxidiert hat. Ebenso wurde aber Chlor durch Zusatz von Natrium reduziert, also ist Natrium ein **Reduktionsmittel**.

Oxidationsmittel:

Stoffe, die einen anderen Stoff oxidieren; dabei werden sie selbst reduziert.

Bei diesen Begriffen gibt es immer wieder Verwechslungen. Ein Oxidationsmittel ist identisch mit der oxidierten Form eines Redox-Paares. Wenn es aber als Oxidationsmittel reagiert, wird es selbst reduziert. Reduktionsmittel sind die reduzierte Form des Redox-Paares. Bei ihrer Wirkung werden sie oxidiert. *(Haben Sie das jetzt verstanden? Natürlich nicht, ist ja auch kein Wunder. Überlegen Sie es sich noch einmal. Das ist ein ideales Kapitel, um hinterhältige Prüfungsfragen zu formulieren! So in der Art: Die oxidierte Form ist das Oxidationsmittel, kann oxidieren, wird dabei selbst reduziert. Das Reduktionsmittel entspricht der reduzierten Form, diese kann ... usw.).*

Reduktionsmittel:

Stoffe, die einen anderen Stoff reduzieren; dabei werden sie selbst oxidiert.

$$\underset{\text{Reduktionsmittel}}{2\,Na} + \underset{\text{Oxidationsmittel}}{Cl_2} \rightleftharpoons \underset{\text{Oxidationsmittel}}{2\,Na^+} + \underset{\text{Reduktionsmittel}}{2\,Cl^-}$$

$$\underset{\text{Reduktionsmittel}}{Na} \underset{\text{Reduktion}}{\overset{\text{Oxidation}}{\rightleftharpoons}} \underset{\text{Oxidationsmittel}}{Na^+ + e^-}$$

$$\underset{\text{Reduktionsmittel}}{2\,Cl^-} \underset{\text{Reduktion}}{\overset{\text{Oxidation}}{\rightleftharpoons}} \underset{\text{Oxidationsmittel}}{Cl_2 + 2\,e^-}$$

Redox-Paare:

$$\underset{\substack{\text{Reduktions-}\\\text{mittel}}}{X} \rightleftharpoons \underset{\substack{\text{Oxidations-}\\\text{mittel}}}{X^+ + e^-}$$

$$\underset{\substack{\text{Reduktions-}\\\text{mittel}}}{Y^-} \rightleftharpoons \underset{\substack{\text{Oxidations-}\\\text{mittel}}}{Y + e^-}$$

Bei den Halbreaktionen können wir zum Doppelpfeil schreiben, in welche Richtung die Oxidation und die Reduktion laufen. Das geht bei der vollständigen Redox-Gleichung natürlich nicht, da ja in jeder Richtung je eine Oxidation und eine Reduktion stattfindet.

In unserem Muster einer Redox-Reaktion sind also Na und Cl^- Reduktionsmittel, Cl_2 und Na^+ sind Oxidationsmittel. Cl_2 ist ein sehr starkes Oxidationsmittel. Das Gleichgewicht in diesem Redox-Paar ist weit auf der Seite der reduzierten Form, das heißt, Chlor will oxidieren. Umgekehrt will Chlorid nicht zurück in Chlor verwandelt werden. Cl^- ist also ein schwaches Reduktionsmittel. Ebenso ist Na ein sehr starkes Reduktionsmittel, Na^+ ist daher ein sehr schwaches Oxidationsmittel.

> Ein Oxidationsmittel ist stark, wenn das korrespondierende Reduktionsmittel schwach ist, und umgekehrt.

Starke Oxidationsmittel wie Cl_2 oder O_2 sind Stoffe, die unbedingt Elektronen aufnehmen wollen. Starke Reduktionsmittel wie Na oder H_2 sind Stoffe, die unbedingt Elektronen abgeben wollen. *Man kann daher die Stärke eines Oxidations- oder Reduktionsmittels an der Elektronenaffinität und der Ionisierungsenergie erkennen (siehe Kap. 1.6) und mit Hilfe ihrer elektrochemischen Eigenschaften messen (Kap. 9).*

Vergleich zwischen Protolyse und Redox-Reaktion

Sie werden sicher schon bemerkt haben *(oder?)*, dass eine ziemlich weitgehende Analogie zwischen Protolyse und Redox-Prozessen besteht. Was in einem Fall von Protonen verursacht wird, bewirken im anderen Fall Elektronen. Säuren und Basen stehen in ähnlicher Beziehung wie Oxidations- und Reduktionsmittel usw. Das ist eine erfreuliche Eigenschaft der Chemie: Hat man ein Grundprinzip endlich einmal verstanden, so wird man ihm immer wieder begegnen (negative dekadische Logarithmen ...). Fassen wir zur besseren Übersicht die Analogien nochmals kurz zusammen:

Protolyse	*Redox-Prozess*
H^+ Protonen	e^- Elektronen
Säure / Base	Reduktionsmittel / Oxidationsmittel
$HA \;\rightleftharpoons\; A^- + H^+$	$X \;\rightleftharpoons\; X^+ + e^-$
Säure Base	Reduktionsmittel Oxidationsmittel

Säure gibt Protonen ab, wird dabei zur Base.	Reduktionsmittel gibt Elektronen ab, wird dabei zum Oxidationsmittel.
Base nimmt Protonen auf, wird dabei zur Säure.	Oxidationsmittel nimmt Elektronen auf, wird dabei zum Reduktionsmittel.
Korrespondierendes Säure-/Basenpaar	Redox-Paar
Halbreaktion (= Hälfte einer Protolyse)	Halbreaktion (= Hälfte einer Redox-Reaktion)

8.3   Stöchiometrie und Redox-Paare

Bei komplizierten Redox-Vorgängen ist es oft schwierig, die stöchiometrische Gleichung aufzustellen, d.h. die Koeffizienten aufzufinden, mit denen die Formeln der einzelnen Substanzen multipliziert werden müssen, damit auf jeder Seite der Gleichung von jedem Element gleich viele Atome vorhanden sind. Fast immer kommt man jedoch leicht zum Ziel, wenn man zuerst die beiden am Vorgang teilnehmenden Redox-Paare sucht.

$$m\,Fe \;+\; n\,HCl \;\;\rightleftharpoons\;\; p\,FeCl_3 \;+\; q\,H_2$$

Diese Reaktion ist hier ungenau formuliert. Wir wissen, dass $FeCl_3$ ebenso wie HCl in wässriger Lösung dissoziiert ist.

$$m\,Fe \;+\; n\,H^+ \;+\; p\,Cl^- \;\;\rightleftharpoons\;\; q\,Fe^{3+} \;+\; r\,Cl^- \;+\; s\,H_2$$

So sieht es recht verwirrend aus. Um die Redox-Paare zu finden, suchen wir nach Stoffen, die links anders geladen sind als rechts – dort müssen Elektronen übertragen worden sein. Offensichtlich ist Fe/Fe^{3+} das eine Redox-Paar, H^+/H_2 das andere. Schreiben wir diese beiden auf. (Die Zahl der beteiligten Elektronen ergibt sich, wenn wir die Ladungen auf beiden Gleichungsseiten miteinander vergleichen.)

$$Fe \;\;\rightleftharpoons\;\; Fe^{3+} + 3\,e^-$$

$$2\,H^+ + 2\,e^- \;\;\rightleftharpoons\;\; H_2$$

Jetzt müssen wir wieder nur mehr die beiden Gleichungen so multiplizieren, dass wir die Zahl der Elektronen auf das kleinste gemeinsame Vielfache bringen (= 6 e$^-$).

$$2\,Fe \;\rightleftharpoons\; 2\,Fe^{3+} \;+\; 6\,e^-$$

$$6\,H^+ \;+\; 6\,e^- \;\rightleftharpoons\; 3\,H_2$$

$$\overline{2\,Fe \;+\; 6\,H^+ \;+\; \cancel{6\,e^-} \;\rightleftharpoons\; 2\,Fe^{3+} \;+\; \cancel{6\,e^-} \;+\; 3\,H_2}$$

Wir können dann die Elektronen wegstreichen und haben die gewünschte Gleichung. Wenn wir unbedingt Cl$^-$ dabeihaben wollen, steht es uns frei, dieses dazuzuschreiben.

$$2\,Fe \;+\; 6\,H^+ \;+\; 6\,Cl^- \;\rightleftharpoons\; 2\,Fe^{3+} \;+\; 6\,Cl^- \;+\; 3\,H_2$$

oder: $$2\,Fe \;+\; 6\,HCl \;\rightleftharpoons\; 2\,FeCl_3 \;+\; 3\,H_2$$

In Tabellen sind immer nur Redox-Paare angegeben (also die Halbreaktionen). Daraus kann man dann jeden Redox-Vorgang kombinieren.

$$2\,Cl^- \;\rightleftharpoons\; Cl_2 \;+\; 2\,e^-$$

$$2\,J^- \;\rightleftharpoons\; J_2 \;+\; 2\,e^-$$

Damit sich die Elektronen herausheben, muss man eine Reaktion umgekehrt aufschreiben. Zufällig haben wir bereits die gleiche Zahl an Elektronen in beiden Gleichungen.

$$Cl_2 \;+\; 2\,e^- \;\rightleftharpoons\; 2\,Cl^-$$

$$2\,J^- \;\rightleftharpoons\; J_2 \;+\; 2\,e^-$$

$$\overline{Cl_2 \;+\; 2\,J^- \;\rightleftharpoons\; 2\,Cl^- \;+\; J_2}$$

Versuchen wir noch ein anderes Beispiel:

$$Fe^{2+} \;\rightleftharpoons\; Fe^{3+} \;+\; e^-$$

$$2\,J^- \;\rightleftharpoons\; J_2 \;+\; 2\,e^-$$

$$\overline{2\,Fe^{2+} \;\rightleftharpoons\; 2\,Fe^{3+} \;+\; 2\,e^-}$$

$$J_2 \;+\; 2\,e^- \;\rightleftharpoons\; 2\,J^-$$

$$\overline{2\,Fe^{2+} \;+\; J_2 \;\rightleftharpoons\; 2\,Fe^{3+} \;+\; 2\,J^-}$$

Dabei fällt uns auf, dass Fe sowohl zu Fe^{2+} als auch Fe^{3+} oxidiert werden kann (Fe^{2+} kann man weiter zu Fe^{3+} oxidieren). Man kann Eisen also stufenweise oxidieren und spricht daher auch oft von **Oxidationsstufen** eines Elementes. Dieser Ausdruck wird aber immer mehr durch den vielseitigeren Begriff „Oxidationszahl" verdrängt.

8.4 Oxidationszahl

$$C + O_2 \; \rightleftharpoons \; CO_2$$

Auch das ist ein Redox-Prozess, aber er ist relativ schwer als solcher erkennbar. Man kann die Strukturformel des gebildeten CO_2 so schreiben (siehe die entsprechende Abbildung in Kap. 2.4):

$$\langle O = C = O \rangle$$

Die Bindungen sind polar. Die bindenden Elektronenpaare sind näher bei den Sauerstoffen. Bei der Reaktion von Kohlenstoff mit Sauerstoff gehen daher Elektronen des Kohlenstoffes von diesem weg und näher zum Sauerstoff. Kohlenstoff wird oxidiert, Sauerstoff wird reduziert.

Es ist in diesem Beispiel auch sehr schwierig, Redox-Paare zu definieren. In allen bisherigen Beispielen hatten wir den Vorteil, dass die beteiligten Stoffe Ionen waren oder während der Reaktion zu Ionen geworden sind. Wir brauchten nur die Ladungen zu vergleichen und konnten sofort feststellen, wer Elektronen aufnahm und wer welche abgab.

Es gibt Redox-Prozesse, bei denen keine Ladungen erkennbar sind.

Um alle Redox-Reaktionen wie Reaktionen von Ionen behandeln zu können, bedient man sich eines Kunstgriffes. Man tut einfach so, als ob alle polaren Bindungen Ionenbindungen wären. Man schreibt also ALLE Bindungselektronen dem Bindungspartner mit der höheren Elektronegativität (siehe Kap. 2.4) zu. Dann werden den Atomen plötzlich Ladungen zugewiesen, die sie eigentlich gar nicht haben. Diese fiktive Ladung, welche ein solchermaßen misshandeltes Atom erhalten würde, nennt man Oxidationszahl. Man schreibt Oxidationszahlen immer in römischen Ziffern mit dem entsprechenden

Oxidationszahl:

die Ladungen, die ein Atom hätte, wenn seine polaren Bindungen alle Ionenbindungen wären.

Oxidation:

Zunahme der Oxidationszahl

Reduktion:

Abnahme der Oxidationszahl

In Bindungen mit Partnern verschiedener Elektronegativität werden alle Bindungselektronen dem elektronegativeren Atom zugeschrieben.

Die Summe aller Oxidationszahlen muss der Gesamtladung entsprechen.

Elemente haben die Oxidationszahl Null

Vorzeichen. Unser Kohlenstoff hätte in der besprochenen Reaktion von der Oxidationszahl 0 *(null)* als Element in die Oxidationszahl +IV *(plus vier)* in CO_2 gewechselt, der Sauerstoff dagegen von 0 *(null)* nach –II *(minus zwei)*. Wird die Oxidationszahl im Verlauf der Reaktion größer (= positiver), wird der Stoff oxidiert. Wird die Oxidationszahl kleiner (= negativer), wird der Stoff reduziert. *Zunahme der Oxidationszahl bedeutet auch Übergang von minus zu plus. Wenn ein Stoff z.B. also seine Oxidationszahl von –III nach –I oder 0 oder nach +I ändert, hat seine Oxidationszahl zugenommen.*

Diese neue Definition von Oxidation und Reduktion ist viel allgemeiner anwendbar. Wir müssen nur die Oxidationszahlen aller Beteiligten feststellen. Die übergewechselten Elektronen brauchen uns dann nicht mehr zu kümmern.

Für die Ermittlung der Oxidationszahl gelten folgende Regeln:

1. In Bindungen mit Partnern verschiedener Elektronegativität werden alle Bindungselektronen dem elektronegativeren Atom zugeschrieben. Haben beide Atome die gleiche Elektronegativität (oder sind es gleiche Atome), werden die Elektronen aufgeteilt.

2. Die Summe aller Oxidationszahlen in einem Molekül oder Ion muss die tatsächliche Gesamtladung ergeben. Daher ist bei einatomigen Ionen die Oxidationszahl automatisch gleich der Ladung.

Also hat Fe^{2+} die Oxidationszahl +II, Fe^{3+} hat +III, Cl^- hat –I, O_2 und C haben als Elemente beide Null. Da Elemente die Ladung Null haben ist es logisch, dass die Oxidationszahl von Elementen immer Null sein muss!

$$CO_2 : \langle O = C = O \rangle$$
$$\text{8 e}^- \quad \text{0 e}^- \quad \text{8 e}^-$$

Neutraler Kohlenstoff hat normalerweise 4 Außenelektronen, hier 0, daher Oxidationszahl +IV. Neutraler Sauerstoff hat 6 Außenelektronen, hier 8, daher Oxidationszahl –II. Oder: C gibt 4 e^-, die ihm zustehen, an die beiden Sauerstoffatome ab. Daher hat C +IV, jedes O bekommt 2 Elektronen, also –II. Rechnet man alle Oxidationszahlen zusammen, gibt das die Gesamtladung:

$$(+IV) + 2 \times (-II) = 0$$

Das schaut ziemlich kompliziert aus *(ist es wohl auch)*, wenn man das Prinzip aber einmal verstanden hat, wird es sehr einfach. Man kann sich nämlich einiger Tricks bedienen. Da Sauerstoff nach Fluor das elektronegativste Element ist, hat Sauerstoff immer –II. (Ausnahme: Verbindungen mit Fluor oder mit Sauerstoff selbst). Wasserstoff ist elektropositiver als die übrigen Nichtmetalle, daher hat Wasserstoff in den meisten Fällen +I. *Die letzten beiden Regeln sind vor allem in der Organischen Chemie hilfreich, dort stimmt es nämlich fast immer.*

> Sauerstoff hat meist die Oxidationszahl –II, Wasserstoff sehr oft +I.

H_2O: H hat +I,   O hat –II,   Gesamtladung 0

Man muss die Oxidationszahl von Wasserstoff natürlich zweimal rechnen, da ja zwei Atome Wasserstoff im Molekül vorhanden sind.

OH^-: H hat +I,   O hat –II,   Gesamtladung – 1

Die Metalle der Hauptgruppen haben meist eine Oxidationszahl, die der Gruppennummer im Periodensystem entspricht: Na^+, Li^+, Ca^{2+}, Mg^{2+}, Al^{3+} usw.

In komplizierten Salzen trennt man zur Berechnung am besten Anionen und Kationen voneinander:

$FeSO_4$:   getrennt Fe^{2+} + SO_4^{2-}

also hat Fe^{2+} die Oxidationszahl +II

SO_4^{2-}:   O hat –II, gibt 4 x (–II) = –VIII

also muss Schwefel die Oxidationszahl +VI haben, damit die Summe der Oxidationszahlen mit der Ladung übereinstimmt

$Fe_2(SO_4)_3$ zerfällt in 2 Fe^{3+} und 3 SO_4^{2-}. Hier hat Fe^{3+} die Oxidationszahl +III. Daher auch die Namen Eisen(II)sulfat für $FeSO_4$ und Eisen(III)sulfat für $Fe_2(SO_4)_3$.

Es gibt viele Elemente, die in Verbindungen oft in verschiedenen Oxidationszahlen vorkommen. Besonders die Übergangselemente sind Spezialisten für mehrere Oxidationszahlen. Doch auch andere Elemente sind dazu in der Lage.

HCl	H hat +I, also	Cl −I
HOCl	O hat −II, H hat +I, also	Cl +I
$HClO_2$		Cl +III
$HClO_3$		Cl +V
$HClO_4$		Cl +VII

Ungewöhnliche Oxidationszahlen

Wenn man sich mit Oxidationszahlen länger beschäftigt hat, wird man leicht verleitet, z.B. die Regel, dass die Oxidationszahl von Sauerstoff meist −II ist, als „heiliges Dogma" aufzufassen. Wenn es dann einmal nicht passt, sucht man die Schuld überall anderswo. Nehmen wir als einfaches Beispiel Sauerstoffgas:

$$O_2 \quad \text{ist also} \quad O = O$$

Da beide Sauerstoffe die gleiche Elektronegativität besitzen, kann man nicht einen Sauerstoff einseitig bevorzugen und muss daher die Bindungselektronen gleichmäßig aufteilen. Also bekommt jeder Sauerstoff seine eigenen Elektronen und die Oxidationszahl ist null. *Die Regel, dass Elemente die Oxidationszahl Null haben, gilt also IMMER..*

Interessanter ist der Fall von Wasserstoffperoxid H_2O_2. Wenn wir hier blindlings vorgehen (Sauerstoff −II, Wasserstoff +I), erhalten wir eine Summe für Oxidationszahlen von −II, und das ist sicher nicht richtig, da Wasserstoffperoxid ungeladen ist. Was ist da faul?

Die Definition der Oxidationszahl sagt, dass die Bindungselektronen dem elektronegativeren Partner zugeordnet werden müssen. Im Zweifel muss man sich aber immer die STRUKTUR der betreffenden Verbindung ansehen. Diese sieht für Wasserstoffperoxid so aus:

$$H - O - O - H \quad \text{ist daher} \quad H^{\delta+} - O^{\delta-} - O^{\delta-} - H^{\delta+}$$

Wir haben also nur die beiden Bindungen zwischen Wasserstoff und Sauerstoff, in denen wir beide Bindungselektronen jeweils dem Sauerstoff zuordnen können. Die Bindungselektronen zwischen den beiden Sauerstoffen müssen wir (wie im Sauerstoffmolekül) 1 : 1 aufteilen. Also bekommt jeder Sauerstoff nur EIN zusätzliches Elektron und hat daher die Oxidationszahl −I. *Und dann stimmt die Rechnung wieder, weil die Gesamtsumme aller Oxidationszahlen null ergibt.*

$$\overset{+I}{H} - \overset{-I}{O} - \overset{-I}{O} - \overset{+I}{H}$$

Es kann noch schlimmer kommen: Wenn sich in einer komplizierten Verbindung Atome eines Elementes in verschiedener Bindungsumgebung befinden, so haben dann eben die Atome desselben Elementes in einem einzigen Stoff verschiedene Oxidationszahlen *(in der Organischen Chemie passiert das dem Kohlenstoff andauernd).*

Übungen zu Kapitel 8

80. Welche Stoffe werden in den folgenden Reaktionen reduziert, welche werden oxidiert?

$$Br_2 + 2\,I^- \rightleftharpoons 2\,Br^- + I_2$$
$$Pb + S \rightleftharpoons Pb^{2+} + S^{2-}$$
$$I_2 + 2\,S_2O_3^{2-} \rightleftharpoons 2\,I^- + S_4O_6^{2-}$$
$$S + O_2 \rightleftharpoons SO_2$$

81. Welche der Stoffe in den unter 80. angegebenen Reaktionen sind Oxidationsmittel, welche sind Reduktionsmittel ?

82. Trennen Sie die unter 80. angegebenen Reaktionen in die einzelnen Redox-Paare auf.

83. Welche der angegebenen Stoffe sind Oxidationsmittel, welche Reduktionsmittel?

Br_2	Br^-	KBr	K	K^+
O_2	OH^-	H^+	H_2	Cu^+
Cu^{2+}	C	CO	CO_2	

84. Kombinieren Sie je 2 der unten angegebenen Redox-Paare zu einem vollständigen Redox-Prozess. (Sie müssen also insgesamt 3 Redox-Vorgänge erhalten!)

$$Cr^{3+} + 4\,H_2O \rightleftharpoons CrO_4^{2-} + 8\,H^+ + 3\,e^-$$
$$Zn \rightleftharpoons Zn^{2+} + 2\,e^-$$
$$2\,H_2O \rightleftharpoons O_2 + 4\,H^+ + 4\,e^-$$

85. Die angegebenen Redox-Paare sind nicht komplett. Ergänzen Sie die fehlenden e^-.

$$H_2SO_3 \ + \ H_2O \ \rightleftharpoons \ SO_4^{2-} \ + \ 4\,H^+$$

$$I^- \ + \ 6\,OH^- \ \rightleftharpoons \ IO_3^- \ + \ 3\,H_2O$$

$$Cu \ + \ 4\,NH_3 \ \rightleftharpoons \ [Cu(NH_3)]^{2+}$$

86. a.) Bestimmen Sie die Oxidationszahlen in:

MnO_4^- $\qquad$ $Cr_2O_7^{2-}$ $\qquad$ H_2S $\qquad$ H_2SO_4 $\qquad$ H_2SO_3

HNO_3 $\qquad$ HNO_2 $\qquad$ N_2 $\qquad$ NH_3 $\qquad$ Br^-

BrO_3^- $\qquad$ $Ba(OH)_2$ $\qquad$ $AlCl_3$ $\qquad$ KNO_3 $\qquad$ H_3PO_4

    b.) Suchen Sie die angegebenen Elemente im Periodensystem auf. Kann man aus der Stellung im Periodensystem mögliche Oxidationszahlen vorhersagen?

87. Bestimmen Sie die Oxidationszahlen der unter 80. angegebenen Stoffe. Vergleichen Sie Ihre Oxidationszahlen mit den Ergebnissen aus der Übung 81.

88. Bestimmen Sie die Oxidationszahl des Kohlenstoffes in folgenden Verbindungen:

C_6H_6 $\qquad$ CH_4 $\qquad$ C_2H_6 $\qquad$ $OHC{-}CHO$ $\qquad$ CH_3OH

$C_2O_4H_2$ $\qquad$ $HCHO$ $\qquad$ H_2CO_3 $\qquad$ $HCOOH$

89*. Es kann vorkommen, dass mehrere Atome desselben Elementes in einer Verbindung unterschiedliche Oxidationszahlen haben. Berechnen Sie die Oxidationszahlen von Schwefel in Thiosulfat $S_2O_3^{2-}$ und in Tetrathionat $S_4O_6^{2-}$ mit Hilfe der Strukturformeln:

9 ELEKTROCHEMIE

Stellen Sie sich vor, Sie haben eine wässrige Lösung von Kupfersulfat und werfen ein Stück metallisches Zink in diese Lösung. Zink wird sich auflösen, gleichzeitig wird sich aber metallisches Kupfer abscheiden. Wir haben ein Redox-System:

Alles geht elektrisch. Nur die Elektrizität geht mit Öl.

Werner Mitsch (*1957)

$$
\begin{aligned}
Zn &\rightleftharpoons Zn^{2+} + 2\,e^- \\
Cu^{2+} + 2\,e^- &\rightleftharpoons Cu \\
\hline
Zn + Cu^{2+} &\rightleftharpoons Zn^{2+} + Cu
\end{aligned}
$$

Aus Erfahrung wissen wir, dass in den obigen Gleichungen das Gleichgewicht weit rechts liegt. Zn hat eine stärkere Tendenz Elektronen abzugeben (= oxidiert zu werden), Cu^{2+} hat eine stärkere Tendenz Elektronen aufzunehmen (= reduziert zu werden).

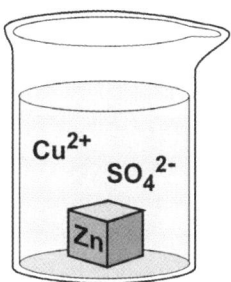

Sie erinnern sich an Kap 1.6? Die Bereitschaft eines Stoffes, Elektronen aufzunehmen, nennt man **Elektronenaffinität**. Die Energie, die erforderlich ist, um einem Atom ein Elektron wegzunehmen, nennt man **Ionisierungsenergie**. Stoffe mit niedriger Ionisierungsenergie und mit niedriger Elektronenaffinität (die im Periodensystem links und unten stehen) werden also Elektronen leichter abgeben, als Stoffe mit hoher Ionisierungsenergie und Elektronenaffinität (diese werden eher Elektronen aufnehmen wollen).

Wenn wir also Zink in Kupfersulfat-Lösung bringen, so fließen Elektronen vom Zink zu den Kupfer-Ionen. Diese Elektronen sind die Hauptakteure in diesem Kapitel.

Einige elektrische Grundbegriffe

Um das Folgende zu verstehen, bedarf es einiger physikalischer Grundlagen. Sie werden diese ja wahrscheinlich ohnehin kennen, wenn aber Ihre Erinnerung an den Physikunterricht in der Schule etwas verschwommen sein sollte, gibt es hier eine kurze Zusammenfassung der wichtigsten Begriffe. Dabei haben wir vor allem Wert auf möglichst große Anschaulichkeit gelegt – auch wenn vielleicht mancher Physiker angesichts der sehr simplifizierten Vergleiche protestieren würde.

Stellen Sie sich vor, sie legen eine **Wasserleitung**, die einen Berg herunter führt. Oben montieren Sie einen großen Trichter

Eine **elektrische Leitung** ist etwas ähnliches wie Ihre Wasserleitung, statt einem Rohr verlegen Sie einen Draht, an Stelle

(zum Einfüllen), unten schließen Sie einen Hahn an, den man nach Belieben auf- und zudrehen kann.

von Wassermolekülen könnten in dem Draht Elektronen fließen.

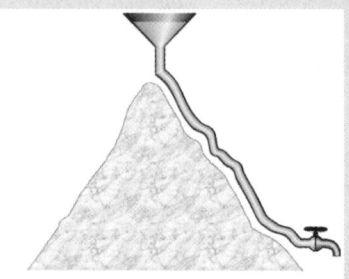

Wir drehen aber den Hahn zunächst noch nicht auf, vorläufig interessiert uns nur der **Druck**, der in dieser Leitung herrscht. Nun weiß natürlich jeder, dass der Druck umso höher sein wird, je höher der Berg ist. Man kann Druck einfach in Bar messen, oder auch in Meter Wassersäule, eine Wassersäule mit einer bestimmten Höhe hat einen bestimmten Druck.

Je höher der Berg ist ... Eigentlich hat es mit der absoluten Höhe des Berges nichts zu tun, eine hundert Meter lange Wasserleitung wird im Himalaya keinen anderen Druck haben, als auf dem Schneeberg. Es kommt also gar nicht auf die Höhe an, sondern nur auf den Unterschied der Höhen zwischen dem einem und dem anderen Ende der Leitung, also auf die **Höhendifferenz**.

Ob die Elektronen aus unserem Draht herausdrängen und dann weiter in die Stehlampe fließen, in deren Schein wir gerade dieses Buch lesen, hängt vom **Potenzial** ab, das die Elektronen am Ende des Drahtes haben. Das Wort Potenzial bedeutet etwa „das Vermögen" oder „die Kraft". *Darin steckt auch das Wort „Potenz" mit all seinen Nebenbedeutungen.*

Das Potential gibt also an, wie kräftig unsere Elektronen fließen wollen. *Achtung, vorläufig wollen sie nur, dürfen aber nicht.* Aber natürlich müssen Elektronen, die an einem Ende des Drahtes heraus wollen, vom anderen Ende her entsprechend ersetzt werden. Und das geht nur, wenn am anderen Ende ein geringeres Potential herrscht. Es kommt also auf die Differenz zweier Potentiale an, so eine **Potentialdifferenz** nennt man **Spannung**

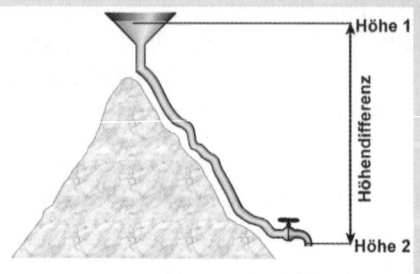

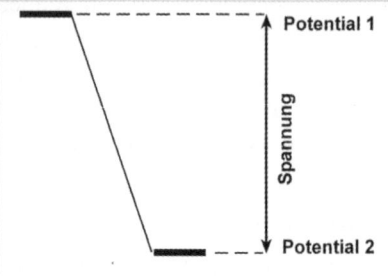

Streng genommen kann man Höhen überhaupt nicht angeben, sondern nur Höhendifferenzen. Wenn wir sagen, das Matterhorn hat eine Höhe von 4478 m, so ist das keine absolute Höhe irgendwo im Weltraum, sondern es bedeutet dass der Gipfel des Matterhorns 4478 m höher liegt als der Meeresspiegel, dem wir willkürlich die **Höhe Null** zugeordnet haben. *Reine Willkür, wir hätten auch den Altar im Petersdom oder die zwölfte Stufe der Cheopspyramide mit Null definieren können, dann wären die Werte für die sogenannten „Höhen" aller unserer Gipfel etwas anders.* Wir geben also auch hier eine Höhendifferenz an (Gipfel minus Meeresniveau), weil eine absolute Höhe nicht bestimmbar ist.

Jetzt drehen wir unten den Hahn auf. Das ausströmende Wasser kann Arbeit leisten, wir können damit ein Mühlrad oder eine Turbine antreiben. Natürlich ist die **Energie** (= Arbeit) umso größer, je höher der Druck ist, mit dem das Wasser aus der Leitung schießt. Aber **mehr Wasser** bedeutet ebenfalls mehr Energie. Die erhaltene Energie ist also das Produkt von Wassermenge und Druck.

$$\text{Menge} \times \text{Druck} = \text{Energie}$$

Man will aber üblicherweise auch wissen, wie viel Energie in einer bestimmten Zeit

Man kann Potenziale nicht einzeln messen, sondern nur die Spannung, also den Unterschied zweier Potenziale. Damit man aber den verschiedenen Potenzialen einen Zahlenwert zuweisen kann, muss man irgendeinem **Potenzial** den Wert **Null** zuordnen. Bei den Steckdosen im normalen Haushalt definiert man als Potenzial Null einfach die Erde, auf der wir stehen *(beziehungsweise das Erdkabel, das ist der gelb/grüne Draht der mit den Schutzkontakten und am anderen Ende mit der Erde verbunden ist).* Wenn wir die Spannung zwischen Leiter und Erde messen, bekommen wir die üblichen 220 Volt Wechselspannung und können dann unserem Leiter das Potential 220 V ~ zuweisen.

Wenn wir an unseren Draht ein elektrisches Gerät anschließen, so fließen die Elektronen und geben **Energie** ab. Diese Energie hängt von der Spannung ab, mit der diese Elektronen aus dem Draht drücken. Aber es gibt natürlich auch umso mehr Energie, je **mehr Elektronen** beteiligt sind. Das Produkt aus beteiligter Ladung und Spannung ist die Energie, die beim Überwechseln der Ladung von einem Potential zum anderen erhalten wird (oder investiert werden muss, um die Ladung auf ein höheres Potential anzuheben).

$$\text{Ladung} \times \text{Spannung} = \text{Energie}$$

Wenn also ein Elektron auf ein um ein Volt niedrigeres Potential fällt, so durchläuft es die Spannung 1 V und die Energie von 1 eV (ein Elektronenvolt, siehe Kap. 1.7) wird frei. *Elementarladung ist die Ladung eines einzelnen Elektrons.*

$$\text{1 Elementarladung} \times \text{1 V} = \text{1 eV}$$

„geleistet" wird. Diese **Leistung** ist Energie pro Zeit, wir dividieren also unsere Wassermenge durch die Zeit und erhalten den **Durchfluss** (also z.B. Liter pro Sekunde), der angibt, wie viel Wasser in der Zeiteinheit durch unsere Leitung „strömt". Multipliziert mit dem Druck gibt das die Leistung.

$$\frac{\text{Energie}}{\text{Zeit}} = \text{Leistung}$$

$$\frac{\text{Menge}}{\text{Zeit}} \times \text{Druck} = \text{Leistung}$$

oder

$$\text{Durchfluss} \times \text{Druck} = \text{Leistung}$$

Wollen wir die Leistung regulieren, die unsere Turbine abgibt, so drehen wir einfach den Wasserhahn weiter **auf** oder **zu**. Damit verändern wir den Durchfluss. Bei klein gedrehtem Hahn kann nur wenig Wasser fließen, weil wir den **Strömungswiderstand** im Hahn so groß gemacht haben, dass sich nicht mehr Wasser durch die enge Bohrung durchquetschen kann (*es sei denn, man erhöht den Druck*).

Um anzugeben, wie groß die **Leistung** unserer fließenden Elektronen ist, dividieren wir die transportierte Ladungsmenge durch die Zeit, multipliziert mit der Spannung gibt das die Leistung.

$$\frac{\text{Ladung}}{\text{Zeit}} \times \text{Spannung} = \text{Leistung}$$

Nun wird aber die in der Zeiteinheit transportierte Ladungsmenge üblicherweise „**Strom**" genannt.

$$\text{Strom} \times \text{Spannung} = \text{Leistung}$$

Da der Strom in **A**mpere, die Spannung in **V**olt und die Leistung in **W**att gemessen wird, ergibt das die bekannte Formel:

$$A \times V = W$$

Die Leistung, die unser Gerät (unsere Stehlampe) entnimmt, hängt davon ab, wie **dick** oder **dünn** die Drähte in der Glühbirne sind. Sind die Drähte entsprechend dünn, ist der **Widerstand** groß, es kann dann nur wenig Strom fließen (es sei denn, man erhöht die Spannung).

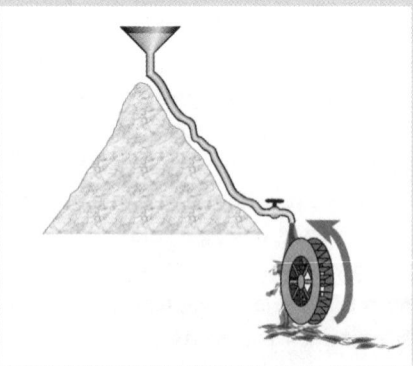

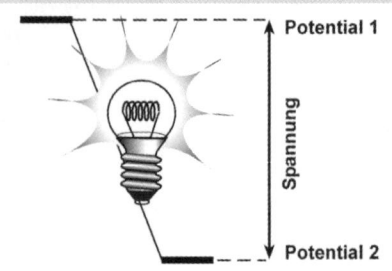

Natürlich wäre unter diesen Bedingungen die Leitung sofort leer, wenn man nicht dafür sorgt, dass oben immer Wasser nachgegossen wird. Man könnte also eine **Pumpe** montieren, die das verschüttete Wasser sammelt und es **gegen das Gefälle** wieder hinauf pumpt. Dann haben wir einen (halbwegs) geschlossenen **Kreislauf**, bei dem immer wieder dasselbe Wasser im Kreis gepumpt wird.

Wir können keine (oder fast keine) Elektronen aus dem Draht fließen lassen, wenn nicht am anderen Ende Elektronen nachgeliefert werden. *Ein Elektronen-"Loch" im Draht ist unmöglich, der Draht bekäme eine starke positive Ladung, die die Abgabe weiterer Elektronen verhindert.* Also müssen wir dafür sorgen, dass die Elektronen **gegen die Spannung** wieder hinauftransportiert werden. Das kann man mit einem **Generator** machen (z.B. einem einfachen Fahrrad-Dynamo), oder mit einer **Batterie**. Nur in so einem so geschlossenen **Stromkreis** ist ein dauernder Stromfluss möglich.

9.1 Halbzellen

Wir wollen jetzt versuchen, die Spannung zu messen, die zwischen dem Potenzial von Kupfer und Zink besteht.

$$\overline{\text{Zn} \ / \ \text{Zn}^{2+}} \quad \xleftarrow{e^-}$$

$$\overline{\text{Cu} \ / \ \text{Cu}^{2+}} \quad \xleftarrow{e^-} \Bigg] \ \text{Spannung}$$

$$\text{Zn} + \text{Cu}^{2+} \ \rightleftharpoons \ \text{Zn}^{2+} + \text{Cu}$$

Dazu muss man die beiden Redox-Paare räumlich trennen. Man muss also das Potenzial der Elektronen aus dem Redox-Paar Zn/Zn^{2+} möglichst vom Potenzial aus dem Redox-Paar Cu/Cu^{2+} isolieren. Wenn man dann die beiden Metalle mit einem Draht über ein Messgerät verbindet, so kann man die Potenzialdifferenz der Elektronen direkt bestimmen.

$$\text{Zn} \ \rightleftharpoons \ \text{Zn}^{2+} + 2\,e^-$$
$$\text{Cu} \ \rightleftharpoons \ \text{Cu}^{2+} + 2\,e^-$$

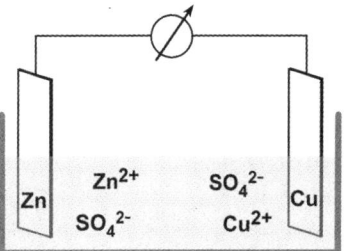

Uns interessieren nur die Potenziale, und die wären am genauesten, wenn kein Strom fließt. Also sollten sich möglichst keine Elektronen durch den Draht bewegen. Um die Spannung zu messen, braucht man allerdings aus praktischen Gründen einen geringen Strom. Es werden also einige Elektronen vom Zn zum Cu übertreten. Damit die Ladungen ausgeglichen werden können, müssen in der Elektrolytlösung Ionen entsprechend wandern. Wir haben also einen geschlossenen Stromkreis: Der Draht leitet Elektronen, die Elektrolytlösung leitet Ionen. Es würde daher nicht funktionieren, wenn man die beiden Metalle in verschiedene Gefäße tauchen würde. Die Elektrolytlösungen müssen unbedingt miteinander (leitend) verbunden sein.

Elektroden:

vermitteln den Übergang von Ionen-Leitern (Kationen und Anionen in Lösung) zu metallischen Leitern (Elektronen).

Die eingetauchten Metallstäbe, die den Elektrolyten mit dem ableitenden Draht verbinden, nennt man **Elektroden**. Was passiert an der Oberfläche einer solchen Elektrode?

Kathode   **Anode**

e^- e^-

$Me \leftarrow Me^+$ $Me \rightarrow Me^+$

Im Metall leiten Elektronen den Strom, in der Lösung leiten Ionen. An der Grenzfläche ändert sich daher die Art der Leitung. Dabei gehen e^- vom Metall auf die gelösten Ionen über oder umgekehrt. Wenn der Stromkreis geschlossen ist, so finden auf den beiden Elektroden verschiedene Reaktionen statt. An der einen Elektrode scheiden sich Metall-Ionen in Form des Metalls ab. Dafür sind Elektronen notwendig, die vom verbindenden Draht kommen und über das Metall der Elektrode an die Lösung (bzw. an die Metall-Ionen darin) abgegeben werden. Diese Elektrode heißt **Kathode**. Die andere Elektrode, die **Anode**, nimmt Elektronen auf und gibt sie an den Verbindungsdraht weiter. Dabei geht Metall in Form von Metall-Ionen in Lösung.

Kathode:

- negativ
- gibt e^- vom Metall an die Lösung ab
- Reduktion

Anode:

- positiv
- nimmt e^- aus der Lösung auf
- Oxidation

Die Kathode gibt e^- an Ionen der Lösung ab, in der Lösung wird daher reduziert wird (Reduktion = Elektronenaufnahme).

Denken Sie an Kathodenstrahlen, das sind ausgesendete Elektronen. Umgekehrt nimmt die Anode Elektronen auf, wodurch Stoffe an der Anode oxidiert werden. *Merken Sie sich den häufig verwendeten Begriff: „Anodische Oxidation".*

Eine Elektrode mit der umgebenden Lösung nennt man **Halbzelle** oder **Halbelement**. *Oft ist man schlampig und verwendet den Begriff Elektrode für die ganze Halbzelle.* Wir haben damit immer die Bestandteile eines einzelnen Redox-Paares vorliegen. So wie jede vollständige Redox-Reaktion aus 2 Redox-Paaren bestehen muss (Kap. 8.1), müssen wir auch immer 2 Elektroden kombinieren, um eine Reaktion zu erhalten.

Halbzelle:

entspricht einem Redox-Paar.

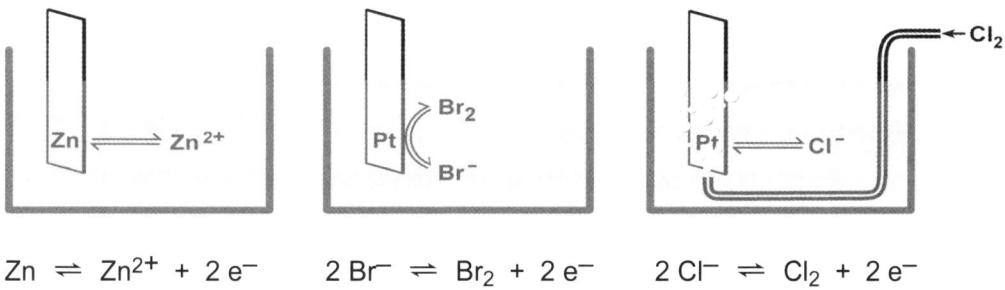

$$Zn \rightleftharpoons Zn^{2+} + 2\,e^- \qquad 2\,Br^- \rightleftharpoons Br_2 + 2\,e^- \qquad 2\,Cl^- \rightleftharpoons Cl_2 + 2\,e^-$$

Es gibt verschiedene mögliche Halbzellen (siehe obige Abbildung). Die Kombination Metall / Metall-Ion haben wir schon kennen gelernt. Es kann aber auch vorkommen, dass sowohl die oxidierte als auch die reduzierte Form des entsprechenden Redox-Paares in der Lösung bleibt. Dann reagiert das Metall der Elektrode nicht, sondern dient nur der Ableitung der gebildeten Elektronen. *Schlauerweise nimmt man dafür ein möglichst edles Metall, das nicht selbst reagiert und dadurch alles noch komplizierter macht, meistens verwendet man Platin.* Schließlich kann ein Reaktionspartner auch ein Gas sein, das die Elektrode umspült und mit einem gelösten Stoff im Gleichgewicht steht.

Man kann also für jedes Redox-Paar eine geeignete Halbzelle finden. Mit einer Halbzelle allein fängt man aber nichts an. Man muss immer zwei Halbzellen miteinander verbinden, um eine Spannung zu erhalten. So eine Kombination zweier Halbzellen nennt man eine **elektrochemische Zelle** oder auch **galvanisches Element**. *Wenn man statt dem Messgerät z.B. eine Glühlampe in den Stromkreis bringt, so leuchtet diese auf. Jede Auto- oder Taschenlampenbatterie besteht aus solchen galvanischen Elementen.*

Zwei miteinander verbundene Halbzellen geben ein galvanisches Element, das entspricht einer kompletten Redox-Reaktion.

9.2   Normalpotenziale

Jede Oxidation oder Reduktion in der Lösung entspricht einem bestimmten Potenzial der Elektronen.

Jede Halbzelle hat ein bestimmtes Potenzial, besser: die Elektronen jeder Halbzelle haben ein bestimmtes Potenzial. Dieses ist abhängig von:

1.   der Art des in der Halbzelle befindlichen Redox-Paares, deshalb heißt es auch **Redox-Potenzial**

2.   der Konzentration der an der Reaktion beteiligten Stoffe.

Wir werden also unser liebes, altbekanntes Massenwirkungsgesetz wiedersehen!

Normalpotenzial
(= Standardpotenzial):

das Potenzial unter Standardbedingungen

Man will natürlich gerne verschiedene Redox-Paare miteinander vergleichen, ohne dabei auf die einzelnen Konzentrationen Rücksicht nehmen zu müssen. Daher hat man sich geeinigt, für alle gelösten Stoffe eine Bezugskonzentration von $1 \ mol/l$ zu wählen. Feststoffe wie Metalle beeinflussen das Potenzial nicht. Man kann ihnen wie beim Löslichkeitsprodukt rein rechnerisch immer die Konzentration 1 zuweisen, Gase sollen dagegen einen Druck von $1 \ bar$ haben. Das Potential einer solchen Halbzelle wird **Normalpotenzial** (E_0) genannt. Für jedes Redox-Paar gibt es ein charakteristisches Normalpotenzial.

Standardbedingungen:

25°C, Reaktionspartner: Konzentration 1 mol / l oder Druck 1 bar oder 1

Wir können uns zum besseren Verständnis überlegen, wie die drei Beispiele für Halbzellen aus Kapitel 9.1 dimensioniert sein müssen, um die Normalpotenziale zu messen. Im ersten Beispiel taucht ein Zinkstab beliebiger Größe in eine Lösung, die $1 \ mol/l \ Zn^{2+}$-Ionen enthält. Die nächste Zelle wäre ein Platinstab beliebiger Größe (so weit das Geld eben reicht), der in eine Lösung mit $1 \ mol/l \ Br_2$ und mit $1 \ mol/l \ Br^-$ eintaucht. Drittens brauchen wir einen Platinstab in einer Lösung von $1 \ mol/l \ Cl^-$, welcher außerdem noch von Cl_2-Gas mit $1 \ bar$ Druck umspült wird.

Wenn wir aber jetzt Redox-Potenziale messen und vergleichen können, so bedeutet das, dass wir damit die Stärke von verschiedenen Oxidationsmitteln quantifizieren können. In einer ganz allgemein formulierten Reaktion

$$X \quad \underset{\text{Reduktion}}{\overset{\text{Oxidation}}{\rightleftharpoons}} \quad X^+ + e^-$$

ist das Gleichgewicht umso weiter auf der RECHTEN Seite (wo sich die oxidierte Form und die Elektronen befinden), je NEGATIVER das Normalpotenzial ist. *Als Gedächtnisstütze: Ist das Normalpotenzial negativ, so liegt das Gleichgewicht auf der Seite, wo sich die ebenfalls negativen Elektronen befinden.* Wenn also dieses Normalpotenzial stark negativ wäre, so wäre X ein starkes Reduktionsmittel (es wird selbst leicht oxidiert) und X^+ ein schwaches Oxidationsmittel (es wird selbst schwer reduziert). Ist das Normalpotenzial stark positiv, so ist X ein schwaches Reduktionsmittel, aber X^+ ein starkes Oxidationsmittel.

Je negativer das Normalpotenzial ist, desto mehr dominiert die Oxidation (desto weniger die Reduktion).

Bevor wir aber alle möglichen Normalpotenziale vergleichen können, müssen wir zuvor noch ein Problem lösen. Wie wir wissen, können wir nicht Potenziale messen, sondern nur Potenzialdifferenzen (= Spannungen). Wir fangen ja auch mit einer Halbzelle allein nichts an, wir können nur die Spannung zwischen zwei Halbzellen messen. Man muss also irgendeiner Halbzelle ein willkürliches Potenzial zuordnen, dann können wir alle anderen Potenziale relativ dazu bestimmen.

Eine Halbzelle hat ein Potenzial.

Verbindet man zwei Halbzellen, erhält man die Differenz der beiden Potenziale (= Spannung).

Denken Sie an unser Beispiel von vorhin. Auch die Höhe des Matterhorns ist kein absolutes Maß. Man hat einfach einer bestimmten Höhe den Wert null zugeteilt – nämlich der Meeresoberfläche – und konnte relativ dazu alle anderen Höhen festlegen.

Da in der Chemie die Wasserstoff-Ionen eine so wichtige Rolle spielen, hat man sich folgendes Redox-Paar ausgesucht:

$$H_2 \;\rightleftharpoons\; 2\,H^+ + 2\,e^-$$

In einer Lösung, die 1 mol/l H^+ enthält, perlt Wasserstoffgas mit einem Druck von 1 bar über eine Platinelektrode. Diese Elektrode hat den Namen **Standard-Wasserstoffelektrode** (auch Normalwasserstoffelektrode). Ihr Normalpotenzial ist **null**. *Es wurde völlig willkürlich mit 0 festgesetzt, entspricht also unserem „Meeresspiegel".*

Das Normalpotenzial des Redoxpaares H_2 / H^+ ist NULL.

Standard-Wasserstoff-elektrode

Will man nun z.B. das Normalpotenzial von Zn / Zn^{2+} bestimmen, so braucht man die in der nachfolgenden Abbildung dargestellte Messanordnung:

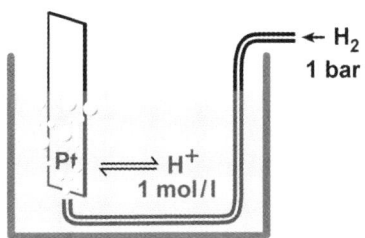

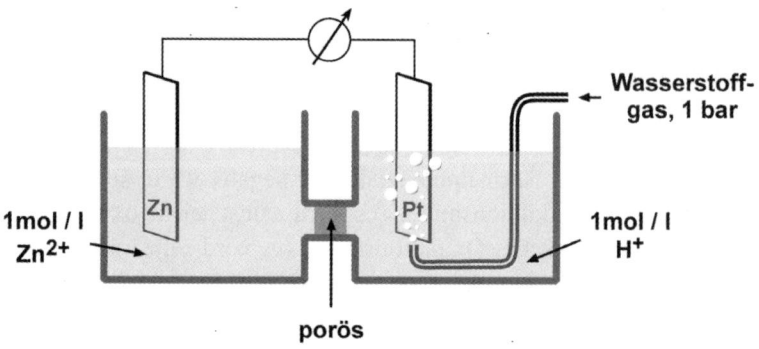

Man wird dann als Differenz der beiden Potenziale eine Spannung von -0.76 V messen.

$$\Delta E_0 = E_{0,\text{Zinkhalbzelle}} - E_{0,\text{Normalwasserstoffelektrode}}$$

$$= -0.76 \text{ V} - 0.00 \text{ V}$$

$$= -0.76 \text{ V}$$

Also ist das Normalpotenzial des Systems

$$Zn \rightleftharpoons Zn^{2+} + 2\,e^- \qquad E_0 = -0.76 \text{ V}$$

Andere Systeme haben entsprechend andere Normalpotenziale:

$$Cu \rightleftharpoons Cu^{2+} + 2\,e^- \qquad E_0 = +0.35 \text{ V}$$

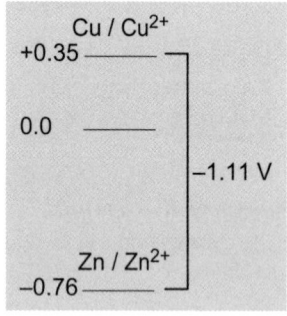

Während Zink also geneigt ist, Elektronen abzugeben und als Zn^{2+} in Lösung zu gehen, würde Cu lieber metallisches Kupfer bleiben, bzw. sich als solches aus einer Cu^{2+}-Lösung abscheiden. *Faustregel: Ist das Normalpotenzial negativ, dann dominiert die Seite der Gleichung, wo die Elektronen sind!* Wo das Gleichgewicht tatsächlich liegt, hängt aber immer von BEIDEN Redox-Paaren ab. Würden wir die beiden Halbzellen Cu / Cu^{2+} und Zn / Zn^{2+} miteinander verbinden, so könnten sich die Bestrebungen der beiden Redox-Paare gegenseitig ergänzen. Die gemessene Spannung wäre dann (vorausgesetzt, dass alle Konzentrationen 1 mol / l sind) -1.11 V. *Oder auch + 1.11 V, je nachdem, welche Halbzelle links und welche Halbzelle rechts steht, also wie wir unser Messgerät anschließen.*

Man kann die Normalpotenziale nach ihrer Größe ordnen und erhält so die elektrochemische **Spannungsreihe:**

Reduktionsmittel		Oxidationsmittel	E_0
K	$\rightleftharpoons$	$K^+ + e^-$	$-2.92\,V$
Na	$\rightleftharpoons$	$Na^+ + e^-$	$-2.71\,V$
Mg	$\rightleftharpoons$	$Mg^{2+} + 2\,e^-$	$-2.37\,V$
Al	$\rightleftharpoons$	$Al^{3+} + 3\,e^-$	$-1.66\,V$
Zn	$\rightleftharpoons$	$Zn^{2+} + 2\,e^-$	$-0.76\,V$
Fe	$\rightleftharpoons$	$Fe^{2+} + 2\,e^-$	$-0.44\,V$
Pb	$\rightleftharpoons$	$Pb^{2+} + 2\,e^-$	$-0.13\,V$
H_2	$\rightleftharpoons$	$2\,H^+ + 2\,e^-$	$0.00\,V$
Cu	$\rightleftharpoons$	$Cu^{2+} + 2\,e^-$	$+0.35\,V$
Ag	$\rightleftharpoons$	$Ag^+ + e^-$	$+0.81\,V$
Au	$\rightleftharpoons$	$Au^{3+} + 3\,e^-$	$+1.38\,V$

Die Differenzen der Potenziale verschiedener Reaktionen gegenüber der Redox-Reaktion zwischen H^+ und H_2 (dient als Nullpunkt) werden in der elektrochemischen Spannungsreihe angeordnet.

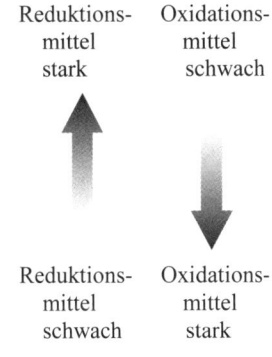

Reduktions-mittel stark	Oxidations-mittel schwach
Reduktions-mittel schwach	Oxidations-mittel stark

Beachten Sie, dass die Reduktionsmittel links, die Oxidationsmittel rechts stehen, wenn man die Spannungsreihe in dieser Form aufschreibt. Oben stehen starke Reduktions- und schwache Oxidationsmittel, nach unten hin werden die Reduktionsmittel immer schwächer, die Oxidationsmittel immer stärker.

Alle Metalle mit einem negativen Normalpotenzial können durch H^+-Ionen oxidiert werden. H^+-Ionen kommen in Säuren vor. Also lösen sich diese Metalle in Säuren auf.

$$Fe \rightleftharpoons Fe^{2+} + 2\,e^-$$
$$2\,H^+ + 2\,e^- \rightleftharpoons H_2$$
$$\overline{2\,H^+ + Fe \rightleftharpoons Fe^{2+} + H_2}$$

Damit sind Aussagen über die Lage des chemischen Gleichgewichtes bei der Kombination beliebiger Redox-Paare möglich.

Da Eisen ein negatives Normalpotential hat, ist die Seite, auf der die Fe^{2+}Ionen stehen, bevorzugt. In Kombination mit dem

Redoxpaar H_2 / H^+ werden also aus metallischem Eisen Fe^{2+}-Ionen entstehen, und dafür werden die H^+-Ionen zu H_2-Gas. Metalle mit positivem Normalpotential wollen dagegen Metalle bleiben, das System H_2 / H^+ ist nicht stark genug, die Gesamtreaktion auf die andere Seite zu treiben. Diese Metalle lösen sich daher nicht in Säuren, es sind die sogenannten **Edelmetalle**. Anders wäre es, wenn diese Metalle mit einem stärkeren Oxidationsmittel behandelt werden. So wird sich Kupfer (Cu / Cu^{2+} mit $E_0 = + 0.35$) lösen, wenn es mit einem Oxidationsmittel in Berührung kommt, dessen E_0 größer (= positiver) ist, als $+ 0.35$. Gegen Halogene wie Cl_2 oder J_2 ist Kupfer daher nicht beständig.

Man kann natürlich auch ohne weiteres Nichtmetalle in die Spannungsreihe einbeziehen.

Reduktionsmittel		Oxidationsmittel	E_0
$2 J^-$	$\rightleftharpoons$	$J_2 \ + \ 2 \, e^-$	$+0.54$ V
$2 Br^-$	$\rightleftharpoons$	$Br_2 \ + \ 2 \, e^-$	$+1.07$ V
$2 Cl^-$	$\rightleftharpoons$	$Cl_2 \ + \ 2 \, e^-$	$+1.36$ V
$2 F^-$	$\rightleftharpoons$	$F_2 \ + \ 2 \, e^-$	$+2.85$ V

Alle Halogene hätten also das Bestreben Elektronen aufzunehmen, wollen sich also zu Ionen umwandeln. Die linke Gleichungsseite dominiert. Fluor und Chlor sind dabei stärker als Brom, Jod ist am schwächsten. Wenn wir 2 dieser Halbzellen kombinieren, setzt sich natürlich der Stärkere durch. Also würden Br^--Ionen durch Cl_2 zu Br_2 oxidiert werden, J^--Ionen würden durch Br_2 zu J_2 oxidiert werden. *Schreibt man die Reaktionen so wie unten an, liegt das Gleichgewicht also jeweils weit rechts.*

$2 Br^- + Cl_2$	$\rightleftharpoons$	$Br_2 + 2 Cl^-$	Spannung 0.29 V
$2 J^- + Br_2$	$\rightleftharpoons$	$J_2 + 2 Br^-$	Spannung 0.53 V

9.3   Konzentrationsabhängigkeit von Potenzialen

$$Zn \;\rightleftharpoons\; Zn^{2+} + 2\,e^- \qquad E_0 = -0.76\ V$$

Was passiert aber, wenn in dieser Halbzelle Zn^{2+} nicht in der Konzentration $1\ mol\,/\,l$ vorliegt? Wie ändert sich das Potenzial der Halbzelle mit der Konzentration (oder mit dem Druck eines beteiligten Gases)? Dafür gibt es eine Formel, die **Nernstsche Gleichung**.

Im logarithmischen Gleichungsteil erkennen wir wieder einmal unser Massenwirkungsgesetz, und genau so sind dort die Konzentrationen einzusetzen. Bei gelösten Stoffen wird die Konzentration in $mol\,/\,l$ eingesetzt, bei Gasen der Druck in bar. Feste Stoffe (Metalle) haben immer den Wert 1 unabhängig von der Menge, solange nur überhaupt etwas von dem Stoff vorhanden ist. Auch Lösungsmittel wie Wasser, die in großem und konstantem Überschuss vorhanden sind, werden $[H_2O] = 1$ gesetzt (es ist bequemer so!). *Vergleichen Sie mit dem Ende von Kapitel 5.6.1. Da haben wir eine Formel für ΔG erhalten, die man braucht, wenn nicht alle Reaktionspartner in Standardkonzentrationen vorliegen:*

Nernstsche Gleichung

$$E = E_0 + \frac{0.060}{z}\ \log\frac{[Ox]}{[Red]}$$

E = Potenzial bei gegebener Konzentration

E_0 = Normalpotenzial

z = Anzahl der umgesetzten Elektronen

$[Ox]$ = Konzentration der oxidierten Form in $mol\,/\,l$

$[Red]$ = Konzentration der reduzierten Form in $mol\,/\,l$

$$\Delta G \;=\; \Delta G_0 + R\,T\,\ln\frac{[C]\times[D]}{[A]\times[B]}$$

Die Nernstsche Gleichung sieht ganz ähnlich aus. Klar, sie ist nämlich auch aus der ΔG-Gleichung ableitbar. Im wesentlichen sagen beide Gleichungen aus, dass bei veränderten Konzentrationen sich die Standardwerte um den Logarithmus der Konzentrationen (mal einer Konstante) ändern.

Wenn wir daher in die Nernstsche Gleichung einsetzen, so müssen wir aus der Reaktionsgleichung die Zahl der umgesetzten Elektronen ablesen (gibt unser z), und weiter die Stoffe der reduzierten Seite unterhalb, die der oxidierten Seite oberhalb des Bruchstriches so einsetzen, wie wir es vom Massenwirkungsgesetz gewohnt sind.

Das Potential ist nicht nur von der Art der Reaktion, sondern auch von der Konzentration der beteiligten Ionen abhängig.

Die Nernstsche Gleichung berechnet die Abweichung vom Normalpotenzial, wenn die Konzentrationen nicht den Standardbedingungen entsprechen.

$$2\,Cl^- \;\rightleftharpoons\; Cl_2 + 2\,e^- \qquad E = E_0 + \frac{0.060}{2}\,\log\frac{[Cl_2]}{[Cl^-]^2}$$

$$NO + 2\,H_2O \;\rightleftharpoons\; NO_3^- + 4\,H^+ + 3\,e^- \qquad E = E_0 + \frac{0.060}{3}\,\log\frac{[NO_3^-][H^+]^4}{[NO]}$$

$$Mn^{2+} + 4\,H_2O \;\rightleftharpoons\; MnO_4^- + 8\,H^+ + 5\,e^- \qquad E = E_0 + \frac{0.060}{5}\,\log\frac{[MnO_4^-][H^+]^8}{[Mn^{2+}]}$$

Geraten Sie nicht in Panik! Nur Spezialisten brauchen so etwas wirklich. Sie sollten aber wenigstens eine Vorstellung bekommen, wie man so etwas macht. Merken Sie sich vor allem, dass sich das Potenzial mit dem Logarithmus der Konzentration ändert und dass Reaktionspartner, die mehrfach in der Reaktionsgleichung auftreten (also z.B. 2 H$^+$, 4 Cl$^-$), mit der entsprechenden Potenz das Potenzial beeinflussen. Und die Seite der Gleichung, wo die Elektronen sind, steht über dem Bruchstrich.

$[Zn^{2+}]$ = 0.5 mol / l
$[Zn]$ = 1

$$E = E_0 + \frac{0.060}{z}\,\log\frac{[Ox]}{[Red]}$$

$$E = -0.76 + \frac{0.060}{2}\,\log\frac{0.5}{1}$$

$$E = -0.76 + \frac{0.060}{2}\,\times(-0.3)$$

$$E = -0.76 + (-0.009)$$

$$E = -0.769\ V$$

Wie groß ist nun das Potenzial, wenn in unserer Zn / Zn^{2+} – Halbzelle die Konzentration von Zn^{2+} nur 0.5 mol / l ist? Wir müssen die Konzentration von Zn^{2+} in die Gleichung als oxidierte Form eintragen. Die reduzierte Form ist Zn, welches als Feststoff die Konzentration 1 erhält. Die Zahl der Elektronen n ist natürlich 2. Wir erhalten als Ergebnis −0.769 V, das Potenzial hat sich also (E_0 = −0.76 V) nur sehr wenig verändert. Wäre die Zn^{2+}-Konzentration 0.1 mol / l gewesen, so hätten wir E = −0.79 V erhalten (rechnen Sie nach). Wir sehen dabei, dass sich das Potential um (0.060 / z) V ändert, wenn die Konzentration eines Reaktionspartners um den Faktor 10 steigt oder sinkt. Die Abhängigkeit der Spannung von der Konzentration ist also relativ gering.

9.4 Konzentrationsketten am Beispiel der Wasserstoffelektrode

Nur selten will man das Potenzial einer Halbzelle im Voraus berechnen. Viel häufiger wird man ihr Potenzial messen, um daraus die Konzentration der beteiligten Stoffe zu ermitteln. Aus den im vorigen Abschnitt gezeigten Beispielen sehen Sie, dass das Potenzial E abhängig von der Wasserstoffionen-Konzentration $[H^+]$ ist, vorausgesetzt, dass in der Gleichung des Redox-Paares auch H^+ vorkommt. Sie können also durchaus ein Redox-Paar wie

$$NO + 2\,H_2O \;\rightleftharpoons\; NO_3^- + 4\,H^+ + 3\,e^-$$

zur Bestimmung von H^+ (und damit zur pH-Bestimmung) verwenden. Allerdings müssten Sie bei Ihrer Messung alle anderen Reaktionspartner konstant halten. Da das bei einer einfachen Gleichung leichter ist, nehmen wir am besten folgendes Redox-Paar:

$$H_2 \;\rightleftharpoons\; 2\,H^+ + 2\,e^-$$

$$E = E_0 + \frac{0.060}{2}\,\log\frac{[H^+]^2}{[H_2]}$$

Nach dieser Reaktion funktioniert die Normalwasserstoffelektrode. Wir nehmen also eine gleichartige Elektrode (sie ist darum keine „Normalelektrode", weil die H^+-Konzentration nicht 1 mol / l ist, sondern unbekannt) und als zweite Elektrode unsere Standard-Wasserstoffelektrode. Das Ganze sieht dann so aus:

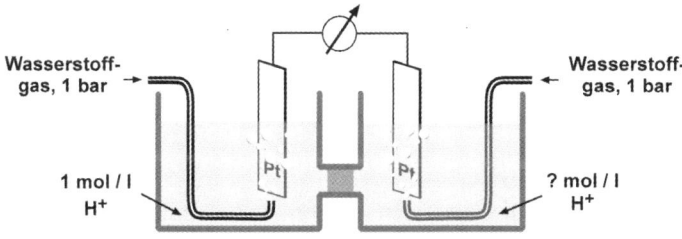

Wasserstoff-
gas, 1 bar

Wasserstoff-
gas, 1 bar

1 mol / l
H^+

? mol / l
H^+

Konzentrationskette

Die beiden Elektroden unterscheiden sich voneinander offensichtlich nur durch die $[H^+]$ in der Lösung. Man kann auf die gleiche Weise auch andere Elektroden (*eigentlich sollte man „andere Halbzellen" sagen, aber wie erwähnt wird im schlampigen Sprachgebrauch das Wort Elektrode oft für Halbzelle benützt*) mit anderen zu messenden Stoffen nehmen, z.B. 2 Kupferelektroden mit unterschiedlicher $[Cu^{2+}]$ in der Lösung. Eine solche Anordnung nennt man allgemein eine **Konzentrationskette**. Das sind also 2 zusammengekoppelte Elektroden (= Kette), welche sich nur in der Konzentration eines Reaktionspartners unterscheiden. Aus der bekannten Konzentration in

Da sich die Spannung mit der Konzentration der Reaktionspartner ändert, kann man diese Spannungsänderung zur Bestimmung der Konzentration verwenden.

Konzentrationsketten sind zwei gekoppelte Halbzellen, die sich nur in der Konzentration eines Reaktionspartners unterscheiden.

einer Halbzelle und der Potenzialdifferenz kann die Konzentration in der anderen Halbzelle berechnet werden. Diese Methode heißt **Potenziometrie**.

Wir wollen das für unsere beiden Wasserstoffelektroden versuchen. Die am Messgerät angezeigte Potenzialdifferenz (= Spannung) E ergibt sich aus der Differenz der beiden Potenziale ($E = E_1 - E_2$).

$$E_1 = E_0 + \frac{0.060}{2} \log \frac{[H^+]^2}{[H_2]}$$

$$E_2 = 0$$

E_1 ist das Potenzial der **Messelektrode**.

E_2 ist das Potenzial der **Vergleichselektrode** (= Standard-Wasserstoffelektrode), und das ist definitionsgemäß 0.

Daher ist:

$$E = \underbrace{E_1} - \underbrace{E_2}$$

$$E = E_0 + \frac{0.060}{2} \log \frac{[H^+]^2}{[H_2]} - 0$$

$$E = 0 + \frac{0.060}{2} \log \frac{[H^+]^2}{1}$$

E_0 ist das Normalpotenzial des Redox-Paares (immer noch gleich 0), H_2 unter einem Druck von 1 bar ist 1. Daher wird die Gleichung sehr einfach.

$$E = \frac{0.060}{2} \log [H^+]^2$$

$$E = \frac{0.060}{2} 2 \times \log [H^+]$$

Da $\log a^2$ so viel ist wie $2 \log a$, wird $\log [H^+]^2$ zu $2 \log [H^+]$, und den Zweier kann man gegen den Nenner kürzen:

Noch schnell ein Kunstgriff: Wenn wir zweimal mit Minus multiplizieren (minus mal minus ist plus), ändert sich insgesamt nichts. Das eine Minus ist vorne, das andere im Inneren der Klammer. Nun steht im Inneren der Klammer aber $- \log [H^+]$, und das ist bekanntlich der pH-Wert. Wir erhalten als Ergebnis die wichtige Beziehung:

$$E = - 0.060 \times \underbrace{(- \log [H^+])}_{pH}$$

$$\boxed{E = - 0.060 \times pH}$$

$$E = - 0.060 \times pH$$

Also gibt pH = 0 eine Spannung von 0 V, pH = 1 gibt $- 0.060$ V, pH = 2 gibt $- 0.120$ V usw., immer eine Spannungsänderung von 0.060 V für jede pH-Einheit (= für jede Änderung von $[H^+]$ um das Zehnfache).

Mit einem empfindlichen Messgerät kann man das sehr genau messen. Aus Bequemlichkeit wird man die Skala gar nicht mehr in Volt beschriften, sondern gleich in pH-Einheiten. So erhält man ein Gerät, das **pH-Meter** genannt wird, an dem man den pH-Wert einer wässrigen Lösung direkt ablesen kann.

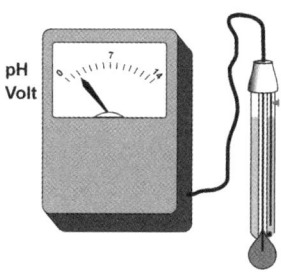

Trotzdem ist das beschriebene System immer noch sehr umständlich. Man braucht relativ komplizierte Elektroden, man braucht Druckflaschen mit Wasserstoffgas, das beständig durch die Lösung perlt, dabei womöglich entweicht und mit dem Sauerstoff in der Luft Knallgas bildet ... Man verwendet daher in der Praxis eine ganz andere Art von Elektrode, die zwar (von der Theorie her) viel komplizierter, aber im täglichen Gebrauch viel einfacher anzuwenden ist.

9.5   Ionenselektive Elektroden

Stellen Sie sich vor, Sie haben 2 Lösungen mit verschiedener Konzentration von H^+, z.B. 2 verschieden konzentrierte HCl-Lösungen, welche durch eine dünne Glasmembran voneinander getrennt sind.

Eine Glasmembran ist für H^+-Ionen (und nur für diese!) durchlässig. Die H^+-Ionen können also (scheinbar) durch die Membran in die andere Lösung hinüberwandern. *Wieso Protonen im Glas beweglich sind, ist in Wirklichkeit äußerst kompliziert. Wir begnügen uns, einfach anzunehmen, dass die Protonen durch das Glas wandern können, weil sie eben besonders klein sind.*

Ionenselektive Elektroden:

werden verwendet, um die Konzentration eines bestimmten Ions zu messen (z.B. H^+-Ionen bei der Glaselektrode).

Da nun links viel mehr H^+-Ionen sind als rechts, wollen auch viel mehr H^+-Ionen von links nach rechts wandern als von rechts nach links. Sie würden das so lange tun, bis die H^+-Konzentration auf beiden Seiten gleich groß ist. *Das ist einfach eine Folge der Entropie.*

ABER: Die Gegen-Ionen (hier Cl^-) können nicht mitwandern. Wenn also H^+-Ionen von links nach rechts wandern, so bekommen wir bald in der rechten Lösung einen Überschuss an positiven Ladungen, und das kann natürlich nicht ewig weitergehen. Ein paar Ionen, die gewandert sind, genügen bereits, um jede weitere Wanderung zu verhindern, da die nachfolgenden H^+-Ionen vom (geringen) positiven Ladungsüberschuss auf der anderen Seite abgestoßen werden.

Wir erreichen also ein Gleichgewicht, bei dem die H^+-Ionen in ihrem Bestreben, sich gleichmäßig zu verteilen, gehindert werden. Natürlich werden sie umso stärker auf die andere Seite drängen, je größer der Konzentrationsunterschied ist, umso größer wird daher auch der sich aufbauende Ladungsunterschied sein. Natürlich würden die versammelten Ladungen liebend gerne ihren Bereich verlassen (und so Platz für weitere, nachfolgende H^+-Ionen schaffen). Ladungen aber, die von ihrem Ort wegwollen, verursachen ein Potenzial. *Denken Sie an die Bedeutung des Wortes Potenzial: „das Vermögen, die Kraft". Man kann das mit Kugeln vergleichen, die einen Berg hinunterrollen wollen, oder eben mit dem Wasser in der Leitung, das nur darauf wartet, herausspritzen zu können, sobald der Wasserhahn geöffnet wird.*

Donnan-Potenziale:

bilden sich aus, wenn eine Membran für verschiedene Ionen verschieden durchlässig ist.

Ein Potenzial, das entsteht, wenn eine Membran für eine Ionenart durchlässig ist und für andere Ionen nicht, nennt man **Donnan-Potenzial** und ein derartiges Gleichgewicht wird auch Donnan-Gleichgewicht genannt. *Diese Ausdrücke werden Ihnen auch in der Physiologie begegnen, die Reizleitung in Nerven und Muskeln erfolgt mit Hilfe solcher Potenziale.*

Wir erhalten also ein Potenzial, das abhängig von der Differenz der H^+-Ionenkonzentration der beiden Lösungen ist. Diese Abhängigkeit funktioniert genau wie bei den vorhin beschriebenen Wasserstoffelektroden nach der Formel:

$$E = -0.060 \times pH$$

Ich muss also nur das Potenzial mit einem Draht ableiten und die so erhaltene Elektrode mit einer zweiten Elektrode (gleichgültig welche, sie muss nur ein konstantes Potenzial geben) kombinieren, dann kann ich den pH messen. Das sieht schematisch so aus:

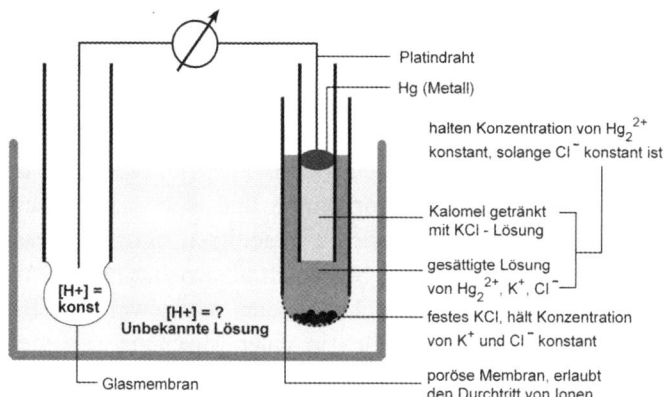

Glaselektrode (links)

Kalomelelektrode (rechts)

Meine Glasmembran ist mit einer Lösung konstanter $[H^+]$ gefüllt und taucht in die zu messende Lösung ein. Lösung plus Glasmembran plus innere Lösung stellt also die Messelektrode dar, die sogenannte **Glaselektrode**.

Die Vergleichselektrode muss nichts tun als ein konstantes Potenzial liefern. Nimmt man z.B. die Reaktion

$$2\ Hg_{(Metall)} \rightleftharpoons Hg_2^{2+} + 2\ e^-$$

so muss man nur dafür sorgen, dass die Konzentration von Hg_2^{2+} konstant bleibt. Metallisches Quecksilber als fester Stoff ist automatisch konstant. Da Hg_2Cl_2 *(hat den Namen „Kalomel", deshalb heißt diese Elektrode „Kalomel-Elektrode")* schwer löslich ist, kann ich das Löslichkeitsprodukt dafür ausnützen, indem ich sorge, dass immer ein Bodenkörper von Hg_2Cl_2 mit den Hg_2^{2+}-Ionen im Gleichgewicht steht.

Mit solchen Elektroden wurden viele Jahre lang pH-Werte gemessen. Eine moderne Messkette sieht äußerlich etwas anders aus. Es werden beide Halbzellen konstruktiv vereinigt (eine so genannte „Einstab-Messkette"). Ein doppeltes Rohr: innen ist die Glaselektrode, außen herum die Vergleichselektrode angeordnet, nur ganz unten schaut die Glaselektrode aus der Umhüllung heraus, das ist der Teil, der die Diffusion der H^+-Ionen erlaubt. Das sieht dann aus, als ob nur eine Elektrode vorhanden wäre. Man merkt aber, dass es 2 sein müssen, weil das wegführende Kabel zweipolig ist. In der rechts skizzierten Einstab-Messkette wird statt der Kalomel-Elektrode eine Silber-/Silberchloridelektrode verwendet:

$$Ag_{(Metall)} \rightleftharpoons Ag^+ + e^-$$

Glaselektrode:

zeigt ein Potenzial, das von der Konzentration der H^+-Ionen abhängig ist.

Vergleichselektrode:

muss ein (beliebiges) konstantes Potenzial liefern.

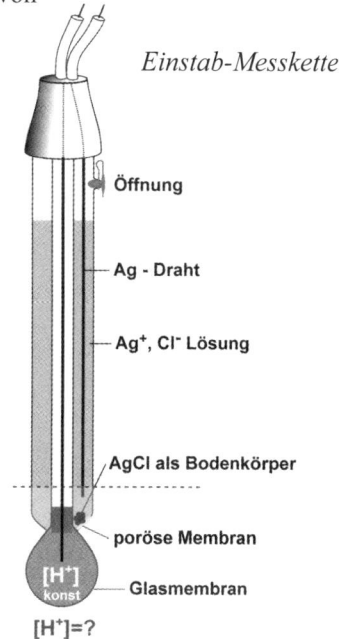

Einstab-Messkette

— Öffnung

— Ag - Draht

— Ag^+, Cl^- Lösung

— AgCl als Bodenkörper

— poröse Membran

— Glasmembran

$[H^+]$=?

Die Glaselektrode ist eine Elektrode, die speziell für die Messung von H^+-Ionen konstruiert wurde. Man kann natürlich auch andere Elektroden bauen, deren Potenzial von einem einzigen Ion abhängig ist. Dafür ist ein Redox-Paar notwendig, in dem das zu bestimmende Ion vorkommt, und eine dazu passende Halbzelle, in der alle anderen beteiligten Stoffe konstant gehalten werden können. Solche Halbelemente nennt man **Ionenselektive Elektroden**. Damit kann man jeweils die Konzentration eines einzigen Ions in einer Mischung von vielen Stoffen selektiv und sehr bequem ermitteln.

9.6 Weitere Anwendungen der Elektrochemie

Elektrische Batterien bestehen aus galvanischen Elementen.

Galvanische Elemente finden weit verbreitet Anwendung in Form von sogenannten **Batterien** für alle Arten von elektrischen Geräten – von der Taschenlampe bis zum Herzschrittmacher. *Warum heißen die Dinger dann eigentlich Batterien? Meist braucht man mehrere galvanische Elemente und hat daher so eine Kombination als Batterie bezeichnet – in Anlehnung an die Sprache der Militärs, die mehrere beisammenstehende Geschütze eine Batterie nennt. Da jedes Element nur eine bestimmte Spannung liefert (in Abhängigkeit der beiden Potenziale), muss man für höhere Spannungen mehrere Elemente in Serie schalten – also immer die Kathode des ersten mit der Anode des zweiten Elementes verbinden usw. Dann addieren sich die Spannungen. So liefert jedes Element der üblichsten Batterien eine Spannung von etwa 1.5 V. So ein einzelnes Element wird daher auch als **Monozelle** bezeichnet. In den sogenannten Flachbatterien werden drei solche Elemente kombiniert, daher haben Flachbatterien eine Spannung von 4.5 V.*

Akkumulatoren:

sind galvanische Elemente, deren Reaktionen vollständig umkehrbar sind, sodass man Strom daraus entnehmen und auch wieder hineinladen kann.

Praktisch ist es, wenn die chemische Reaktion in den verwendeten galvanischen Elementen vollständig umkehrbar ist (was nicht immer so sein muss). Dann kann man nämlich – wenn das gute Stück leer ist und keinen Strom mehr liefern will – Strom hineinpumpen. Dann laufen die Reaktionen zurück, unsere Batterie „füllt sich mit Strom" – sie wird „aufgeladen" – und wird wieder wie neu. Solche wieder aufladbaren Batterien werden auch **Akkumulatoren** genannt. Die Batterien in allen unseren Autos sind solche Akkumulatoren. *Wenn die Reaktionen verkehrt laufen, bedeutet das natürlich, dass Oxidation und Re-*

duktion jetzt am jeweils anderen Ort stattfinden, also haben auch die Bezeichnungen für Anode und Kathode Platz getauscht. Der negative Pol der Autobatterie z.B. ist die Anode, so die Batterie Strom abgibt. (Nicht verwirren lassen! Die Anode NIMMT Elektronen aus der Batteriesäure auf und kann sie daher an den Draht weitergeben, ist also von außen gesehen der negative Pol, vom Standpunkt der Ionen in der Batteriesäure der positive.) Wird geladen, so bekommt derselbe, negative Pol vom Ladegerät die Elektronen, gibt sie an die Ionen im Inneren der Batterie weiter und ist daher jetzt die Kathode.

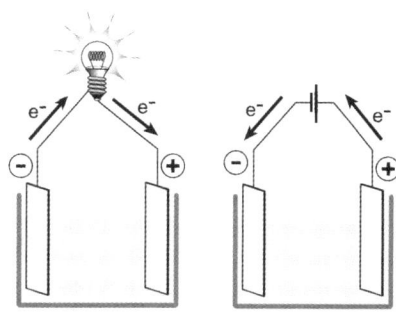

Akku liefert Strom   Akku wird geladen

Taucht man zwei Drähte in Wasser und legt von außen Spannung an, so werden die Ionen des Wassers (und etwaige andere gelöste Ionen) unter Einwirkung des elektrischen Feldes wandern, die H^+-Ionen zur Kathode, die OH^--Ionen zur Anode. Diese Eigenschaft verwendet man bei der **Elektrophorese**, bei der verschieden geladene Teilchen voneinander getrennt werden können. Da die Teilchen rascher wandern, wenn sie mehrfach geladen sind oder wenn sie kleiner sind, kann man so auch Teilchen trennen, die unterschiedlich groß sind oder die verschieden viele Ladungen des gleichen Vorzeichens tragen.

> **Elektrophorese:**
>
> unterschiedlich stark geladene Ionen wandern im elektrischen Feld verschieden rasch und werden so voneinander getrennt.

Elektrophorese

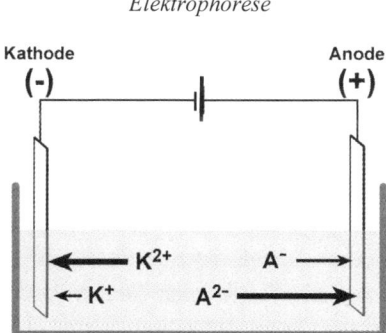

Wasser-Elektrolyse

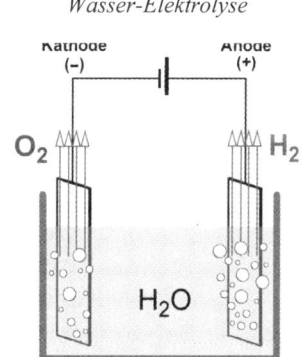

Nach einiger Zeit werden sich die Ionen rund um ihre Elektrode versammeln. Ab einer gewissen Spannung (der **Zersetzungsspannung**) werden die Kationen Elektronen aufnehmen, die Anionen Elektronen abgeben, wir erhalten auf beiden Seiten chemische Reaktionen:

$$2\,H^+ \;+\; 2\,e^- \;\rightleftharpoons\; H_2$$

$$4\,OH^- \;\rightleftharpoons\; O_2 \;+\; 2\,H_2O \;+\; 4\,e^-$$

Elektrolyse:

Stoffe werden elektrisch aufgespalten. (Wichtig u.a. zur Herstellung von unedlen Metallen.)

An der Anode entsteht Sauerstoff, an der Kathode Wasserstoff. Wir haben das Wasser in seine Bestandteile zerlegt. Dieses Verfahren nennt man **Elektrolyse**. Mit Hilfe der Spannungsreihe (und der Nernstschen Gleichung) kann man berechnen, wie groß die Zersetzungsspannung sein muss.

Das Verfahren wird gerne in der Technik für die Herstellung von chemischen Elementen verwendet. Also z.B. um Stoffe zu reduzieren, die sich mit chemischen Mitteln nicht reduzieren lassen, da sie selbst so starke Reduktionsmittel sind. Man kann so Kochsalz in Natrium und Chlorgas zerlegen.

$$Na^+ \;+\; e^- \;\rightleftharpoons\; Na$$

$$2\,Cl^- \;\rightleftharpoons\; Cl_2 \;+\; 2\,e^-$$

Da die Zersetzungsspannung von Kochsalz über der des Wassers liegt, würde sich in einer wässrigen Lösung von Kochsalz zuerst immer nur das Wasser zersetzen. Man muss hier also in geschmolzenem Kochsalz arbeiten. Analog funktioniert die (großtechnische) Darstellung von Aluminium, deshalb braucht man so viel Strom für die Aluminium-Gewinnung.

Metalle scheiden sich – wie erwähnt – dabei natürlich umso schlechter ab, je unedler sie sind (= je negativer das entsprechende Normalpotenzial ist). Wenn wir also einen Eisennagel in eine Lösung von z.B. Gold-Ionen tauchen und den Nagel als Kathode benutzen, so verhindert die angelegte Spannung, dass die Eisen-Ionen in Lösung gehen (an der Kathode geht das nicht), dafür werden sich die Gold-Ionen abscheiden, und Sie haben nach kurzer Zeit einen Nagel, der mit einer ganz dünnen Goldschicht überzogen ist. *Endlich können Sie vergoldete Nägel in die Wände schlagen.* Dieses Verfahren nennt man **Galvanisation**, und es funktioniert nicht nur mit Gold, sondern mit beliebigen anderen Metallen. Sinn hat das Galvanisieren natürlich nur, wenn der Überzug aus einem edleren Metall besteht als das ursprüngliche Werkstück. Dieses sieht dann schöner aus, und es wird weniger leicht rostig. Also verzinkt man Eisennägel, überzieht Stoßstangen von Autos mit Chrom, billiges Essbesteck mit Silber usw. *Die Unterlage muss nicht unbedingt Metall sein, auch Nichtleiter können behandelt werden.*

Galvanisieren:

Auftragen von dünnen Metallschichten auf eine (leitende) Unterlage.

Dann wird auf das Werkstück vorher eine dünne – und leitende – Kohle-Schicht aufgetragen. Die Kohle wird dann anschließend galvanisch mit Metall überzogen.

Übungen zu Kapitel 9

90. Bezeichnen Sie Anode und Kathode in der Abbildung des Galvanischen Elementes Zn / Cu in Abschnitt 9.1 und des Elementes Zn / H_2 in Abschnitt 9.2.

91. Konstruieren Sie eine Halbzelle, mit der Sie das Normalpotenzial der Reaktion

$$Mn^{2+} + 4\,H_2O \; \rightleftharpoons \; MnO_4^- + 8\,H^+ + 5\,e^-$$

bestimmen können.

92. Welche Spannung messen Sie, wenn Sie die folgenden 2 Elektroden kombinieren (alle Stoffkonzentrationen sind 1 bzw. 1 mol / l)?

$$Fe \; \rightleftharpoons \; Fe^{2+} + 2\,e^-$$
$$2\,Cl^- \; \rightleftharpoons \; Cl_2 + 2\,e^-$$

93. Welche Spannung messen Sie, wenn Sie die folgenden 2 Elektroden kombinieren (alle Stoffkonzentrationen sind 1 bzw. 1 mol / l)?

$$2\,Cl^- \; \rightleftharpoons \; Cl_2 + 2\,e^-$$
$$2\,J^- \; \rightleftharpoons \; J_2 + 2\,e^-$$

94. Wie groß ist das Potenzial einer Cu / Cu^{2+}-Halbzelle, wenn die Konzentration von Cu^{2+} 10 mol / l ist?

95*. Wie groß muss die Konzentration von Zn^{2+} in einer Zn / Zn^{2+}-Halbzelle sein, um das selbe Potenzial zu ergeben wie die Cu / Cu^{2+}-Halbzelle in Frage 94?

96*. Wie groß muss das Konzentrationsverhältnis zwischen Cu^{2+} und Zn^{2+} sein, damit die Reaktion

$$Cu^{2+} + Zn \; \rightleftharpoons \; Cu + Zn^{2+}$$

ein Gleichgewicht erreicht?

97. Welche Spannung messen Sie, wenn Sie in der Abbildung aus Abschnitt 9.4 in der Messelektrode eine 0.001 mol / l NaOH-Lösung einfüllen?

98*. a)   Ein Metall wird nach folgender Formel oxidiert:

$$Me \quad \rightleftharpoons \quad Me^+ \; + \; e^-$$

Sie haben eine Messanordnung bestehend aus einer Halbzelle mit dieser Reaktion und einer zweiten Halbzelle mit konstantem Vergleichspotenzial (z.B. die Normal-wasserstoffelektrode). Eine Lösung von 0.1 mol / l Me^+ in Ihrer Messzelle gibt eine Spannung von -0.52 V. Wenn Sie die Messung mit einer unbekannten Konzentration von Me^+ wiederholen, erhalten Sie eine Spannung von -0.40 V. Wie groß ist die Me^+-Konzentration in Ihrer unbekannten Lösung?

b)   Wie groß wäre die $[Me^{2+}]$ in Ihrer unbekannte Lösung, wenn die Gleichung aus Frage 98. stattdessen so aussehen würde?

$$Me \quad \rightleftharpoons \quad Me^{2+} \; + \; 2\,e^-$$

99.   Welche der in Kap. 8 erwähnten Redox-Paare könnte man zur Bestimmung der H^+-Ionenkonzentration verwenden?

A 1 PERIODENSYSTEM

							VIII
							4,00 **He** 2 Helium
			III	IV	V	VI	VII
							20,18 **Ne** 10 Neon
			12,01 **C** 6 Kohlenstoff	14,01 **N** 7 Stickstoff	16,00 **O** 8 Sauerstoff	35,45 **F** 9 Fluor	39,95 **Ar** 18 Argon
B 5 Bor							

(p-Block, rechter Teil)

III	IV	V	VI	VII	VIII
B 5 Bor	12,01 **C** 6 Kohlenstoff	14,01 **N** 7 Stickstoff	16,00 **O** 8 Sauerstoff	19,00 **F** 9 Fluor	20,18 **Ne** 10 Neon
26,98 **Al** 13 Aluminium	28,09 **Si** 14 Silicium	30,97 **P** 15 Phosphor	32,07 **S** 16 Schwefel	35,45 **Cl** 17 Chlor	39,95 **Ar** 18 Argon
69,72 **Ga** 31 Gallium	72,61 **Ge** 32 Germanium	74,92 **As** 33 Arsen	78,96 **Se** 34 Selen	79,90 **Br** 35 Brom	83,80 **Kr** 36 Krypton
114,82 **In** 49 Indium	118,71 **Sn** 50 Zinn	121,76 **Sb** 51 Antimon	127,60 **Te** 52 Tellur	126,90 **I** 53 Iod	131,29 **Xe** 54 Xenon
204,38 **Tl** 81 Thallium	207,2 **Pb** 82 Blei	208,98 **Bi** 83 Bismut	208,98* **Po** 84 Polonium	209,99* **At** 85 Astat	222,02* **Rn** 86 Radon
285* **Uut** 113 ununtrilit	285* **Uuq** 114 Ununquadium	**Uup** 115 ununpentlit	289* **Uuh** 116 Ununhexium	**Uus** 117 ununseptit	293* **Uuo** 118 Ununoctium

I	II	IIIA	IVA	VA	VIA	VIIA	VIIIA			IA	IIA
1,01 **H** 1 Wasserstoff											
6,94 **Li** 3 Lithium	9,01 **Be** 4 Beryllium										
22,98 **Na** 11 Natrium	24,31 **Mg** 12 Magnesium										
39,10 **K** 19 Kalium	40,08 **Ca** 20 Calcium	44,96 **Sc** 21 Scandium	47,87 **Ti** 22 Titan	50,94 **V** 23 Vanadium	52,00 **Cr** 24 Chrom	54,94 **Mn** 25 Mangan	55,85 **Fe** 26 Eisen / 58,93 **Co** 27 Cobalt / 58,69 **Ni** 28 Nickel	63,55 **Cu** 29 Kupfer	65,39 **Zn** 30 Zink		
85,47 **Rb** 37 Rubidium	87,62 **Sr** 38 Strontium	88,91 **Y** 39 Yttrium	91,22 **Zr** 40 Zirconium	92,91 **Nb** 41 Niob	95,94 **Mo** 42 Molybdän	98,91* **Tc** 43 Technetium	101,07 **Ru** 44 Ruthenium / 102,91 **Rh** 45 Rhodium / 106,42 **Pd** 46 Palladium	107,87 **Ag** 47 Silber	112,41 **Cd** 48 Cadmium		
132,91 **Cs** 55 Cäsium	137,33 **Ba** 56 Barium	57 - 71	178,49 **Hf** 72 Hafnium	180,95 **Ta** 73 Tantal	183,84 **W** 74 Wolfram	186,21 **Re** 75 Rhenium	190,23 **Os** 76 Osmium / 192,22 **Ir** 77 Iridium / 195,08 **Pt** 78 Platin	197,97 **Au** 79 Gold	200,59 **Hg** 80 Quecksilber		
223,02* **Fr** 87 Francium	226,03* **Ra** 88 Radium	89 - 103	261,11* **Rf** 104 Rutherfordium	262,11* **Db** 105 Dubnium	263,11* **Sg** 106 Seaborgium	264* **Bh** 107 Bohrium	269* **Hs** 108 Hassium / 268* **Mt** 109 Meitnerium / 273* **Uun** 110 Ununnilium	272* **Uuu** 111 Unununium	277* **Uub** 112 Ununbium		

Lanthanoide

138,91 **La** 57 Lanthan	140,12 **Ce** 58 Cer	140,91 **Pr** 59 Praseodym	144,24 **Nd** 60 Neodym	144,92* **Pm** 61 Promethium	150,36 **Sm** 62 Samarium	151,96 **Eu** 63 Europium	157,25 **Gd** 64 Gadolinium	158,93 **Tb** 65 Terbium	162,50 **Dy** 66 Dysprosium	164,93 **Ho** 67 Holmium	167,26 **Er** 68 Erbium	168,93 **Tm** 69 Thulium	173,04 **Yb** 70 Ytterbium	174,97 **Lu** 71 Lutetium

Actinoide

227,03* **Ac** 89 Actinium	232,04* **Th** 90 Thorium	231,04* **Pa** 91 Protactinium	238,03* **U** 92 Uran	237,05* **Np** 93 Neptunium	244,06* **Pu** 94 Plutonium	243,06 **Am** 95 Americium	247,07* **Cm** 96 Curium	247,07* **Bk** 97 Berkelium	251,08* **Cf** 98 Californium	252,08* **Es** 99 Einsteinium	257,08* **Fm** 100 Fermium	258,10* **Md** 101 Mendelevium	259,10* **No** 102 Nobelium	262,11* **Lr** 103 Lawrencium

Legende:

- □ Metalle
- ▣ Halbmetalle
- ■ Nichtmetalle
- **Uq** festes Element
- **Br** flüssiges Element
- **Rn** gasförmiges Element

radioaktiv · Masse · Elementname · Ordnungszahl

Hauptgruppen · Perioden

A.2 LOGARITHMENTAFEL

n	log
1.0	0.00
1.1	0.04
1.2	0.08
1.3	0.11
1.4	0.15
1.5	0.18
1.6	0.20
1.7	0.23
1.8	0.26
1.9	0.28
2.0	0.30
2.1	0.32
2.2	0.34
2.3	0.36
2.4	0.38
2.5	0.40
2.6	0.42
2.7	0.43
2.8	0.45
2.9	0.46
3.0	0.48
3.1	0.49
3.2	0.51
3.3	0.52
3.4	0.53
3.5	0.54
3.6	0.56
3.7	0.57
3.8	0.58
3.9	0.59
4.0	0.60

n	log
4.0	0.60
4.1	0.61
4.2	0.62
4.3	0.63
4.4	0.64
4.5	0.65
4.6	0.66
4.7	0.67
4.8	0.68
4.9	0.69
5.0	0.70
5.1	0.71
5.2	0.72
5.3	0.72
5.4	0.73
5.5	0.74
5.6	0.75
5.7	0.76
5.8	0.76
5.9	0.77
6.0	0.78
6.1	0.79
6.2	0.79
6.3	0.80
6.4	0.81
6.5	0.81
6.6	0.82
6.7	0.83
6.8	0.83
6.9	0.84
7.0	0.85

n	log
7.0	0.85
7.1	0.85
7.2	0.86
7.3	0.86
7.4	0.87
7.5	0.88
7.6	0.88
7.7	0.89
7.8	0.89
7.9	0.90
8.0	0.90
8.1	0.91
8.2	0.91
8.3	0.92
8.4	0.92
8.5	0.93
8.6	0.93
8.7	0.94
8.8	0.94
8.9	0.95
9.0	0.95
9.1	0.96
9.2	0.96
9.3	0.97
9.4	0.97
9.5	0.98
9.6	0.98
9.7	0.99
9.8	0.99
9.9	1.00
10.0	1.00

A.3 Lösungen der Übungsaufgaben

Die mit * markierten Lösungen gehören zu schwierigeren Problemen. Manche davon verlangen überdurchschnittliche Auffassungs- und Kombinationsgabe und sind als chemische Denksportaufgaben zu verstehen.

Kapitel 1

10. 92 Protonen (alle drei) und 142 oder 143 oder 146 Neutronen.

    Aus dem Periodensystem Ordnungszahl ablesen = Zahl der Protonen
    relative Atommasse – Zahl der Protonen = Zahl der Neutronen.

11. Np: 93p und 146n; Pu: 94p und 145n

    Rechnung analog zu 10.

13. Eine richtige Regel für Gase gibt es nicht, aber alle Edelgase sind Gase. Man kann sich aber merken: je weiter rechts und oben = die typischen Nichtmetalle. Besonders rechts und oben: Gase. Für flüssige Elemente gibt es keine Regel.

15. Nichtmetalle haben Ionisierungsenergien größer als 10 eV.

Kapitel 2

20. KOH, $CaBr_2$, $AlCl_3$, Na_2S, Fe_2O_3

    Man muss einfach jeweils so viele Anionen und Kationen nehmen, dass sich die positiven und negativen Ladungen ausgleichen, also auf das kleinste gemeinsame Vielfache der Ladungen erweitern.

21.

$$\text{H}-\overline{\underline{\text{I}}}| \qquad \text{H}-\overline{\underline{\text{S}}}-\text{H} \qquad \text{H}-\overset{\overset{\displaystyle \text{H}}{\displaystyle |}}{\underline{\text{N}}}-\text{H} \qquad \text{H}-\overset{\overset{\displaystyle \text{H}}{\displaystyle |}}{\underset{\underset{\displaystyle \text{H}}{\displaystyle |}}{\text{C}}}-\text{H}$$

Die Anzahl der Außenelektronen ergibt sich aus der Gruppennummer im Periodensystem. Diese muss man paarweise so anordnen, dass H an einem, die anderen Elemente an je vier Elektronenpaaren beteiligt sind.

22. Nichtmetalle haben Elektronegativitäten größer als 2.

23. kovalente Bindung: NO_2, CCl_4, SO_2 (Unterschied der Elektronegativität 1 oder weniger)

    Ionenbeziehung: NaO, MgF_2, KBr (Unterschied der Elektro-
negativität mindestens 2)

24. Dipol: Ladungsschwerpunkte verschieden, also Elektronegativitätsdifferenz UND asymmetrischer Bau.

    Dipole: NH_3, CH_3Cl

    keine Dipole: $LiBr$ (echtes Salz aus Li^+ und Br^-), CH_4, CS_2,
                      CO_2 (alle drei völlig symmetrisch)

25. Koordinationszahl = 6

    Alle 3 Komplexe haben – zufällig – die gleiche Koordinationszahl. Da die Liganden alle einzähnig sind, genügt es, die Liganden abzuzählen.

Kapitel 3

30. CH_4 16   (1 C = 12, 4 x H = 4, 12 + 4 = 16)
    $MgSO_4$ 120.3 (1 Mg = 24.3, 1 x S = 32, 4 x O = 64, 24.3 + 32 + 64 = 120.3)
    H_3PO_4 98   (3 x H = 3, 1 x P = 31, 4 x O = 64, ...)
    $C_6H_{12}O_6$ 180   (6 x C = 72, 12 x H = 12, 6 x O = 96, ...)

31. Kaliumfluorid, Natriumbromid, Bariumchlorid, Strontiumsulfat, Aluminiumoxid, Distickstoff-tri-oxid, Ammoniumsulfid, Natrium-hexa-cyano-chromat(III), Di-aquo-tetrammin-kupfer(II)

32. $Al(OH)_3$, $Ca(NO_3)_2$, KBr, MgS, $BaSO_4$, Na_2O, $[Pt(NH_3)_4Cl_2]^{2+}$

    Beim letzten Beispiel gibt die römische Zahl IV die Oxidationszahl von Pt an, also Pt^{4+}, da mit Dichloro zwei Cl^- vorkommen bleiben insgesamt noch zwei positive Ladungen über, die man nach der Klammer schreiben muss.

33.
$$CaO + H_2O \rightleftharpoons Ca(OH)_2$$
$$2\,Al(OH)_3 + 3\,H_2SO_4 \rightleftharpoons Al_2(SO_4)_3 + 6\,H_2O$$
$$FeCl_3 + K_4[Fe(CN)_6] \rightleftharpoons KFe[Fe(CN)_6] + 3\,KCl$$
$$4\,NH_3 + 5\,O_2 \rightleftharpoons 4\,NO + 6\,H_2O$$
$$Cr_2O_7^{2-} + 14\,H^+ + 6\,e^- \rightleftharpoons 2\,Cr^{3+} + 7\,H_2O$$

34. **950 g**

 50 g + 400 g + 200 g + 200 g + 100 g

35. a) **2500 mol,   6.6 x 10⁻¹⁴ mol**

 M_r von H_2O ist 18, also sind 18 g ein mol, dann sind 45 000 g wie viele mol? Und 1.2×10^{-12} g sind dann wie viele mol?

 b) **1.5×10^{27}, 4×10^{10}**

 Wenn man das unter a) erhaltene Ergebnis, also z.B. 2 500 mol, mit der Loschmidtschen Zahl multipliziert, erhält man die Anzahl der Moleküle.

 c) **55 mol**

 Ein Liter Wasser ist ein Kilogramm, also 1000 g, wenn 18 g ein mol sind, so sind 1000 g wie viele mol?

36. **5 mol,   5 mol,   160 g,   5 mol**

 Die relativen Molekülmassen von C, O_2 und CO_2 sind 12, 32 und 44.

 Wenn 12 g C ein mol sind, so sind 60 g C wie viele mol?

 Für 12 g C brauche ich ein mol O_2, für 60 g C brauche ich .... 12 / 60 = 1 / x

 Ein mol O_2 sind 32 g, also sind 5 mol O_2 wie viele g?

 Aus einem mol C entsteht ein mol CO_2, also entstehen aus 5 mol C ...

37. **10^4 mol,   560 kg**

 $CaCO_3$ hat die relative Molekülmasse von 40 + 12 + 46 = 100

 deshalb sind 100 g ein mol, daher sind 1000 kg = 10^3 kg = 10^6 g = 10^4 mol

 aus 10^4 mol $CaCO_3$ entstehen 10^4 mol CaO

 CaO hat die relative Molekülmasse von 40 + 16 = 56

 10^4 mol CaO sind daher 56×10^4 g oder 560 kg

38. **0.25 mol / l,   1.33 l**

 Traubenzucker hat die relative Molekülmasse 180 (siehe Übungsbeispiel 30). 90 g sind daher 0,5 mol, Einsetzen in die Formel c = m / V gibt 0.25 mol / l

 c_1 = 0.25 mol / l, V_1 = 2 l, c_2 = 0.15 mol / l, die Formel von $c_1 \times V_1 = c_2 \times V_2$ gibt für V_2 = 3.33 l, also muss man zu 2 l Lösung noch 1.33 l Wasser zusetzen, um diese 3.33 l zu erreichen.

39. **35.5 g,   0.042 mol / l**

c = 0.05 mol / l, v = 5 l, Einsetzen in die Formel m = c x V gibt 0.25 mol; die relative Molekülmasse von Na_2SO_4 = 2 x 23 + 32 + 64 = 142; wenn ein mol 142 g sind, so sind 0.25 mol ... ?

c_1 = 0.05 mol / l, V_1 = 5 l, V_2 = 6 l; die Formel von c_1 x V_1 = c_2 x V_2 gibt für c_2 = 0.042 mol / l.

Kapitel 4

40. Hinreaktion: v_{hin} = k x $[Hg_2^{2+}]$ (erste Ordnung)

Rückreaktion: $v_{rück}$ = k_2 x [Hg] x $[Hg^{2+}]$ (zweite Ordnung)

41. Hinreaktion: monomolekular,   Rückreaktion: bimolekular

42. 12.5%

24 Jahre sind drei Halbwertszeiten, also ½ x ½ x ½ der ursprünglichen Menge.

43. Etwa 10 Halbwertszeiten

$(½)^{10}$ = 1 / 1024. Das sollte man sich merken: 2^{10} ≈ 1000, 2^{-10} ≈ 1 / 1000. Diese Relation kann man immer wieder einmal brauchen

Kapitel 5

50. offen: ein fahrendes Auto, eine brennende Kerze (nehmen beide Sauerstoff aus der Luft auf und geben CO_2 und Wärme = Energie ab)

geschlossen: eine Tüte Eiscreme (solange Sie nicht daran schlecken oder sich damit anpatzen), ein verschlossener Kanister mit Benzin, eine brennende Taschenlampe. (Alle drei nehmen mit der Zeit die Temperatur der Umgebung an, tauschen daher Energie mit der Umgebung aus, die Taschenlampe gibt zusätzlich noch Licht = Energie ab).

51. Es sind alle Zahlenfolgen gleich wahrscheinlich!

Nur gibt es eben viel mehr beliebige Folgen als geordnete, sodass der Eindruck entsteht, dass beliebige Folgen wahrscheinlicher sind. Es ist aber nicht so, dass die Entropie ungeordnete Zahlenfolgen bevorzugt, sondern diese treten nur unendlich viel öfter (und daher wahrscheinlicher) auf!

Trotzdem sind Ihre Chancen bei einer beliebigen Folge besser, aber nur, weil andere Lottospieler eher geordnete Folgen (und das oft unwillkürlich) tippen, sodass Sie für einen richtigen Tipp bei einer geordneten Folge viel weniger Gewinn ausbezahlt bekommen.

52*. Entropiezunahme: Salzen einer Suppe (Salz und Suppe getrennt sind mehr geordnet als beides in der Mischung), Waschen von Wäsche (die Wäsche wird zwar sauberer und deren Entropie nimmt ab, aber das Wasser wird schmutzig und dessen Entropie nimmt stärker zu. Auch lassen sich beide Prozesse nicht umkehren, das Salz kommt nicht mehr aus der Suppe heraus und der Schmutz geht nicht vom Wasser zurück in die Wäsche.).

Entropieabnahme: Filtrieren von Kaffee, Malen eines Bildes. (Wenn es sich nicht gerade um ein SEHR modernes Bild handelt ist beides mit etwas Mühe verbunden, man kann beide Prozesse leicht und ohne viel Aufwand umkehren, also den Sud wieder in den Kaffee kippen, bzw. das Bild zerstören oder die Farbe herunterwaschen.)

53*. Es ist sinnlos, an heißen Tagen den Kühlschrank offen zu lassen, um den Raum abzukühlen. Die Kühlrippen an der Rückseite erwärmen den Raum mehr als das Innere kühlt. Die Differenz entspricht der elektrischen Leistung des Schrankes. Sie verwandeln also Ihren Kühlschrank in einen elektrischen Heizofen.

54.
$$K = \frac{[CO_2]^3 \times [Fe]^2}{[Fe_2O_3] \times [CO]^3}$$

55. 0.2 mol / l

einfach ins Massenwirkungsgesetz einsetzen, $K = [C]^3 \times [D] / [A]^2 \times [B]$

gibt $0.001 \times 2 \; (mol/l)^4$ durch $1 \times 0.01 \; (mol/l)^3 = 0.2 \; mol/l$

die Einheit von K ist daher mol / l (Dimension: Stoffmenge pro Volumen).

56*. 1 / 3 mol / l,   4 / 3 mol / l,   4 / 3 mol / l

setzen Sie an: $A = A_0 - C/2$ und $B = B_0 - C/2$, da für jedes verbrauchte A zwei C entstehen, ebenso für jedes verbrauchte B

dann wird $K = [C]^2 / [A] \times [B]$ zu $4 = [C]^2 / [A_0 - C/2] \times [B_0 - C/2]$

weiter: $4 = [C]^2 / (1 - [C]/2) \times (2 - [C]/2)$

ausmultipliziert: $4 = [C]^2 / (2 - 2[C]/2 - 1[C]/2 + [C]^2/2^2)$

und weiter: $4 = [C]^2 / (2 - 3[C]/2 + [C]^2/2^2)$, dann den Nenner auf die andere Seite in den Zähler: $4 \times (2 - 3[C]/2 + [C]^2/4) = [C]^2$

ausmultipliziert: $8 - 6[C] + [C]^2 = [C]^2$ und weiter $8 - 6[C] = 0$

gibt: $8 = 6[C]$ oder $[C] = 8/6 = 4/3 \; mol/l$

einsetzen in $A = A_0 - C/2$ und $B = B_0 - C/2$ gibt $A = 1 - 2/3$ und $B = 2 - 2/3$

nach erneuter Zugabe von B: 1 / 5 mol / l, 16 / 5 mol/l, 8 / 5 mol / l

Es kommen 2 mol / l B dazu, sie fangen also mit $2 + 4/3$ mol / l B an, das sind 10 / 3 mol / l. Nach der erneuten Einstellung des Gleichgewichtes haben die Ausgangskonzentrationen um den Wert X abgenommen, C hat um den Wert 2 X zugenommen.

Daher gilt jetzt: $A = A_{neu} - X$ und $B = B_{neu} - X$ und $C = C_{neu} + 2X$

mit den neuen Konzentrationen: $A = 1/3 - X$ und $B = 4/3 - X$ und $C = 4/3 + 2X$

analog zu oben wird in das Massenwirkungsgesetz eingesetzt, dann kommt am Ende heraus: $x = 4/30$. Setzt man das in die Ausdrücke für A, B und C ein, so ergibt das:

$A = 1/3 - 4/30 = 1/5$ und $B = 10/3 - 4/30 = 16/5$ und $C = 4/3 + 8/30 = 8/5$

Einfacher wäre es gewesen, wenn man gleich die Rechnung von ganz oben wiederholt und dabei für B_0 den um 2 mol/l vermehrten Wert genommen hätte,

also: $A_0 = 1$ mol/l, $B_0 = 4$ mol/l, $A = A_0 - C/2$ und $B = B_0 - C/2$

das gibt: $4 = [C]^2 / (1 - [C]/2) \times (4 - [C]/2)$ u.s.w. wie oben

am Ende kommt heraus: $C = 8/5$

weiters: $A = 1 - C/2 = 1 - 4/5 = 1/5$ und $B = 4 - C/2 = 4 - 4/5 = 16/5$

Kapitel 6

60. **128 g**

Wenn 22.7 Liter ein Mol sind, so sind 90.8 Liter ... (Schlussrechnung) ... 4 mol, da ein Mol Sauerstoff 32 g sind (vergessen Sie nicht, dass Sauerstoffgas O_2 ist), sind 4 mol daher $4 \times 32g = 128$ g.

61. **0.91 Liter**

Entweder die allgemeine Gasgleichung verwenden und alle veränderlichen Größen (Volumen, Druck, Temperatur) auf eine Seite bringen, sodass die unveränderlichen Größen auf der anderen Seite übrig bleiben, dann kann man die Variablen „vorher" (= 1) mit denen „nachher" (= 2) über die unveränderlichen Größen gleichsetzen:

$p \times V = n \times R \times T$ wird zu $p \times V/T = n \times R$ weiter zu $p_1 \times V_1/T_1 = n \times R$ und $p_2 \times V_2/T_2 = n \times R$

gleichsetzen über $n \times R$: $p_1 \times V_1/T_1 = p_2 \times V_2/T_2$ und daraus den gesuchten Wert V_2 ausrechnen ($p_1 = 2$ bar, $V_1 = 1$ Liter, $T_1 = 273$ K, $p_2 = 3$ bar, $T_2 = 373$ K).

Oder zuerst das eine, dann das andere korrigieren:

der Druck verändert sich von 2 auf 3 bar; da das Volumen kleiner wird, muss man mit 2 / 3 multiplizieren, 1 Liter x 2 / 3 = 0.67 Liter

dann die Temperatur korrigieren (natürlich in Kelvin umgerechnet) also von 273K auf 373 K, da das Volumen größer wird, muss man mit 373 / 273 multiplizieren:

0.67 Liter x 373 / 273 = 0.91 Liter

62*. Eine Phase: Tinte ist die Lösung eines Farbstoffes, Pudding ist eine kolloidale Lösung (Gel oder Sol, je nach Temperatur)

zwei Phasen: Tusche ist eine Suspension von Tuscheteilchen in Wasser; Zahnpaste ist eine Suspension; ein trockener Schwamm enthält die feste Schwamm-Matrix und eingeschlossene Luft; ein nasser Schwamm enthält die feste Schwamm-Matrix und eingeschlossenes Wasser; Staub- und Würfelzucker enthalten beide Luft zwischen den Zuckerteilchen (Zucker ohne Luft wäre Kandiszucker, der ist daher auch durchsichtig).

drei Phasen: ein Krügel Bier besteht aus dem Glas, dem flüssigen Bier und dem im Schaum und als Bläschen im Bier enthaltenen, gasförmigen Kohlendioxid; wenn Sie allerdings der Meinung sind, dass das Bier und der Schaum darüber zwei verschiedene Dinge sind, so hätten Sie 5 Phasen: Bier mit Bläschen (2), Schaum (2) und das Glas (1)

vier Phasen: der Eisberg, das Meerwasser, und der Nebel besteht selbst aus weiteren zwei Phasen (flüssig in gasförmig)

viel mehr Phasen: der Ast ist ein sehr kompliziertes System, besteht aus unzähligen Zellen, von denen jede einzelne viele getrennte Phasen enthält.

63*. Nur bei sehr warmem Schnee kann es passieren, dass der Druck der Ski-Kanten eine Verflüssigung bewirkt. Dann fährt der Ski auf einem Wasserfilm, der später wieder gefriert. Das erkennt man, wenn man die eigene Skispur betrachtet: Dann befindet sich am Abdruck der Kanten ein dünner Eisfilm. Das funktioniert natürlich nicht, wenn der Schnee bereits so nass ist, dass man durch einen Schnee-Wasser-Matsch fährt.

65. a) 0.09 mol / l und 0.01 mol / l

Das Konzentrationsverhältnis nach einmaligem Ausschütteln muss 9 / 1 sein: insgesamt 10 Teile, 9 Teile davon im Chloroform, ein Teil im Wasser. Da die Volumina gleich sind, verhalten sich die Konzentrationen genauso.

b) 0.024 mol / l und 0.0027 mol / l

Das Konzentrationsverhältnis muss 9 / 1 sein, da aber vier mal soviel Volumen an Chloroform vorhanden ist, sind die Mengen 9 Teile mal 4, verglichen mit 1 Teil mal 1, das sind insgesamt 36 + 1 = 37 Teile. In den ursprünglichen 100 ml waren 0.01 mol vorhanden (m = c x V = 0.1 mol / l x 0.1 l = 0.01 mol), das sind die 37 Teile. Ein Teil sind daher 0.000 27 mol, der Rest sind 0.009 7 mol. Da jetzt die Volumina aber ungleich sind, muss man daraus die Konzentration berechnen: 0.00027 mol in 0.1 Liter sind 0.0027 mol / l, 0.0097 mol in 0.4 Liter sind 0.024 mol / l.

c)   0.00001 mol / l

Nach jedem Ausschütteln sinkt die Konzentration in der wässrigen Phase um den Faktor 10, von 0.1 auf 0.01, dann auf 0.001, dann auf 0.0001 und schließlich auf 0.00001 mol / l.

65. 24.8 bar

$$\pi = c \times R \times T = 1 \ mol \times l^{-1} \times 0.0831 \ bar \times l \times mol^{-1} \times K^{-1} \times 298 \ K = 24.8 \ bar$$

Beachten Sie, wie sich die Einheiten kürzen lassen, sodass nur mehr bar übrig bleiben!

66*. Seifenblasen (und Seifenschaum) haben riesige Phasengrenzen – eigentlich bestehen Seifenblasen fast nur aus Oberfläche (nach innen und nach außen). Seifen und andere Tenside drängen an die Grenzflächen – je mehr, desto besser, sodass im Gegensatz zu normalen Flüssigkeiten, die ihre Oberfläche möglichst klein halten wollen, eine große Oberfläche stabilisiert wird.

Im Eischaum (entsteht, wenn man Eiklar mit der Schneerute schlägt) wirken die Proteine als Stabilisatoren, und da Proteine wesentlich größer sind als Seifenmoleküle, ist auch Eischnee (oder Schlagobers) stabiler als Seifenschaum.

Kapitel 7

Kapitel 7.1

7.10. H_3O^+, H_2O, NH_4^+, HBr, H_2SO_4

Man muss nur jeweils ein H^+ zur ursprünglichen Verbindung dazugeben.

7.11. OH^-, H_2O, SO_4^{2-}, HSO_4^-

Man muss nur jeweils ein H^+ von der ursprünglichen Verbindung wegnehmen.

7.12.   Korrespondierende Paare sind:

HCl / Cl^-	$HClO_4$ / ClO_4^-
HCO_3^- / CO_3^{2-}	H_2CO_3 / HCO_3^-
HNO_2 / NO_2^-	HNO_3 / NO_3^-
HPO_4^{2-} / PO_4^{3-}	$H_2PO_4^-$ / HPO_4^{2-}

$$H_3PO_4 / H_2PO_4{}^- \qquad HS^- / S^{2-}$$

$$H_2S / HS^- \qquad N_2H_5{}^+ / N_2H_4$$

	Säure:	HCl	HClO$_4$	HCO$_3{}^-$	H$_2$CO$_3$
		HNO$_2$	HNO$_3$	HPO$_4{}^{2-}$	H$_2$PO$_4{}^-$
		H$_3$PO$_4$	HS$^-$	H$_2$S	N$_2$H$_5{}^+$
	Base:	Cl$^-$	ClO$_4{}^-$	CO$_3{}^{2-}$	HCO$_3{}^-$
		NO$_2{}^-$	NO$_3{}^-$	PO$_4{}^{3-}$	HPO$_4{}^{2-}$
		H$_2$PO$_4{}^-$	S^{2-}	HS$^-$	N$_2$H$_4$

7.13.   8.3, 2×10^{-7},   5

$-\log (5 \times 10^{-9}) = -\log 5 - \log 10^{-9} = -0.7 - (-9) = -0.7 + 9 = 8.3$

$6.7 = 7 - 0.3 \qquad -\log = -0.3 \ \Rightarrow \ n = 2, \ -\log = 7 \ \Rightarrow \ \log = -7$
$\Rightarrow \ n = 10^{-7} \ \Rightarrow \ 2 \times 10^{-7}$

$-\log = -0.7 \ \Rightarrow \ \log = 0.7 \ \Rightarrow \ n = 5$

Kapitel 7.2

7.20.   HCO$_3{}^-$,   HPO$_4{}^{2-}$,   H$_2$PO$_4{}^-$,   HS$^-$

Alle Stoffe, die sowohl als Base als auch als Säure in der Liste von 7.12 vorkommen.

7.21*.   K $= 1.8 \times 10^{-7}$

Sie können die Gleichung der Reaktion nach dem Massenwirkungsgesetz aufstellen:

$$10^{-9} = \frac{[NH_3] \times [H^+]}{[NH_4{}^+]} \qquad \text{(erste Gleichung)}$$

Verlangt wird aber von Ihnen eine andere Gleichung:

$$? = \frac{[NH_4{}^+] \times [OH^-]}{[NH_3] \times [H_2O]} \qquad \text{(zweite Gleichung)}$$

Sie brauchen dafür also eine Gleichung, die die fehlenden Bestandteile [H$_2$O] und [OH$^-$] enthält. Das wäre die Gleichung (Abschnitt 7.2.1)

$$1.8 \times 10^{-16} \;=\; \frac{[H^+] \times [OH^-]}{[H_2O]} \qquad \text{(dritte Gleichung)}$$

Formt man nun die erste Gleichung oben um, sodass $[H^+]$ alleine auf einer Seite steht, und setzt den erhaltenen Ausdruck dann für $[H^+]$ in die dritte Gleichung ein, so erhält man:

$$1.8 \times 10^{-16} \;=\; \frac{[NH_4^+] \times 10^{-9} \times [OH^-]}{[NH_3] \times [H_2O]} \qquad \text{(zweite Gleichung, neu)}$$

Das ist bereits die gewünschte Gleichung. Sie müssen nur die 10^{-9} auf die andere Seite bringen und können dann K ausrechnen:

$$\frac{1.8 \times 10^{-16}}{10^{-9}} \;=\; 1.8 \times 10^{-7}$$

7.22. **2.3, 9.3, 14.3, −0.3,** ungefähr **6.9**

a) $-\log (5 \times 10^{-3}) = -\log 5 - \log 10^{-3} = -0.7 - (-3) = -0.7 + 3 = 2.3$

b) entweder über den pOH rechnen: $-\log (2 \times 10^{-5}) = -\log 3 - \log 10^{-5} =$
   $= -0.3 - (-5) = -0.3 + 5 = 4.7$

   dann ist $\quad pH = 14 - pOH = = 14 - 4.7 = 9.3$

   oder: $\quad [H^+] \times [OH^-] = 10^{-14},\; [OH^-] = 2 \times 10^{-5} \;\Rightarrow$

   $[H^+] = 10^{-14} / 2 \times 10^{-5} = 5 \times 10^{-10}$

   $-\log (5 \times 10^{-10}) = -\log 5 - \log 10^{-10} = -0.7 - (-10) =$
   $= -0.7 + 10 = 9.3$

c) analog zu b). Beachten Sie: viele glauben, dass alle pH-Werte zwischen 0 und 14 liegen MÜSSEN, das ist falsch, es gibt pH-Werte, die größer als 14 oder kleiner als 0 sind.

d) analog zu a). Beachten Sie aber, dass aus 1 mol H_2SO_4 ZWEI mol H^+ entstehen!

e.) Wenn sie stur nach Schema rechnen, kommt pH = 8 heraus. Das ist natürlich falsch, Salzsäure kann nicht basischer werden, als reines Wasser. Bei SEHR verdünnten Lösungen muss man berücksichtigen, dass auch das Wasser selbst H^+-Ionen liefert. (Das spielt bei Lösungen der Konzentration 10^{-5} mol/l oder mehr keine Rolle.) Sie müssen also zu den 10^{-8} mol / l H^+-Ionen der Salzsäure noch die 10^{-7} H^+-Ionen des Wassers dazurechnen und bekommen (etwa) 1.1×10^{-7} mol / l, das gibt einen pH-Wert, der ganz leicht saurer ist als reines Wasser, also etwa pH = 6.9.

7.23. 2.5×10^{-4}, 2×10^{-4}, 10^{-4}

a) $-\log = 3.3 \Rightarrow \log = -3.3 = -4 + 0.7 \Rightarrow n = 10^{-4} \times 5 = 5 \times 10^{-4} =$
       $= [H^+]$; $[H_2SO_4] = \frac{1}{2}[H^+] \Rightarrow [H_2SO_4] = 2.5 \times 10^{-4}$

b) $pOH = 14 - pH = 14 - 10.3 = 3.7$; $-\log = 3.7$, $\log = -4 + 0.3$
       $\Rightarrow n = 2 \times 10^{-4}$

c)   analog zu b). Beachten Sie aber, dass aus 1 mol $Ba(OH)_2$ ZWEI mol OH^- entstehen!

7.24*. 5×10^{-4} mol / l, 5×10^{-4} mol / l, 5×10^{-11} mol / l

Sie finden die pK_s-Werte in der Tabelle in Abschnitt 7.3.1. Damit können Sie die K_S-Werte berechnen (gibt 10^{-7} und 10^{-14}) und die beiden Dissoziationsgleichungen aufschreiben. $[H^+]$ ist 10^{-7} mol/l (bei pH = 7).

$$H_2S \rightleftharpoons H^+ + HS^- \quad K_s = \frac{[H^+] \times [HS^-]}{[H_2S]} \quad \Rightarrow \quad 10^{-7} = \frac{10^{-7} \times [HS^-]}{[H_2S]}$$

$$HS^- \rightleftharpoons H^+ + S^{2-} \quad K_s = \frac{[H^+] \times [S^{2-}]}{[HS^-]} \quad \Rightarrow \quad 10^{-14} = \frac{10^{-7} \times [S^{2-}]}{[HS^-]}$$

Aus der Gleichung der ersten Dissoziationsstufe ergibt sich dann, dass $[HS^-]$ gleich $[H_2S]$ ist, aus der anderen Gleichung, dass $[S^{2-}]$ um 10^{-7} kleiner ist.

$$10^{-7} \times [H_2S] = 10^{-7} \times [HS^-] \qquad 10^{-14} \times [HS^-] = 10^{-7} \times [S^{2-}]$$

$$[H_2S] = [HS^-] \qquad\qquad 10^{-7} \times [HS^-] = [S^{2-}]$$

Also müssen sich die 10^{-3} mol / l Gesamtkonzentration je zur Hälfte auf $[HS^-]$ und $[H_2S]$ verteilen, und $[S^{2-}]$ ist um 10^{-7} geringer.

Der zweite Teil ergibt analog 10^{-3} mol / l, 10^{-8} mol / l, 10^{-20} mol / l

Bei pH = 2 ist $[H^+]$ 10^{-2} mol / l, damit werden die entsprechenden Gleichungen zu:

$$10^{-7} = \frac{10^{-2} \times [HS^-]}{[H_2S]} \qquad \text{und} \qquad 10^{-14} = \frac{10^{-2} \times [S^{2-}]}{[HS^-]}$$

$$10^{-7} \times [H_2S] = 10^{-2} \times [HS^-] \qquad 10^{-14} \times [HS^-] = 10^{-2} \times [S^{2-}]$$

$$10^{-5} \times [H_2S] = [HS^-] \qquad 10^{-12} \times [HS^-] = [S^{2-}]$$

Daraus ergibt sich, dass jetzt (nahezu) alles in Form von H_2S vorliegt, dass $[HS^-]$ um 10^{-5} geringer als $[H_2S]$ ist, und dass $[S^{2-}]$ um 10^{-12} geringer als $[HS^-]$ ist.

7.25.
$$2\,HNO_3 + Ba(OH)_2 \rightleftharpoons 2\,H_2O + 2\,NO_3^- + Ba^{2+}$$

$$H_3PO_4 + 3\,KOH \rightleftharpoons 3\,H_2O + PO_4^{3-} + 3\,K^+$$

$$2\,HI + Fe(OH)_2 \rightleftharpoons 2\,H_2O + 2\,I^- + Fe^{2+}$$

$$3\,H_2SO_4 + 2\,Al(OH)_3 \rightleftharpoons 6\,H_2O + 3\,SO_4^{2-} + 2\,Al^{3+}$$

7.26*.
$$NH_3 + H_2O \rightleftharpoons NH_4^+ + OH^- \qquad \text{und weiter}$$

$$NH_4^+ + OH^- + H^+ + Cl^- \rightleftharpoons NH_4^+ + Cl^- + H_2O$$

Kapitel 7.3

7.30.   Vergleichen Sie mit der Tabelle in Abschnitt 7.3.3:

	starke Säure starke Base (stark basisches Hydroxid)	schwache Säure starke Base (stark basisches Hydroxid)	starke Säure schwache Base (schwach basisches Hydroxid)	schwache Säure schwache Base (schwach basisches Hydroxid
saure Salze	$KHSO_4$	Na_2HPO_4, $NaHCO_3$		
neutrale Salze	KI	Na_2S, Li_2SO_3, KNO_2	NH_4NO_3, NH_4Br	
basische Salze				

7.31*. 1.36×10^{-4} mol / l

$$L_p = [Ag^+]^2 \times [CO_3^{2-}] \qquad [Ag^+] = 2 \times [CO_3^{2-}]$$

$$10^{-11} = 4 \times [CO_3^{2-}]^2 \times [CO_3^{2-}] = 4 \times [CO_3^{2-}]^3$$

$$10 \times 10^{-12} = 4 \times [CO_3^{2-}]^3 \Rightarrow [CO_3^{2-}]^3 = 2.5 \times 10^{-12} \Rightarrow$$

$$[CO_3^{2-}] = 1.36 \times 10^{-4} \text{ mol / l}$$

Die Konzentration der Silber-Ionen ist natürlich doppelt so hoch.

7.32. 10^{-5} mol / l, 10^{-7} mol / l

$Lp = [Ba^{2+}] \times [SO_4^{2-}]$ $[Ba^{2+}] = [SO_4^{2-}]$ $10^{-10} = [Ba^{2+}]^2$
$[Ba^{2+}] = 10^{-5}$ mol / l

In einer Schwefelsäure der Konzentration $c = 10^{-3}$ mol / l ist natürlich die Sulfat-Ionenkonzentration ebenfalls $c = 10^{-3}$ mol / l, also

$Lp = [Ba^{2+}] \times [SO_4^{2-}]$ $10^{-10} = [Ba^{2+}] \times 10^{-3}$ $[Ba^{2+}] = 10^{-7}$ mol / l

7.33*.   1300 l

$Lp = [Hg^{2+}] \times [S^{2-}]$ $[Hg^{2+}] = [S^{2-}]$ $1.6 \times 10^{-54} = [Hg^{2+}]^2$
$[Hg^{2+}] = 1.3 \times 10^{-27}$ mol / l

Sie müssen die mol / l gelöstes Salz mit der Loschmidtschen Zahl multiplizieren, dann erhalten Sie die Moleküle pro Liter Lösung, das sind weniger als eines.

1.3×10^{-27} mol / l $\times 6 \times 10^{23} = 7.8 \times 10^{-4}$

Danach rechnen Sie aus, wie viel Lösung einem Molekül entspricht (wenn ein Liter 7.8×10^{-4} Moleküle enthält, wie viele Liter enthalten ein Molekül ...)

$1 / (7.8 \times 10^{-4}) = 1300$ l

7.34. $2\, HNO_3 \rightleftharpoons N_2O_5 + H_2O$

$2\, H_3PO_4 \rightleftharpoons P_2O_5 + 3H_2O$

Wichtig: für jedes Anhydrid müssen Sie ALLE H-haltigen Gruppen abspalten, und da jeweils zwei H ein Wasser ergeben, brauchen Sie immer eine gerade Zahl von solchen Gruppen, Sie müssen also zwei Moleküle Säure nehmen, wenn die Säure ein (Salpetrige Säure) oder drei (Phosphorsäure) abspaltbare H-Atome enthält.

Kapitel 7.4

7.40. NH_4OH / NH_4Cl schwache Base und deren Salz

H_2CO_3 / $NaHCO_3$, $NaHCO_3$ / Na_2CO_3 schwache Säure und deren Salz

kein Puffer kann hergestellt werden aus

HNO_3 / KNO_3 starke Säure und deren Salz

$NaCl$ / Na_2CO_3 zwei Salze verschiedener Säuren

CH_3COONa / CH_3COONH_4 zwei Salze derselben Säure

7.41.   8.2 – 10.2,   5.4 – 7.4,   9.0 – 11.0

Die pK_S-Werte sind 9.2 für NH_4^+ (Abschnitt 7.4.1), 6.4 für H_2CO_3 (Abschnitt 7.3.5, aus K_S = 4×10^{-7} ausrechnen) und 10 für HCO_3^- (Tabelle im Abschnitt 7.3.1.). Jeweils eine pH-Einheit mehr und weniger gibt die Grenzen des Pufferbereiches an.

7.42.   Es sind sogar 2 Puffer möglich, je nachdem, ob man mit Essigsäure oder mit Ammoniak mischt.

7.43.   8.8

Das sind also 2.5 Teile Donator (NH_4^+) gegen 1 Teil Akzeptor (NH_3), der Logarithmus von 2.5 ist 0.4, also muss der pK_S-Wert von 9.2 um 0.4 geändert werden. Mehr Donator bedeutet saurer als der pK_S-Wert, daher 9.2 – 0.4 = 8.8

7.44.   8.4

0.05 mol / l HCl verbrauchen 0.05 mol / l NH_3 und machen daraus zusätzliche 0.05 mol / l NH_4^+. Also sind es jetzt 0.30 mol / l Donator und nur mehr 0.05 mol / l Akzeptor. Das Verhältnis ist 6 : 1, der Logarithmus von 6 ist 0.8, daher weiter: 9.2 – 0.8 = 8.4

7.45.   9.1

Die Natronlauge verbraucht NH_4^+ und bringt dafür mehr NH_3. Jetzt sind es 0.20 mol / l Donator und 0.15 mol / l Akzeptor, Verhältnis 1.34 : 1, der Logarithmus von 1.34 ist (ungefähr) 0.1, daher weiter 9.2 – 0.1 = 9.1

7.46.   2 Teile Essigsäure,   1 Teil NaOH

Der pH ist gleich dem pK_S, also brauchen wir gleiche Mengen Donator und Akzeptor. Da die Natronlauge mit der gleichen Menge Essigsäure den Akzeptor bildet, müssen wir eine Hälfte der Essigsäure für die Bildung des Akzeptors aufwenden, die andere Hälfte muss übrig bleiben.

7.47.   1 Teil NaH$_2$PO$_4$,   1.6 Teile Na$_2$HPO$_4$

Der pK_S ist 7.2 (Abschnitt 7.4.3), unterscheidet sich von dem gewünschten pH-Wert um 0.2, der Logarithmus von 1.6 ist (etwa) 0.2, also müssen wir im Verhältnis 1.6 : 1 oder 1 : 1.6 mischen. Da der Puffer alkalischer ist, als der pK_S brauchen wir mehr Akzeptor, also mehr Na$_2$HPO$_4$

7.48.   8 Teile HCl,   9 Teile TRIS

Der gewünschte pH unterscheidet sich um 0.9 Einheiten vom pK_S-Wert (=8.3), der Logarithmus von 8 ist 0.9, also 1 : 8 oder 8 : 1 mischen. Da der pH-Wert saurer ist, brauchen wir mehr Donator. Dieser Donator entsteht aus einer Mischung von TRIS und Salzsäure, wir brauchen daher von beiden jeweils 8 Teile für den Donator UND dann noch einen weiteren Teil TRIS als Akzeptor, also 8 Teile HCl und 8 + 1 = 9 Teile TRIS.

7.49.   6 Teile Glycin,   1 Teil NaOH

Der gewünschte pH-Wert unterscheidet sich um 0.7 Einheiten vom pK_S-Wert (=9.7), der Logarithmus von 5 ist 0.7, also 1 : 5 oder 5 :1 mischen. Da der pH-Wert saurer ist, brauchen wir mehr Donator. Der Akzeptor entsteht aus einer Mischung von Glycin und Natronlauge, wir brauchen daher von beiden jeweils 1 Teil für den Akzeptor UND dann noch 5 weitere Teile Glycin als Donator, also 5 + 1 = = 6 Teile Glycin, 1 Teil Natronlauge.

Kapitel 7.5

7.50.   Die Kurve sieht in etwa aus wie die um eine waagrechte Achse (bei pH = 7) gespiegelte Titrationskurve der Essigsäure (Abschnitt 7.5.2). Die Kurve beginnt bei pH = 11, der Pufferbereich liegt bei pH = 9.2, der Äquivalenzpunkt etwa bei pH = = 5, danach geht die Kurve asymptotisch gegen pH = 1.

7.51.   2.80 mmol NaOH

$m = c_1 \times V_1 = 0.1000$ mol / l $\times$ 28.0 ml $= 0.1000$ mol / l $\times$ 0.028l $=$ $= 0.0028$ mol

7.52.   a)   36.0 ml   b)   0.120 mol / l,   36.0 ml

$c_1 \times V_1 = c_2 \times V_2$ $0.1000 \times V_1 = 0.36 \times 10.0$ $V_1 = 36.0$ ml

$c_1 \times V_1 = c_2 \times V_2$ (die Gleichung sieht genauso aus, aber jetzt ist das eine Verdünnungsrechnung) 0.36 mol / l $\times$ 10 ml $= c_2 \times$ 30 ml $c_2 = 0.120$ mol / l

$c_1 \times V_1 = c_2 \times V_2$ $0.1000 \times V_1 = 0.120 \times 30.0$ $V_1 = 36.0$ ml

Das Ergebnis muss dasselbe sein, da Sie ja immer die gleich Menge an Säure titriert haben. SIE TITRIEREN IMMER EINE MENGE. Dass Sie dabei noch Wasser dazuschütten, ändert nichts am Ergebnis – Sie hätten sich die letzte Rechnung eigentlich auch sparen können.

7.53.   0.241 mol / l

$c_1 \times V_1 = 2 \times c_2 \times V_2$ $0.1000 \times 48.2 = 2 \times c_2 \times 10.0$ $c_2 = 0.241$ ml

7.54.   0.088 mol / l

Beachten Sie die Titrationskurve der Phosphorsäure (Abschnitt 7.5.3). Sie titrieren bis pH = 10, also erfassen Sie damit den ZWEITEN Äquivalenzpunkt, titrieren also die Phosphorsäure als zweiwertige Säure, von der dritten Säuregruppe merken Sie gar nichts.

$c_1 \times V_1 = 2 \times c_2 \times V_2$ $0.1000 \times 17.6 = 2 \times c_2 \times 10.0$ $c_2 = 0.0880$ ml

7.55*.   88

Zuerst berechnen wir die Menge, die titriert wurde:

$m = c_1 \times V_1 = 0.1000$ mol$/$l $\times 11.36$ ml $= 0.1000$ mol/l $\times 0.01136$ l $=$
$= 0.001136$ mol

Vorher haben Sie Ihre Säure in einem Liter gelöst, aber nur 100 ml davon titriert. Da Sie nur ein Zehntel titriert haben, und das waren 0.001136 mol, ist die gesamte Menge 0.01136 mol, und das waren ursprünglich 1.000 g. Also (Schlussrechnung) 0.01136 mol sind 1.000 g, daher sind 1 mol wie viel g ...

7.56.   a)   Der Neutralpunkt ist (immer) bei pH = 7. Wenn Sie mit einem Indikator mit pK_S = 7 titrieren, bekommen Sie einen zu niederen Wert, weil bei pH = 7 der Äquivalenzpunkt noch nicht erreicht ist. Der Indikator sollte einen pK_S = 9 (oder zwischen 8 und 10) haben.

        b)   Der Neutralpunkt ist (immer noch) bei pH = 7. Wenn Sie mit einem Indikator mit pK_S = 7 titrieren, bekommen Sie einen ganz langsamen und undeutlichen Umschlag, weil Sie mitten im Pufferbereich gelandet sind und einen total falschen Wert. Je nachdem, ob Sie die erste oder die zweite Stufe titrieren wollen, brauchen Sie einen Indikator mit pK_S von etwa 5 oder etwa 9. Natürlich ist die Berechnung danach unterschiedlich, Sie haben dann eine einwertige, bzw. eine zweiwertige Säure titriert. (Die dritte Stufe lässt sich kaum titrieren, da der pH-Sprung am Äquivalenzpunkt zu klein ist.)

Kapitel 8

80. oxidiert:

	Br$^-$	I$^-$	Pb	S^{2-}	I$^-$	S$_2$O$_3^{2-}$	S

reduziert:

	Br$_2$	I$_2$	Pb^{2+}	S	I$_2$	S$_4$O$_6^{2-}$	O$_2$

81. Oxidationsmittel: Stoffe, die reduziert werden

Reduktionsmittel: Stoffe, die oxidiert werden

82. $Br_2 + 2\,e^- \rightleftharpoons 2\,Br^-$ $2\,I^- \rightleftharpoons I_2 + 2\,e^-$

$$Pb \; \rightleftharpoons \; Pb^{2+} + 2\,e^- \qquad\qquad S + 2\,e^- \; \rightleftharpoons \; S^{2-}$$

$$I_2 + 2\,e^- \; \rightleftharpoons \; 2\,I^- \qquad\qquad 2\,S_2O_3^{2-} \; \rightleftharpoons \; S_4O_6^{2-} + 2\,e^-$$

83. Oxidationsmittel: Stoffe, die reduziert werden können.

Br_2 K^+ O_2 H^+ Cu^+ Cu^{2+} CO CO_2

Reduktionsmittel :   Stoffe, die oxidiert werden können

Br^- K OH^- H_2 Cu^+ C CO

Bemerkungen: KBr besteht aus K^+ und Br^-, $2\,OH^-$ könnte man zu H_2O_2 oder zu H_2 und O_2 reduzieren (in beiden Fällen werden Elektronen abgegeben), Cu^+ und CO können sowohl oxidiert, als auch reduziert werden (oxidiert zu Cu^{2+} bzw. CO_2, reduziert zu Cu bzw. C).

84. $$2\,Cr^{3+} + 8\,H_2O + 3\,Zn^{2+} \; \rightleftharpoons \; 2\,CrO_4^{2-} + 16\,H^+ + 3\,Zn$$

$$2\,Zn + O_2 + 4\,H^+ \; \rightleftharpoons \; 2\,H_2O + 2\,Zn^{2+}$$

$$4\,Cr^{3+} + 10\,H_2O + 3\,O_2 \; \rightleftharpoons \; 4\,CrO_4^{2-} + 20\,H^+$$

85. $2\,e^-$, $6\,e^-$, $2\,e^-$ (immer rechts)

86. a)

+VII	+VI	−II	+VI	+IV	+V	+III	0
MnO_4^-	$Cr_2O_7^{2-}$	H_2S	H_2SO_4	H_2SO_3	HNO_3	HNO_2	N_2

−III	−I	+V	+II	+III	+I, +V	+V
NH_3	Br^-	BrO_3^-	$Ba(OH)_2$	$AlCl_3$	$KNO_3,$	H_3PO_4

b)   Zählt man von den Edelgasen ausgehend (= null) nach links (minus) oder nach rechts (plus) die Anzahl der Gruppen bis zum gewünschten Element, so erhält man die maximal mögliche Oxidationszahl (geht nur bei Elementen der Hauptgruppen).

87.

0	−I	0	−I	+II	0	0	−II
Br_2	Br^-	I_2	I^-	Pb^{2+}	Pb	S	S^{2-}

siehe 89.	siehe 89.	0	0	+IV; −II
$S_4O_6^{2-}$	$S_2O_3^{2-}$	S	O_2	SO_2

Oxidationsmittel sind Stoffe, die ihre Oxidationszahl vermindern können, Reduktionsmittel können ihre Oxidationszahl erhöhen.

88. −I, −IV, −III, +I, −II, +III, 0, +IV, +II

Sie erkennen, dass C alle Oxidationsstufen von −IV bis +IV haben kann.

89*. Die nur an Schwefel gebundenen S haben Oxidationszahl 0, die anderen $+IV$ bzw. $+V$.

Kapitel 9

90. **Zn**: Anode, **Cu**: Kathode, **Zn**: Anode, **Pt**: Kathode

Normalerweise geht Zn in Lösung und Cu (oder Wasserstoffgas) scheidet sich ab. Zink wird also oxidiert, das Metall nimmt die zurückbleibenden Elektronen auf, die durch den Draht zum anderen Halbelement fließen. Dort werden sie vom Metall an die Lösung abgegeben und damit die Kupfer-Ionen zum Metall reduziert, bzw. die H^+-Ionen zu H_2 reduziert.

91. In eine Lösung von je 1 mol / l H^+, Mn^{2+} und MnO_4^- taucht eine Platinelektrode.

92. **1.80 V**; das Vorzeichen hängt davon ab, welche Zelle links und welche rechts steht, bzw. wie Sie ihr Messgerät polen.

Wenn man in der Spannungsreihe nachsieht (Abschnitt 9.2) erhält man die Normalpotenziale -0.44 V und $+1.26$ V. Die Differenz zwischen diesen beiden Potenzialen ist die gesuchte Spannung.

93. **0.82 V**;   wie in Übung 92.

94. **+ 0.38 V**

Das Normalpotenzial (Spannungsreihe) ist $+0.35$ V, dieses Potenzial ändert sich um $0.06 / z$ Volt, wenn man die Konzentration eines Reaktionspartners um den Faktor 10 ändert – genau das ist hier passiert. Es ändert sich die Spannung um $0.06 / 2 = 0.03$ V , nur in welche Richtung? Mehr Cu^{2+}-Ionen bedeutet, dass sich das Gleichgewicht zur anderen Seite verschiebt (= weg von den Elektronen, = ins weniger Negative), und positiver wird. Daher muss man $+0.03$ Volt rechnen, $0.35 + 0.03 = 0.038$ V. Man kann natürlich auch streng wissenschaftlich (?) in die Nernstsche Gleichung einsetzen ($Cu = 1$, $Cu^{2+} = 10$, usw.)

95*. ungefähr 10^{37} mol / l

Damit das Potenzial von Zink sich dem von Kupfer nähert, muss es positiver werden. Das könnte man erreichen, indem man mehr Zn^{2+} löst (wieder wird dann das Gleichgewicht nach links verschoben weg von den Elektronen usw.) Der Unterschied der beiden Potenziale ist 1.14 V ($+0.38$ V und -0.76 V). Eine Zehnerpotenz gibt eine Potenzialänderung von $0.06 / 2 = 0.03$ V, wir brauchen also so viele Zehnerpotenzen, bis 1.14 V erreicht sind, das sind $1.14 / 0.03 = 38$ Zehnerpotenzen, also erhöhen wir die

Konzentration auf 10^{38} mol / l. Das ist also ein sehr theoretisches Beispiel, natürlich ist eine derartige Konzentration völlig unmöglich zu erreichen.

96*. 1 Teil Cu^{2+}; 10^{37} Teile Zn^{2+}

Das Resultat ergibt sich aus den Lösungen der beiden Fragen vorher. Man erkennt aber daraus, dass eine Konzentrationsänderung nur relativ wenig an der Spannung ändert und es praktisch unmöglich ist, eine Reaktion durch Konzentrationsänderung umzudrehen, wenn die Potenzialdifferenz einigermaßen deutlich von Null verschieden ist

97. -0.66 V

Sie wissen hoffentlich, wie viele $[H^+]$ in einer 0.001 mol / l NaOH-Lösung sind?! Ausrechnen und in die Formel $E = -0.060 \times pH$ einsetzen.

98*. a)   ungefähr 10 mol / l;

Machen Sie es nicht zu kompliziert! Ihr Potenzial hat sich um +0.12V geändert. Damit das Potenzial weniger negativ wird, müssen Sie auf der Seite, auf der die Elektronen stehen, die Konzentration erhöhen. Wenn sie die Konzentration der oxidierten Form ($= Me^+$) um den Faktor 10 erhöhen, ändert sich das Potenzial um etwa $+ 0.060$ V, wenn Sie um den Faktor 100 erhöhen, um $2 \times + 0.060 = + 0.12$ V. Sie haben also das 100-fache der vorherigen Konzentration, das sind 10 mol / l.

b)   ungefähr 10^3 mol / l;

das Potenzial steigt jetzt nur um $0.060 / 2 = 0.030$ V je Konzentrationserhöhung um den Faktor 10, Sie müssen also um $10 \times 10 \times 10 \times 10$ erhöhen.

99. $H_2 \rightleftharpoons 2 H^+ + 2 e^-$

$NO + 2 H_2O \rightleftharpoons NO_3^- + 4 H^+ + 3 e^-$

$Mn^{2+} + 4 H_2O \rightleftharpoons MnO_4^- + 8 H^+ + 5 e^-$

Also alle Redox-Paare, bei denen H^+ in der Reaktionsgleichung auftaucht.

A.4   STICHWORTVERZEICHNIS

Edgar Wawra, Helmut Dolznig, Ernst Müllner

Chemie erleben

*Anorganische, organische und analytische Chemie
für Mediziner und Naturwissenschafter*

UTB: Facultas 2003

360 Seiten, zahlr. Abb., broschiert

EUR 24,90 (D) / EUR 25,60 (A) / sFr 42,70

ISBN 978-3-8252-8250-9

*Haben Sie Chemie bisher immer als eine Form von Magie wahrgenommen? – Zu unrecht!
Jedes Mal, wenn Sie photographieren, wenn Sie etwas waschen, kleben oder streichen, betreiben
Sie Chemie – und Kochen ist ohnehin angewandte Chemie.*

Das Buch behandelt die spezielle Chemie auf eine neue Art: Der Schwerpunkt wird auf Verständnis und Zusammenhänge gelegt. Eine Vielzahl an Beispielen und Anwendungen aus dem Alltag werden zur Veranschaulichung aufgezeigt (Spurenelemente und Ernährung, Ozon, Treibhauseffekt usw.)

Im anorganischen Teil werden die Struktur der Orbitale und das Periodensystem erklärt sowie die einzelnen Elemente besprochen. Der organische Abschnitt behandelt die Theorie der Reaktionsmechanismen, Isomerien, Nomenkultur u.ä. Darauf baut die spezielle organische Chemie auf. Im analytischen Teil werden Methoden vorgestellt.

Edgar Wawra, Gertrude Pischek, Ernst Müllner

Chemie berechnen

Ein Lehrbuch für Mediziner und
Naturwissenschafter

UTB: facultas.wuv. 4. Aufl. 2009. 278 Seiten, div. Abb., broschiert,
EUR 19,90 (D) / EUR 20,50 (A) / sFr 35,90
ISBN 978-3-8252-8204-2

Chemie ist schrecklich, Rechnen ist mühsam, aber muss deshalb chemisches Rechnen
schrecklich mühsam sein?

Ein Buch für Einsteiger in die Chemie ... ob für das Studium oder die Tätigkeit im chemischen Labor. Vorausgesetzt werden ausschließlich die Grundrechnungsarten. Alles Weitere wird ausführlich erklärt und anhand passender Rechenbeispiele Schritt für Schritt erläutert. Im Anschluss an jedes Kapitel finden sich zusätzliche Aufgaben entweder als Übungsmöglichkeit zur Selbstkontrolle oder als Arbeitsmaterial für die Lehre. Die Lösungen sind ebenfalls angegeben.

Christian Kruisz, Regina Hitzenberger

Physik verstehen

Ein Lehrbuch für Mediziner und Naturwissenschafter

UTB: Facultas 2005
240 Seiten, zahlr. Abb., broschiert
EUR 24,90 (D) / EUR 25,60 (A) / sFr 42,70
ISBN 978-3-8252-8286-8

Das Werk bietet eine gebietsübergreifende Zusammenfassung der wichtigsten Grundlagen. Physikalische Prozesse und Phänomene werden allgemein verständlich dargestellt und anhand praktischer Beispiele aus dem Alltag erklärt. Der Schwerpunkt wird auf grundlegende Konzepte, Begriffe und Denkweisen gelegt, wobei weitgehend auf den mathematischen Formalismus verzichtet wird. Zahlreiche Grafiken unterstützen den Text. Im Anhang finden sich eine Sammlung der verwendeten Symbole, die sowohl in physikalischen Formeln als auch im fachlichen Sprachgebrauch ihre Anwendung finden, sowie ein ausführliches Register, anhand dessen das rasche Auffinden von Information erleichtert wird.